工程施工放线快学快用系列丛书

市政工程施工放线快学快用

本书编写组　编

中国建材工业出版社

图书在版编目(CIP)数据

市政工程施工放线快学快用/《市政工程施工放线
快学快用》编写组编．—北京：中国建材工业出版社，
2012.10

（工程施工放线快学快用系列丛书）

ISBN 978 - 7 - 5160 - 0306 - 0

Ⅰ.①市…　Ⅱ.①市…　Ⅲ.①市政工程-工程施工
Ⅳ.①TU99

中国版本图书馆 CIP 数据核字(2012)第 225286 号

市政工程施工放线快学快用

本书编写组　编

出版发行：中国建材工业出版社

地　　址：北京市西城区车公庄大街 6 号

邮　　编：100044

经　　销：全国各地新华书店

印　　刷：北京紫瑞利印刷有限公司

开　　本：850mm×1168mm　1/32

印　　张：10.5

字　　数：302 千字

版　　次：2012 年 10 月第 1 版

印　　次：2012 年 10 月第 1 次

定　　价：28.00 元

本社网址：www.jccbs.com.cn

本书如出现印装质量问题,由我社发行部负责调换。电话：(010)88386906

对本书内容有任何疑问及建议,请与本书责编联系。邮箱：dayi51@sina.com

内 容 提 要

本书根据《工程测量规范》(GB 50026—2007)和《城市测量规范》(CJJ/T 8—2011)编写而成,详细介绍了市政工程施工放线的基本理论和方式方法等。全书内容包括市政工程测量概述、水准测量、角度测量、距离测量与直线定向、控制测量、大比例尺地形图测绘、全站仪测量、施工测量基本方法、市政道路工程测量、管道工程测量、桥涵工程测量、隧道工程测量、城市轨道交通工程测量等。

本书着重于对市政工程施工放线人员技术水平和专业知识的培养,可供市政工程施工放线人员工作时使用,也可供高等院校相关专业师生学习时参考。

市政工程施工放线快学快用

编写组

主　编：马　静

副主编：訾珊珊　朱　红

编　委：李　慧　李建钊　徐梅芳　范　迪

　　　　甘信忠　张婷婷　王　亮　秦大为

　　　　孙世兵　徐晓珍　葛彩霞　马　金

　　　　刘海珍　贾　宁

前　言

工程施工放线是指建设单位在工程场地平整完毕,规划要求应拆除原有建筑物(构筑物)全部拆除后,委托具有相应测绘资质的单位按工程测量的相关知识和标准规范,依据建设工程规划许可证及附件、附图所进行的施工图定位。施工放线的目的是通过对建设工程定位放样的事先检查,确保建设工程按照规划审批的要求安全顺利地进行,同时兼顾改善环境质量,避免对相邻产权主体的利益造成侵害。

所谓工程测量即是在工程建设的勘察设计、施工和运营管理各阶段,应用测绘学的理论和技术进行的各种测量工作。工程测量在工程建设中起着重要的作用,其贯穿于建筑工程建设的始终,服务于施工过程中的每一个环节。工程测量成果的好坏,直接或间接地影响到建设工程的布局、成本、质量与安全等,特别是工程施工放样,如出现错误,就会造成难以挽回的损失。

随着我国工程测绘事业的发展,科学技术的进步,工程施工放线的理论与方法也日趋成熟。为帮助广大工程技术及管理人员学习工程施工放线及工程测量的相关基础知识,掌握工程施工放线的方法,我们组织工程测量领域的专家学者和工程施工放线方面的技术人员编写了《工程施工放线快学快用系列丛书》,本套丛书包括以下分册:

1. 建筑工程施工放线快学快用
2. 市政工程施工放线快学快用
3. 公路工程施工放线快学快用
4. 水利水电工程施工放线快学快用

本套丛书同市面上同类图书相比,主要具有以下特点:

(1)明确读者对象,有针对性的进行图书编写。测量工作主要有两个方面:一是将各种现有地面物体的位置和形状,以及地面的起伏形态等,用图形或数据表示出来,为测量工作提供依据,称为测定或测绘;二是将规划设计和管理等工作行成的图纸上的建筑物、构筑物或其他图形的位置在现场标定出来,作为施工的依据,称为测设或放样。本套丛书即以测设为讲解对象,重点研究测量放线的理论依据与测设方法,以指导读者掌握施工放线的基本技能。

（2）编写内容注重结合实际需要。本套丛书以最新《工程测量规范》（GB 50026—2007）为编写依据，在编写上注重联系新技术、新仪器、新方法的实际应用，以使读者了解测绘科技的最新发展和动态，切实掌握适应现代科技发展的实用知识。

（3）紧扣快学快用的编写理念。本套丛书以"快学快用"为编写理念，在编写体例上对有关知识进行有条理的、细致的、有层次的划分，使读者对知识体系有更深入、更清晰的认知，从而达到快速学习、快速掌握、快速应用的目的。

（4）实例讲解，便于读者掌握。本套丛书列举了大量测量实例，通过具体的应用，教会读者如何进行相关的测量计算，如何操作仪器进行各种测设工作，并详述了测设中应引起注意的各种测量技巧，使读者达到学而致用的要求。

本套丛书在编写过程中，参考或引用了有关部门、单位和个人的资料，得到了相关部门及工程施工单位的大力支持与帮助，在此一并表示衷心的感谢。由于编者的水平有限，丛书中缺点及不当之处在所难免，敬请广大读者提出批评和指正。

编写组

目 录

CONTENTS

第一章 市政工程测量概述

第一节 测量学的内容和任务

测量学是研究地球的形状和大小以及确定地面点之间的相对位置的学科。

一、测量学的内容

测量学的内容包括测定和测设两个部分。

(1)测定,又称测图。它是将地球表面的形状和大小,按一定比例尺,使用测量仪器和工具,通过测量和计算,运用各种符号及数字缩绘成地形图,供科学研究、经济建设、国防建设和规划设计使用。其实质就是将地面上点的位置测绘到图上。

(2)测设,又称放样。它是指使用测量仪器和工具,按照设计要求,采用一定的方法将设计图纸上设计好的建筑物、构筑物的位置测设到实地,作为工程施工的依据。

二、测量学的任务

(1)测量学是利用测量仪器工具,按照一定的理论与方法量度地球或地球一部分的形状、大小和地面各种物体的几何形状和空间位置,并用特定的图形符号和文字将所量度的结果表示出来的科学。

(2)测量学是先根据图面的图式符号识别地面上的地物和地貌,然后在图上进行测量即测图,从图上取得工程建设所必需的各种技术资料,从而解决工程设计和施工中的有关问题。

(3)测量学是将图纸上设计好的建(构)筑物按照设计要求通过测量的定位放线、安装,将其位置和高程标定到施工作业面上,即放样。

（4）测量学为使用部门提供各种测绘信息资料，为政治、经济、国防、科研等事业服务。

测量学的实质就是确定地面点位置，它也是测量工程的基本任务。

三、施工测量的目的

建（构）筑物设计之后就要按设计图纸及相应的技术说明进行施工。设计图纸中主要是以点位及相互关系表示建（构）筑物的形状及大小。施工测量目的是将设计图纸上建（构）筑物的主要点位测设到实地并标定出来，作为工程施工的依据。实现这一目的的测量工作又称为工程放样，简称"放样"。这些经过施工测量在实地标出来的点位称为施工点位，将成为施工点或放样点。

快学快用 1 测量常用的角度、长度、面积的度量单位及换算关系

工程测量常用的角度、长度、面积的度量单位及换算关系分别列于表1-1～表1-3。

表1-1 角度单位制及换算关系

60 进制	弧 度 制
1 圆周＝360° 1°＝60′ 1′＝60″	1 圆周＝2π 弧度 1 弧度＝$\dfrac{180°}{\pi}$＝57.2958°＝$\rho°$ ＝3438′＝ρ' ＝206265″＝ρ''

表1-2 长度单位制及换算关系

公 制	英 制
1km＝1000m 1m＝10dm ＝100cm ＝1000mm	英里(mile,简写 mi)，英尺(foot,简写 ft)，英寸(inch,简写 in) 1km＝0.6214mi ＝3280.8ft 1m＝3.2808ft ＝39.37in

表1-3　　　　　　　　　　面积单位制及换算关系

公　制	市　制	英　制
$1km^2 = 1 \times 10^6 m^2$ $1m^2 = 100dm^2$ 　　　$= 1 \times 10^4 cm^2$ 　　　$= 1 \times 10^6 mm^2$	$1km^2 = 1500$ 亩 $1m^2 = 0.0015$ 亩 1 亩 $= 666.6666667m^2$ 　　　$= 0.06666667$ 公顷 　　　$= 0.1647$ 英亩	$1km^2 = 247.11$ 英亩 　　　$= 100$ 公顷 $1m^2 = 10.764ft^2$ $1cm^2 = 0.1550in^2$

第二节　测量工作的基准面

　　测量工作是在地球表面进行的,而地球的自然表面是个极不规则的地面,有高山、丘陵、平原和海洋等。因此,人们习惯上把海水面所包围的地球形状体视为地球的形状。地球的形状和大小与测量工作有直接关系,为便于测量成果的处理,就必须掌握测量工作的基准面与基准线和测量计算工作的基准面与基准线。

一、大地水准面

　　假设某一个静止不动的水面延伸而穿过陆地,包围整个地球而成闭合曲面,此即称为水准面。它是由于受地球重力影响而形成的重力等势面,其主要特点是面上任意一点的铅垂线都垂直于该点上曲面的切面。与水准面相切的平面称之为水平面。重力的方向线称为铅垂线,它可作为测量工作的基准线。

　　在无数多个水准面中,与平均海水面相吻合并向大陆延伸而形成的闭合曲面名称为大地水准面。大地水准面是测量工作中的基准面,如图1-1所示。

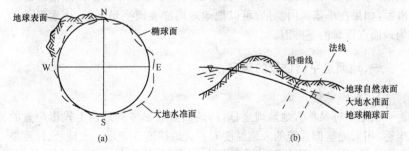

图1-1　地球表面、大地水准面与地球椭球面

二、参考椭圆体

由于地球内部质量分布不均匀,引起铅垂线的方向严重不规则的变化,导致大地水准面成为一个复杂的曲面。因此,无法在这个复杂的曲面上进行测量数据的处理。为了方便处理测量数据,我们用参考椭圆体来代表地球的形状,通常把参考椭圆体的表面作为测量工作的基准面。

如图 1-2 所示,参考椭圆体是由一个椭圆绕其短轴旋转而成,故又称旋转椭球,旋转椭球面即作为测量计算工作的基准面,而法线就作为测量计算工作的基准线。旋转椭球体由长半径 a、短半径 b 或扁率 α 决定。我国目前采用的地球椭球参数为:

$$a=6378140\text{m} \qquad b=6356755\text{m}$$

$$\alpha=\frac{a-b}{a}=\frac{1}{298.257}$$

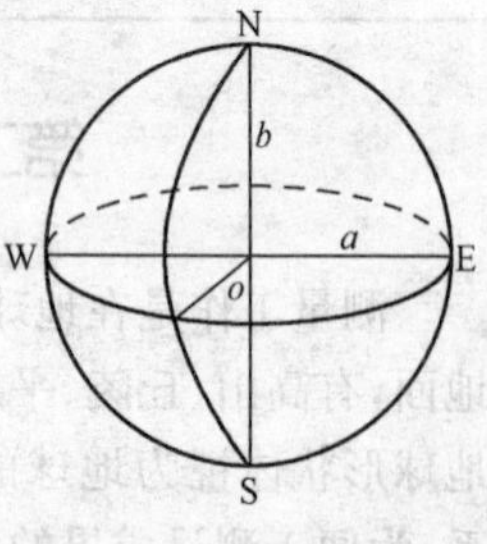

图 1-2　地球椭圆体

由于地球的椭球半径扁率小,故而我们常将椭球半径按地球半径计算。

第三节　地面点位的确定

确定地面点的位置,是将地面点沿铅垂线方向投影到一个代表地球表面形状的基准面上,地面点投影到基准面上后,要用坐标和高程来表示点位。大范围内进行测量工作时,是以大地水准面作为地面点投影的基准面,如果在小范围内测量,可以把地球局部表面当做平面,用水平面作为地面点投影的基准面。

一、地面点平面位置的确定

1. 大地坐标

大地坐标又称大地地理坐标,即地面点在参考椭球面上投影位置的坐标,用大地坐标系统的大地经度 L 和大地纬度 B 表示。大地经、纬度是根据大地原点(该点的大地经、纬度与天文经、纬度相一致)的起算数据,再按大地测量的数据推算而得。地面点在参考椭球面上投影位置的坐标时,可以用大地坐标系统的经度和纬度表示。

快学快用 2　用大地坐标来确定地面点平面位置的方法

如图 1-3 所示,O 为地球参考椭球面的中心,N、S 为北极和南极,NS 为旋转轴,通过旋转轴的平面称为子午面,它与参考椭球面的交线称为子午线,其中通过原英国格林尼治天文台的子午线称为首子午线。通过 O 点并且垂直于 NS 轴的平面称为赤道面,它与参考椭球面的交线称为赤道。地面点 P 的经度,是指过该点的子午面与首子午线之间的夹角,用 L 表示,经度从首子午线起算,往东自 0°～180° 称为东经,往西自 0°～180° 称为西经。地面点 P 的纬度,是指过该点的法线与之赤道面间的夹角,用 B 表示,纬度从赤道面起算,往北自 0°～90° 称为北纬,往南自 0°～90° 称为南纬。我国大地地理坐标的大地原点采用的是陕西省泾阳县永乐镇的某一点。

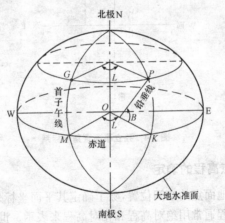

图 1-3　独立平面直角坐标系

2. 独立平面直角坐标

在普通测量工作中,当测量区域较小,一般半径不大于 10km 的面积内,可将这个区域的地球表面当做水平面,用平面直角坐标来确定地面点的平面位置。这种坐标系的确定方法适用于国家设有控制点的地区。

快学快用　3　**用平面直角坐标来确定地面点平面位置的方法**

如图1-4所示,平面直角坐标系与高斯平面直角坐标系一样,规定南北方向为纵轴 x,东西方向为横轴 y;x 轴向北为正,向南为负,y 轴向东为正,向西为负。地面上某点 A 的位置可用 x_A 和 y_A 来表示。平面直角坐标系的原点 O 一般选在测区的西南角以外,使测区内所有点的坐标均为正值。

为了定向方便,测量上的平面直角坐标系与数学上的平面直角坐标系的规定不同,x 轴与 y 轴互换,象限的顺序也相反。因为轴向与象限顺序同时都改变,测量坐标系的实质与数学上的坐标系是一致的,因此数学中的公式可以直接应用到测量计算中。

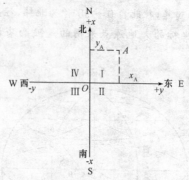

图1-4　独立平面直角坐标系

二、地面点高程的确定

为了确定地面点的空间位置,除了确定其平面坐标外,还需确定其高程。地面点高程通常用绝对高程和相对高程来表示。世界上最高珠穆朗玛峰高度为8844.43m,就是指它的绝对高程,表明它高出大地水准面8844.43m。

如果有些地区引用绝对高程有困难,则可采用相对高程系统。相对高程是采用假定的水准面作为起算高程的基准面。地面点到假定水准面的垂直距离叫该点的相对高程。由于高程基准面是根据实际情况假定的,所以相对高程有时也称为假定高程。

快学快用　4　**绝对高程和高差的确定方法**

　　如图 1-5 所示,地面点 A、B 的相对高程分别为 H'_A 和 H'_B。地面点到水准面的铅垂距离,称为两点的绝对高程,简称海拔或标高,地面点 A、B 的高程分别为 H_A、H_B。两个地面点之间的高程差称为高差,用 h 表示,A 点到 B 点的高程差为:

$$h_{AB} = H_B - H_A = H'_B - H'_A$$

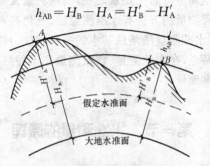

图 1-5　高程和高差

　　当 h_{AB} 为正时,B 点高于 A 点;当 h_{AB} 为负时,B 点低于 A 点。高差的方向相反时,其绝对值相等而符号相反,即:

$$h_{AB} = -h_{BA}$$

第二章 水准测量

高程是确定地面点位的三要素之一,高程测量又是测量最基本的三项工作之一。高程测量的方法有水准测量法、三角高程测量法和气压高程测量法等,其中水准测量法是最基本的一种方法,具有操作简便、精度高和成果可靠的特点,在大地测量、普通测量和工程测量中被广泛采用。本章主要介绍水准测量。

第一节 水准测量的原理

水准测量是利用水准仪提供一条水平视线,配合水准尺来测定地面上两点间的高差,从而由已知点高程及测得的高差求出待测点的高程。

如图 2-1 所示,A 为已知点,其高程为 H_A,求 B 点高程 H_B。在 A、B 两点上竖立水准尺,在两点之间安置水准仪,利用水准仪提供的水平视线先后在 A,B 点的水准尺上读取读数 a、b,则 A、B 点之间的高差 h_{AB} 为:

$$h_{AB} = a - b$$

根据 A 点高差 H_A 及高差 h_{AB},B 点的高程为:

$$H_B = H_A + h_{AB}$$

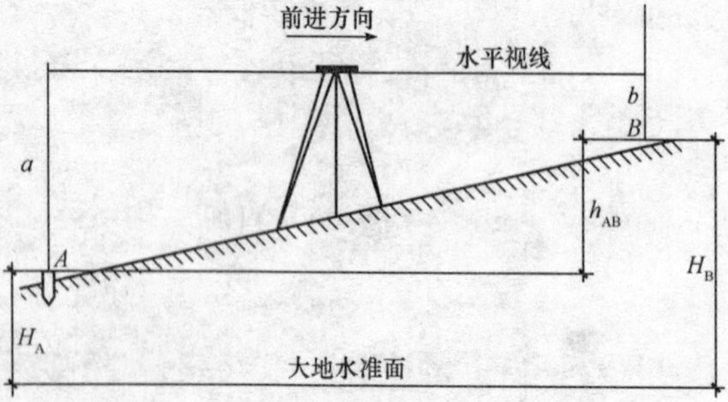

图 2-1　高差法示意图

测量方向如果是由 A 点向 B 点前进,则称 A 点为后视点,B 点为前视点,a、b 分别为后视读数和前视读数。

高差 h 有正负之分,如果读数 $a>b$,则高差的符号为正,表明 B 点高于 A 点;如果读数 $a<b$,则高差为负,表示 B 低于 A 点。直接利用高差计算待测点高程,称为高差法,适用于安置一次仪器仅测出一个点的高程。

【例 2-1】　设 A 点的高程为 $58.671m$,若后视 A 点读数为 $1.312m$,前视 B 点读数为 $1.013m$,试求 A、B 两点的高差及 B 点的高程。

【解】　$h_{AB}=a-b=1.312-1.013=0.299m$

根据 A 点的高程 H_A 及高差 h_{AB},则 B 点的高程为:

$$H_B=H_A+h_{AB}=58.671+0.299=58.970m$$

当要在一个测站上同时观测多个地面点的高程时,先观测后视读数,然后依次在待测点竖立水准尺,分别用水准仪读出其读数,再用上式计算各点高程。为简化计算,可把上式变换成

$$H_B=(H_A+a)-b$$

式中 H_A+a 实际上是水平视线的高程,称为仪器高,用上式计算高程的方法称为仪器高法,通过仪高法测量我们得出:

视线高程:$H_i=H_A+a$

B 点高程:$H_B=H_i-b$

第二节　水准测量的仪器及使用

水准测量所使用的仪器为水准仪,工具为水准尺和尺垫。水准仪按精度分有 DS_{10}、DS_3、DS_1、DS_{05} 等几种不同等级的仪器。“D”表示“大地测量仪器”,“S”表示“水准仪”,下标中的数字表示仪器能达到的观测精度——每千米往返测高差中误差(毫米)。目前常用的水准仪为 DS_3 型微倾式水准仪。

一、水准仪

根据水准测量的原理,水准仪的主要功能是提供一条水平视线,并能照水准尺进行读数。水准仪主要由望远镜、水准器及基座三部分组成,如

图 2-2 所示。

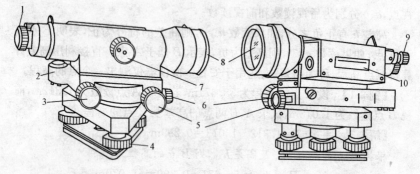

图 2-2　DS₃ 型水准仪

1—目镜对光螺旋；2—圆水准器；3—微倾螺旋；4—脚螺旋；5—微动螺旋；
6—制动螺旋；7—对光螺旋；8—物镜；9—水准管气泡观察窗；10—管水准器

1. 望远镜

望远镜主要由物镜、目镜、十字丝分划板等构成，如图 2-3 所示。其作用是利用透镜将远处目标放大，并通过对光螺旋调焦，使观察者通过目镜能清晰地看到目标在十字丝分划板上的成像。物镜是由几个光学透镜组成的复合透镜组，其作用是将远处的目标在十字丝分划板附近形成缩小而明亮的实像。目镜也由复合透镜组成，其主要作用是放大目标，可以看到目标的小实像和十字丝一起放大的虚像。十字丝的交点与物镜光心的连线称为视准轴，望远镜是通过视准轴来获得水平视线的，用十字丝的横丝来截取水准尺读数。在横丝的上下还有对称的两根短丝，用来测定距离，称为视距丝。

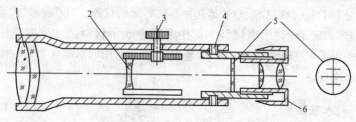

图 2-3　望远镜

1—物镜；2—对光透镜；3—对光螺旋；4—固定螺丝；5—十字丝分划板；6—目镜

2. 水准器

水准器是水准仪的重要部件,借助于水准器才能使视准轴处于水平位置,水准器分为管水准器和圆水准器两种。

(1)管水准器。管水准器又称为水准管,和望远镜连在一起,用于精确指示望远镜的视准轴是否处于水平位置。

如图 2-4(a)所示,管水准器的构造是两端封闭的玻璃管。管内装有酒精或乙醚液体,并有一气泡。在玻璃管的纵剖面方向上,其内壁研磨成一定半径的圆弧,气泡恒位于圆弧的最高点。圆弧的中点 O 称为水准管的零点,过零点的圆弧切线 LL 称为水准管轴。如果气泡中心位于零点,则水准管轴 LL 处于水平状态,此时称气泡居中。

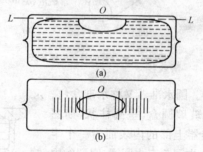

图 2-4 管水准器

如图 2-4(b)所示,在水准管的玻璃外表面刻有分划线,分别位于零点的左右两侧,并以零点为中心成对称。相邻两条分划线间圆弧长度为 2mm。2mm 圆弧所对的圆心角值称为水准管分划值 τ,即

$$\tau = \frac{2}{R}\rho''$$

式中　R——圆弧半径;

　　　ρ''——206265″。

分划值 τ 可以理解为气泡中心偏离零点 1 格时,水准管轴 LL 倾斜的角度。DS_3 型水准仪水准管的分划值一般为 20″,DS_1 型的分划值一般为 10″。显然 τ 值愈小使水准管轴成水平位置及测量倾斜角的精度也就愈高,即水准管的灵敏度就愈高。

为了提高精度,在水准管上装有符合棱镜,如图 2-5(a)所示,这样可

使水准管气泡两端的半个气泡影像反映到望远镜旁的观察窗内,两边气泡平行时,则气泡居中,如图 2-5(c)所示,气泡影像错开时,表示没有居中,如图 2-5(b)所示。这时旋转微倾螺旋可使气泡居中,直至两端的半个气泡影像对齐,如图 2-5(c)所示。这种具有棱镜装置的水准管又称为符合水准管,它能提高气泡居中的精度。

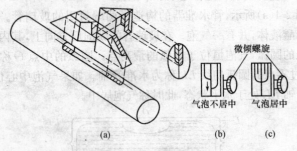

微倾螺旋

气泡不居中　　气泡居中

(a)　　　　　　　　(b)　　　　(c)

图 2-5　水准管的符合棱镜系统

(2)圆水准器。圆水准器又称水准盒,它的构造是一封闭玻璃圆盒,呈圆柱状,如图 2-6所示。圆水准器上部的内表面为一个半径为 R 的圆球面,中间刻有小圆圈,圆圈的中心称为零点。通过零点球面的法线 $L'L'$ 称为圆水准器轴。气泡居中时,圆水准器轴处于铅垂位置,指示仪器的竖轴也处于铅垂位置。它是利用转动脚螺旋来调节水准和气泡居中的,一般圆水准器的分划值 τ 为 $8'\sim10'$,精度较低。

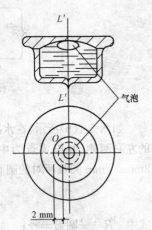

L'

气泡

L'

O

2 mm

图 2-6　圆水准器

3. 基座

水准仪基座呈三角形,由轴座、三个脚螺旋和连接板组成。仪器上部通过竖轴插入轴座内,由基座承托。转动脚螺旋调节圆水准器使气泡居中。整个仪器通过连接螺旋与三脚架相连接。

为了控制望远镜在水平方向转动,仪器还装有制动螺旋和微动螺旋。当旋紧制动螺旋时,仪器就固定不动,此时转动微动螺旋,可使望远镜在水平方向做微小的转动,用以精确瞄准目标。

快学快用 1 水准仪的操作步骤

(1)安置仪器。在测站上稳固地张开三脚架,使其架头大致水平,高度也适中,然后用连接螺旋牢固装上水准仪。

(2)粗略整平。就是使圆水准器气泡居中,仪器竖轴铅垂,视准轴粗略水平。如图 2-7(a)所示,当气泡未居中并位于 a 处,可按图中所示方向用两手同时相对转动脚螺旋①和②,使气泡从 a 处移至 b 处;然后用一只手转动另一脚螺旋③,使气泡居中,如图 2-7(b)所示。在整平的过程中,气泡的移动方向与左手大拇指运动的方向一致。

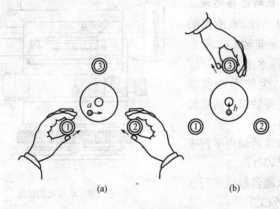

(a) (b)

图 2-7 水准仪粗略整平

(3)调焦与照准。将望远镜对准明亮的背景,转动目镜调焦螺旋使十字丝成像清晰。转动望远镜,利用镜筒上的缺口和准星的连接,粗略瞄准水准尺,旋紧水平制动螺旋。转动物镜调焦螺旋,并从望远镜内观察至水准尺影像清晰,然后转动水平微动螺旋,使十字丝纵丝照准水准尺中央,如图 2-8 所示。

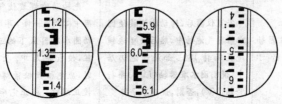

图 2-8 照准水准尺读数

(4)精确整平。望远镜瞄准目标后,转动微倾螺旋,使水准管气泡的影像完全符合成一光滑圆弧,也就是气泡居中,从而使望远镜视准轴(即视线)完全处于精确水平状态。

(5)读数精确整平后,可以读取标尺读数。读数是读取十字丝中丝(横丝)截取的标尺数值。读数时,从上向下(倒像望远镜),由小到大,先估读毫米,依次读出米、分米、厘米,读四位数,空位填零。

读完数后仍要检查管水准气泡是否符合,若不符合,应重新调平,重新读数。只有这样,才能取得准确的读数。

4. 水准器的检验与校正

如图 2-9 所示,水准仪的主要轴线有视准轴 CC、管水准器轴 LL、圆水准器轴 $L'L'$ 和竖轴 VV。为使水准仪能正确工作,主要轴线应满足的几何关系为:

(1)圆水准器轴应平行于竖轴($L'L'$ // VV);

(2)管水准器轴应平行于视准轴(LL // CC);

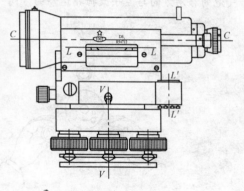

图 2-9　水准仪的轴线

(3)十字丝分划板的横丝应垂直于竖轴。

快学快用 2　水准器的检验与校正方法

水准仪应满足水准仪各轴线间的几何条件,其检验与校正方法见表2-1。

表 2-1　　　　　　　　　　　　水准仪的检验和校正

序号	项目	检验方法	校正方法
1	圆水准器轴应平行于竖轴	安置仪器后,转动脚螺旋使圆水准器气泡居中,然后使望远镜绕竖轴转180°,如果气泡仍居中,说明圆水准器轴($L'L'$)平行竖轴(VV),否则,说明不平行	先转动脚螺旋使气泡退回偏离中心距离一半,再用校正针拨动圆水准器底下的三个校正螺丝,使气泡居中。水准管校正时,应先松开松紧螺钉,再拨动校正螺钉。校正完毕,切记旋紧松紧螺钉

序号	项目	检验方法	校正方法
2	十字丝横丝应垂直于竖轴	将横丝对准远处一明显标志,旋紧制动螺旋后转动微动螺旋,如果标志始终在横丝上移动,说明十字丝横丝垂直于竖轴(VV),应进行校正	先用小螺丝刀将制头螺丝松开,然后转动整个目镜座,使十字丝旋转到正确位置,再旋紧制头螺丝。当误差不明显时,一般可不进行校正。在实际工作中可利用横丝中央部分读数以减少误差的影响
3	管水准器轴应平行于视准轴	如图 2-10(a)所示,在较平坦地段,相距约 80m 左右选择 A、B 两点,打下木桩标定点位,并立水准尺。用皮尺丈量定出 AB 的中间点 M,并在 M 点安置水准仪,用双仪高法两次测定 A 至 B 点的高差。当两次高差的较差不超过 3mm 时,取两次高差的平均值 $h_{平均}$ 作为两点高差的正确值。 然后将仪器置于距 A(后视点)2~3m 处,再测定 AB 两点间高差,如图 2-10(b)所示。因仪器离 A 点很近,故可忽略 i 角对 a_2 的影响,A 尺上的读数 a_2 可以视为水平视线的读数。因此视线水平时的前视读数 b_2 可根据已知高差 h_{AB} 和 A 尺读数 a_2 计算求得:$b_2 = a_2 - h_{AB}$。如果望远镜瞄准 B 点尺,视线精平时的读数 b'_2 与 b_2 相等,则条件满足,如果 $i'' = \dfrac{b'_2 - b_2}{D_{AB}} \times \rho''$ 的绝对值大于 20″时,则仪器需要校正	转动微倾螺旋使横丝对准的读数为 b_2,然后放松水准管左右两个校正螺丝,再一松一紧调节上、下两个校正螺丝,使水准管气泡居中(符合),最后再拧紧左右两个校正螺丝,此项校正仍需反复进行,直至达到要求为止

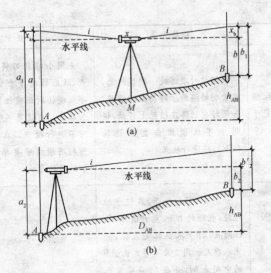

图 2-10　水准仪的检验和校正

【例 2-2】 以图 2-10 为例,安置水准仪于 A、B 两点等距离处,测得 a_1' = 1.513m,b_1' = 1.001m,改变仪器高度后又测得 a_1'' = 1.620m,b_1'' = 1.110m;当仪器搬至 A 点旁测得 a_2 = 1.642m,b_2 = 1.041m,试问该水准仪视准轴是否平行于管水准轴器?

【解】 $h_{AB}' = a_1' - b_1' = 1.513 - 1.001 = 0.512m$

$h_{AB}'' = a_1'' - b_1'' = 1.620 - 1.110 = 0.510m$

则 $h_{AB1} = \dfrac{0.512 + 0.510}{2} = 0.511m$

因为 $h_{AB2} = a_2 - b_2 = 1.642 - 1.041 = 0.601m$

比较 h_{AB1} 与 h_{AB2} 相差为 0.09m,即 $h_{AB1} \neq h_{AB2}$,故水准仪视准轴不平行于管水准器轴。

又计算 B 点上的正确读数 $b_i = a_2 - h_{AB1} = 1.642 - 0.511 = 1.131m$

并与 $b_2 = 1.041m$ 比较,相差 0.09m,表明视线向下倾斜。

二、水准尺

水准尺又称水准标尺,是水准测量时使用的标尺。水准尺采用经过干燥处理且伸缩性较小的优质木材制成,现在也有用玻璃钢或铝合金制成的水准尺。水准尺种类繁多,常见的有直尺和塔尺两种,如图2-11所示。

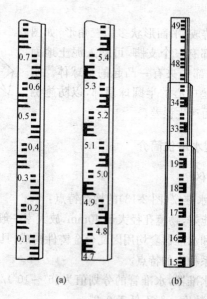

图 2-11　水准尺

(a)直尺;(b)塔尺

1. 直尺

常用直尺为木质双面尺,尺长 3m,两根为一对,如图 2-11(a)所示。直尺的两面分别绘有黑白和红白相间的分格,以厘米分划,黑白相间的一面称为黑面尺,亦称为主尺;红白相间的一面称为红面尺,亦称为辅尺。在每一分米处均有两个数字组成的注记,第一个表示米,第二个表示分米,例如"23"表示 2.3m。黑面尺底端起点为零,红面尺底端起点一根为4.687,另一根为 4.787。设置两面起点不同的目的,是为了防止两面出现同样的读数错误。双面尺直尺适用于精度较高的水准测量中。

2. 塔尺

塔尺由两节或三节套接在一起,可以伸缩,其长度有 3m、4m 和 5m 不等,如图 2-11(b)所示。塔尺最小分划为 1cm 或 0.5cm,一般为黑白相间或红白相间,底端起点均为零。每分米处有由点和数字组成的注记,点数表示米,数字表示分米,塔尺由于存在接头,故精度低于直尺,但使用、携带方便,适用于地形图测绘和施工测量等。

3. 尺垫

尺垫由生铁铸成,平面形状多为三角形,如图2-12所示。其下部有三个支脚,可踏入泥土地面保持位置不动,上部中央有一凸起的半球体。水准尺竖直立于尺垫中心的半圆球顶部,以防施测过程中尺底下沉而产生误差。

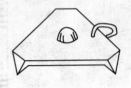

图 2-12　尺垫

三、其他类型水准仪简介

1. 精密水准仪

(1)DS$_1$ 精密水准仪(图 2-13)的构造特点:

1)望远镜性能好,物镜孔径大于 40mm,放大率一般大于 40 倍。

2)望远镜筒和水准器套均用因瓦合金铸件构成,具有结构坚固,水准管轴与视准轴关系稳定的特点。

3)采用符合水准器,水准管的分划值为($6''\sim10''$)/2mm;对于自动安平水准仪,其安平精度一般不低于 $0.2''$。

4)为了提高读数精度,望远镜上装有平行玻璃测微器,最小读数为$0.1\sim0.05$mm。

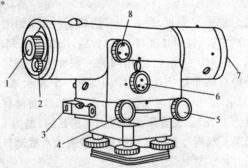

图 2-13　DS$_1$ 型水准仪

1—目镜;2—测微读数显微镜;3—十字水准器;

4—微倾螺旋;5—微动螺旋;6—测微螺旋;

7—物镜;8—对光螺旋

（2）平行玻璃板测微器。平行玻璃板测微器由平行板、测微分划尺、传动杆、测微螺旋和测微读数系统组成，如图 2-14 所示。

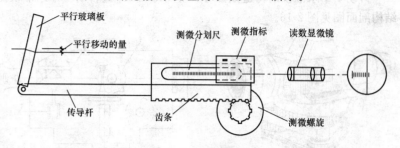

图 2-14 平行玻璃板测微器

平行玻璃板装在物镜前面，通过有齿条的传动杆与测微分划尺相连接，由测微读数显微镜读数。当转动测微螺旋时，传动杆带动平行玻璃板前后俯仰，而使视线上下平行移动，同时测微分划尺也随之移动。当平行玻璃板铅垂时，光线不产生平移；当平行玻璃板倾斜时，视线经平行玻璃板后则产生平行移动，移动的数值则由测微尺读数反映出来。

（3）精密水准尺。精密水准尺（又叫因瓦水准尺）的长度受外界温度、湿度影响很小，尺面平直，刻划精密，最大误差每米不大于 ±0.1mm，并附有足够精度的圆水准器。

精密水准尺一般都是线条式分划，在木制的尺身中间凹槽内，装有厚1mm、宽 26mm 的因瓦带尺，尺底一端固定，另一端用弹簧拉紧，以保持因瓦带尺的平直和不受木质尺身伸缩的变化而变化。瓦带尺上有左右两排分划，右边为基本分划，左边为辅助分划，彼此相差一个常数 K，相当于双面尺以供测量校核之用。

快学快用 3 精密水准仪的操作方法

精密水准仪的操作方法和普通水准仪基本相同，亦是粗平、瞄准、精平、读数 4 个步骤，但读数方法则不同。

读数时，先转动微倾螺旋。从望远镜内观察使水准管气泡影像符合。再转动测微螺旋，使望远镜中的楔形丝夹住靠近的一条整分划线。其读数分为两部分：厘米以上的数由望远镜直接在尺上读取；厘米以下的数从测微读数显微镜中读取，估读至 0.01mm。

2. 自动安平水准仪

自动安平水准仪的构造如图 2-15 所示。DZS₃ 型自动安平水准仪的结构剖面图见图 2-16。

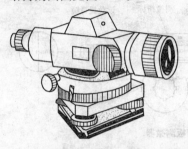

图 2-15　自动安平水准仪

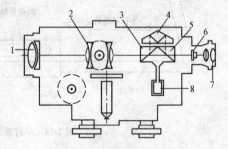

图 2-16　DZS₃ 型自动安平水准仪结构剖面图

1—物镜；2—调焦镜；3—直角棱镜；
4—屋脊棱镜；5—直角镜；6—十字丝分划板；

在对光透镜与十字分划板之间安装一个补偿器，这个补偿器由固定在望远镜上的屋脊棱镜以及用金属丝悬吊的两块直角棱镜组成。当望远镜倾斜时，直角棱镜在重力摆作用下，做与望远镜相反的偏转运动，而且由于阻尼器的作用，很快会静止下来。

当视准轴水平时，水平光线进入物镜后经过第一个直角棱镜反射到屋脊棱镜，在屋脊棱镜内作三次反射后，到达另一直角棱镜，再经反射后光线通过十字丝的交点。

快学快用　4　自动安平水准仪的使用

自动安平水准仪的使用方法与普通水准仪的使用方法大致一样，但也有不同之处。自动安平水准仪的操作方法与普通水准仪的操作方法不同的是，自动安平水准仪经过圆水准器粗平后，即可观测读数。

对于 DZS₃ 型自动安平水准仪，在望远镜内设有警告指示窗。当警告指示窗全部呈绿色时，表明仪器竖轴倾斜在补偿器补偿范围内，即可进行读数。否则警告指示窗会出现红色，表明已超出补偿范围，应重新调整圆水准器。

3. 电子数字水准仪

图 2-17 为 SDL₃₀ 数字水准仪外形。

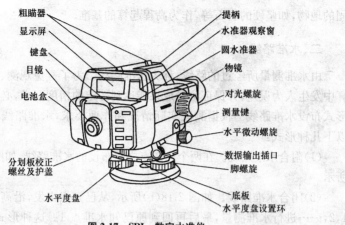

图 2-17 SDL₃₀ 数字水准仪

快学快用 5　电子数字水准仪的使用

仪器使用前应将电池充电。充电开始后充电器指示灯开始闪烁,充电时间约为 2h,当指示灯不闪烁时完成充电。

电子数字水准仪操作步骤与自动安平水准仪基本相同,只是电子数字水准仪使用的是条码尺。当瞄准标尺,消除视差后按[Measure]键,仪器即自动读数。除此之外,仪器能将倒立在房间或隧道顶部的标尺识别,并以负数给出。电子数字水准仪也可与因瓦尺配合使用。

第三节　水准测量方法

一、水准点

水准点就是已知高程的点,它是用水准测量方法测定的高程控制点,并有固定标志点,用 BM 表示。水准点可分为永久性和临时性两种,永久性水准点按精度由高到低分为一、二、三、四等,称为国家等级水准点,埋设永久性标志。市政工程中通常也需要设置一些临时性的水准点,这些点可用桩打入地下,桩顶钉一个顶部为半球状的圆帽铁钉,也可以利用稳固的地物,如坚硬的岩石等,作为高程起算的基准。

二、水准路线

由水准测量所经过的路线,称为水准路线。为了避免观测、记录和计算中发生人为误差,并保证测量成果能达到一定的精度要求,必须按某种形式布设水准路线。根据测区实际情况和作业要求,水准路线可布设成以下几种形式:

(1)附合水准路线。在两个已知点之间布设的水准路线,如图 2-18(a)所示。

(2)闭合水准路线。如图 2-18(b)所示,从已知点出发,沿高程待定点 1,2,……进行水准测量,最后再回到原已知水准点 1。这种形式的路线,称为闭合水准路线。

(3)支水准路线。由一个已知水准点出发,而另一端为未知点的水准路线。该路线既不自行闭合,也不附合到其他水准点上,如图 2-18(c)所示。为了成果检核,支水准路线必须进行往、返测量。

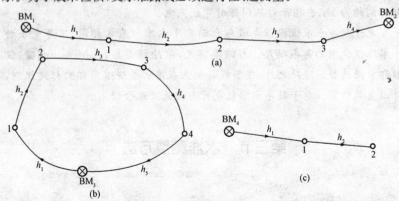

图 2-18　单一水准路线的三种布设形式

(a)附合水准路线;(b)闭合水准路线;(c)支水准路线

三、水准测量的施测方法

水准观测前,应使仪器与外界气温趋于一致。观测时,应用白色测伞遮蔽阳光;迁站时,宜罩以白色仪器罩。在连续各测站上安置水准仪的三脚架时,应使其中两脚与水准路线的方向平行,而第三脚轮换置于路线方向的左侧与右侧;同一测站上观测时,不得两次调焦;观测中不得为了增加标尺读数而把尺桩(台)安置在沟边或壕坑中;每测段的往测和返测的测站数应为偶数。

水准测量应按下述观测程序进行:

(1)在已知高程的水准点上立水准尺,作为后视尺。

(2)在路线的前进方向上的适当位置竖立前视尺,此时水准仪距两水准尺间的距离基本相等,最大视距不大于 150m。

(3)对仪器进行整平,使圆水准器气泡居中。照准后视标尺,消除视差,用微倾螺旋调节水准管气泡并使其精确居中,用中丝读取后视读数,记入手簿。

(4)照准前视标尺,使水准管气泡居中,用中丝读取前视读数,并记入手簿。

(5)将仪器迁至第二站,同时,第一站的前视尺不动,变成第二站的后视尺,第一站的后视尺移至前面适当位置成为第二站的前视尺,按第一站相同的观测程序进行第二站测量。

(6)如此连续观测、记录,直至终点。

快学快用 6　高差法进行水准测量示例

【例 2-3】　如图 2-19 所示为水准测量示意图,图中 A 为已知高程的点,$H_A = 70.123$m,B 为待求高程的点,试求终点 B 的高程 H_B。

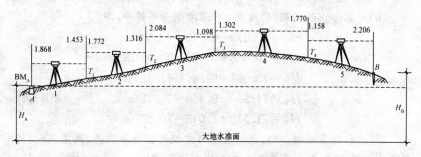

图 2-19　水准路线测量示意图

【解】　(1)如图 2-19 所示,在已知高程的起始点 A 上竖立水准尺,在测量前进方向离起点不超过100m处设立第一个转T_1,并竖立水准尺,在距离A点和T_1点这两点等距离处1安置水准仪,仪器经整平后,照准起始点A上的水准尺,读取A点的后视读数a_1,然后再照准转点T_1上的水准尺,读取T_1的前视读数b_1。

(2)将a_1、b_1读数记入表2-2水准测量手簿中,并计算两点间的高差,即:

$$高差\ h_1=a_1-b_1=1.868-1.453=0.415m$$

(3)在转点T_1处水准尺不动,把尺面转向前进方向。在T_1处前方适当位置选择转点T_2,将A点的水准尺放至T_2点,将水准仪安置在距T_1、T_2两转点等距离的2处,仪器经整平后,测得T_1的后视读数a_2,然后再照准T_2上的水准尺,读取T_2的前视读数a_2,将a_2、b_2读数记入表2-2水准测量手簿中,并计算两点间的高差,即:

$$高差\ h_2=a_2-b_2=1.772-1.316=0.456m$$

(4)按照上述步骤及方法,可观测出T_3、T_4的后视读数与前视读数,以及B点前视读数,将a_3、b_3、a_4、b_4、a_5、b_5读数记入表2-2水准测量手簿,并计算高差,即:

$$高差\ h_3=a_3-b_3=2.084-1.098=0.986m$$
$$高差\ h_4=a_4-b_4=1.302-1.770=-0.468m$$
$$高差\ h_5=a_5-b_5=1.158-2.206=-1.048m$$

(5)将所有高差h_1、h_2、h_3、h_4、h_5相加,即得总高差。

$$总高差\sum=0.415+0.456+0.986-0.468-1.048=0.341m$$

(6)计算各点的高程,填入表2-2水准测量手簿中,即:

$$H_{T1}=70.123+0.415=70.538m$$
$$H_{T2}=70.538+0.456=70.994m$$
$$H_{T3}=70.994+0.986=71.980m$$
$$H_{T4}=71.980-0.468=71.512m$$
$$H_{T5}=71.512-1.048=70.464m$$

(7)进行计算校核,即后视读数总与前视读数总和之差、高差总和、待定点B点高程与A点高差之差三个数字相等,即:

$$后视读数总和8.184-前视读数总和7.843=0.341m$$
$$高差总和=0.415+0.456+0.986-0.468-1.048=0.341m$$

待定点 B 高程与 A 点高差之差＝70.464－70.123＝0.341m

这三个数字相等,计算合格,否则应予校正。

表 2-2   水准测量手簿

测站	点号	后视读数/m	前视读数/m	高差/m	高程/m	备注
1	BM_A	1.868		0.415	70.123	水准点
2	T_1	1.772	1.453	0.456	70.538	转点
3	T_2	2.084	1.316	0.986	70.994	转点
4	T_3	1.302	1.098	−0.468	71.980	转点
5	T_4	1.158	1.770	−1.048	71.512	转点
	B		2.206		70.464	待定点
计算检核		$\sum=8.184$ $8.184-7.843=0.341$	$\sum=7.843$	$\sum=0.341$	70.464−70.123 =0.341	

快学快用 7 仪器高法进行水准测量示例

【例 2-4】 如图 2-20 所示,水准点 BM_A 的高程为 22.334m,试用仪高法测定道路中桩 B、C 的地面高程。

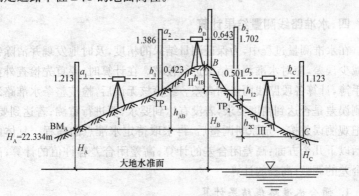

图 2-20 水准测量方法

【解】 (1)计算Ⅰ测站的仪器的视线高程为

$H_{i1}=H_A+a_1=22.334+1.213=23.547$m,记入手簿中 BM_A 的视线

高栏;再计算转点 TP_1 的高程为：

$H_1 = H_{iI} - b_1 = 23.547 - 0.423 = 23.124m$，记入手簿中的高程栏。

（2）计算Ⅱ测站的视线高为

$H_{iⅡ} = H_1 + a_2 = 23.124 + 1.386 = 24.510m$

记入手簿中 TP_1 的视线高栏;再计算 B 点与转点2的高程分别为：

$H_B = H_{iⅡ} - b_B = 24.510 - 0.643 = 23.867m$

$H_2 = H_{iⅡ} - b_2 = 24.510 - 1.702 = 22.808m$

分别记入手簿中 B 点与 TP_2 的高程栏。

（3）计算Ⅲ测站的视线高为

$H_{iⅢ} = H_2 + a_3 = 22.808 + 0.501 = 23.309m$

记入手簿中 TP_2 的视线高栏;再计算 C 点的高程为

$H_C = H_{iⅢ} - b_C = 23.309 - 1.123 = 22.186m$

（4）计算校核

$\sum a = 1.213 + 1.386 + 0.501 = 3.100m$

$\sum b = 0.423 + 1.702 + 1.123 = 3.248m$

$\sum a - \sum b = 3.100 - 3.248 = -0.148m$

$H_C - H_A = 22.186 - 22.334 = -0.148m$

四、水准路线测量结果计算

在水准测量过程中，为保证测量结果的精度，及时地发现并清除错误或减少误差，应对水准测量结果进行校核。在计算时，要首先检查外业观测手簿，计算各段路线两点间高差。经检核无误后，检核整条水准路线的观测误差是否达到精度要求，若没有达到要求，要进行重测;若达到要求，可把观测误差按一定原则调整后，再求取待定水准点的高程。具体内容包括以下几个方面:高差闭合差的计算;高差闭合差容许值的计算;高差闭合差的调整;高程的计算。

1. 闭合水准路线结果计算

（1）计算高差闭合差。高差闭合差是指一条水准路线的实际观测高差与已知理论高差的差值，通常用 f_h 表示，即

$$f_h = 观测值 - 理论值$$

在闭合水准路线上也可对测量成果进行校核。对于闭合水准路线，

因为它起始于同一个点,所以理论上全线各站高差之和应等于零,即

$$\sum h = 0$$

若高差之和不等于零,则闭合水准路线的高差、闭合差观测值为路线高差代数和,即

$$f_{\text{h}} = \sum h_{\text{测}}$$

(2)高差闭合差的容许值。闭合差的大小反映了测量成果的精度。在各种不同性质的水准测量中,都规定了高差闭合差的限值即容许高差闭合差,用 $f_{\text{h容}}$ 表示。规范规定,在普通水准测量时,平地和山地的高差闭合差容许值分别为:

平地　　　　　　　$f_{\text{h容}} = \pm 40\sqrt{L}\ \text{mm}$

山地　　　　　　　$f_{\text{h容}} = \pm 12\sqrt{n}\ \text{mm}$

式中 L 为附合水准路线或闭合水准路线的总长,对支水准线路,L 为测段的长,均以千米为单位,n 为整个线路的总测站数。

当水准路线的长度每 1000m 的测站数超过 16 站,该地形为山地;测站数小于或等于 16 站,该地形为平坦场地。

当实际测量高差闭合差小于容许闭合差时,表示观测精度满足要求,否则应对外业资料进行检查甚至返工重测。

(3)高差闭合差的调整。当实际的高差闭合差在容许值以内时,可把闭合差分配到各测段的高差上。其分配的原则是把闭合差以相反的符号,根据各测段路线的长度(或测站数)按正比例分配到各测段的高差上。故计算各段高差的改正数,进行相应的改正,即

$$v_i = -\frac{l_i}{L} \times f_{\text{h}}$$

或

$$v_i = -\frac{n_i}{n} \times f_{\text{h}}$$

式中　　　v_i——各测段高差的改正数;

L_i 和 n_i——分别为各测段路线之长和测站数;

L 和 n——分别为水准路线总长和测站总数。

将各观测高差与对应的改正数相加,可得各段改正后高差,即

$$h_i = h_{\text{测}} + v_i$$

式中　$h_测$——各段高差观测值。

(4)高程的计算。根据改正后高差,从起点开始,逐点推算出各待定点水准点高程,直至终点,记入高程栏。

快学快用 8　闭合水准路线结果计算示例

【例 2-5】　试校核图 2-21 所示的闭合水准路线观测结果,BM_A 为水准点,高程为 86.365m,1、2、3 点为待定高程点,各点间实测高差及测站数均已在图中注明,如符合要求,进行平差计算。

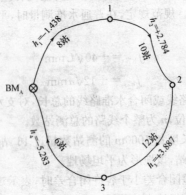

图 2-21　闭合水准路线略图

【解】　按表 2-3 进行计算。

表 2-3　　　　　　　　　水准测量成果计算表

测段编号	点名	测站数	观测高差/m	改正数/m	改正后高差/m	高程/m	备注
1	BM_A	8	-1.438	0.011	-1.427	86.365	
	1					84.938	
2	2	10	2.784	0.014	2.798	87.736	
3	3	12	3.887	0.017	3.904	91.640	水准点
4	BM_A	6	-5.283	0.008	-5.275	86.365	
Σ		36	-0.050	0.050	0.000		

(1)将表 2-3 中的观测高差带入式 $f_h = \sum f$ 测得高差闭合差为

$$f_h = -0.050\text{m} = -50\text{mm}$$

(2)将表 2-3 中的观测站数加得总测站数 $n = 36$，代入 $f_{AB} = \pm 12\sqrt{n}\,\text{mm}$，得高差闭合差的容许值为

$$f_{h容} = \pm 12\sqrt{36} = \pm 72\text{mm}$$

由于 $|f_h| < |f_{h容}|$，精度符合要求。

(3)将表 2-3 中的数据代入 $v_i = \dfrac{n_i}{n} \times f_h$，得各段高差的改正数为

$$v_1 = -\frac{-0.050}{36} \times 8 = 0.011\text{m}$$

$$v_2 = -\frac{-0.050}{36} \times 10 = 0.014\text{m}$$

$$v_3 = -\frac{-0.050}{36} \times 12 = 0.017\text{m}$$

$$v_4 = -\frac{-0.050}{36} \times 6 = 0.008\text{m}$$

由于 $\sum v = 0.050\text{m} = -f_h$，所改正数的计算正确。

(4)将表 2-3 中观测高差与其改正数代入式 $h_i = h_测 + v_i$，得改正后的高差为

$$h_1 = -1.438 + 0.011 = -1.427\text{m}$$

$$h_2 = 2.784 + 0.014 = 2.798\text{m}$$

$$h_3 = 3.887 + 0.017 = 3.904\text{m}$$

$$h_4 = -5.283 + 0.008 = -5.275\text{m}$$

由于 $\sum h_i = 0.000$，说明改正后高差计算正确。

(5)根据表 2-3 的改正高程和改正后高差，得各点的高程为

$$H_1 = 86.365 + (-1.427) = 84.938\text{m}$$

$$H_2 = 84.938 + 2.798 = 87.736\text{m}$$

$$H_3 = 87.736 + 3.904 = 91.640\text{m}$$

$$H_A = 91.640 + (-5.275) = 86.365\text{m}$$

A 的计算高程 H_A 等于其已知高程，说明高程计算正确。

2. 附合水准路线结果计算

对于附合水准路线，理论上在两已知高程水准点间所测得各站高差

之和应等于起点两水准点间的高程之差,即

$$\sum h = \sum H_{终} - \sum H_{始}$$

若它们不能相等,其差值便称为高差闭合差,用 f_h 表示。即:

$$f_h = \sum h - (H_{终} - H_{始})$$

高差闭合差的大小在一定程度上反映了测量成果的质量。

对于附合水准路线,当计算出的高差闭合差在容许值以内时,则按与闭合水准路线相同的方法对各测段的高差进行相应的改正。根据改正后的高差,从起点开始,逐点推算出各待定水准点高程,直至终点,记入高程栏。如终点的推算高程等于其已知高程,则说明高程计算正确。

快学快用 9 附合水准路线结果计算示例

【例 2-6】 试校核图 2-22 所示附合水准路线观测结果,各点间实测高差及各段路线长度、测站数均已注明在图上,如符合精度要求则进行平差计算。

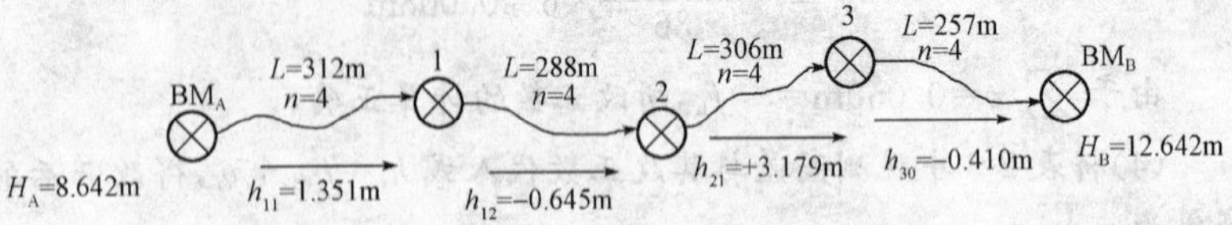

图 2-22 附合水准路线

【解】 按表 2-4 进行计算。

表 2-4　　　　　　　　　　　附合水准路线闭合差调整计算表

测站	水准路线长/m	测站数/站	实测高差/m	高差改正值/m	改正后高差/m	高程/m	备注
BM$_A$	312	4	+1.851	+0.007	+1.858	8.642	已知高程点
1	288	4	−0.645	+0.006	−0.639	10.500	
2	306	4	+3.179	+0.007	+3.186	9.861	
3	257	4	−0.410	+0.005	−0.405	13.047	
BM$_B$						12.642	已知高程点
$\sum$	1163	16	3.975	+0.025	+4.000		

(1)将已知的数据分别记入相应的栏内。

(2)计算实测闭合差 $f_{h测}$、路线总长度 $\sum L$ 及总测站数 $\sum n$

$$f_{h测} = \sum f_{h测} - (H_B - H_A)$$
$$= (1.851 - 0.645 + 3.179 - 0.410) - (12.642 - 8.642)$$
$$= 3.975 - 4.000 = -0.025m = -25mm$$
$$\sum L = 312 + 288 + 306 + 257 = 1163m = 1.163km$$
$$\sum n = 4 + 4 + 4 + 4 = 16 \text{ 站}$$

(3)计算容许闭合差 $f_{h容}$。因每千米测站数 $= \dfrac{16}{1.163} = 14（站）< 15$ （站），故容许闭合差为

$$f_{h容} = \pm 40\sqrt{L} = \pm 40\sqrt{1.163} = \pm 43mm$$

(4)平差计算。每千米改正值 $= -\dfrac{f_{h容}}{\sum L} = -\dfrac{-0.025}{1.163} =$ $+0.0215m/km$，各段高差改正值 v_i 为

$$v_{A1} = 0.312 \times 0.0215 = 0.007m$$
$$v_{A2} = 0.288 \times 0.0215 = 0.006m$$
$$v_{A3} = 0.306 \times 0.0215 = 0.007m$$
$$v_{A3B} = 0.257 \times 0.0215 = 0.005m$$

其总和为

$$v_{Ai} = 0.007 + 0.006 + 0.007 + 0.005 = 0.025m$$

(5)计算改正后高差 h_i

$$h_{A1} = 1.851 + 0.007 = +1.858m$$
$$h_{12} = -0.645 + 0.006 = -0.639m$$
$$h_{23} = +3.179 + 0.007 = +3.186m$$
$$h_{3B} = -0.410 + 0.005 = -0.405m$$

其总和为

$$\sum h_{改正后} = 1.858 - 0.639 + 3.186 - 0.405 = +4.000m$$

(6)计算各点之高程

$$H_1 = 8.642 + 1.858 = 10.500m$$
$$H_2 = 10.500 - 0.639 = 9.861m$$
$$H_3 = 9.861 + 3.186 = 13.047m$$

$$H_B = 13.047 - 0.405 = 12.642m$$

将其值分别记入表 2-4 高程栏内。

3. 支水准路线结果计算

支水准路线必须在起点、终点间用往返测进行校核。理论上往返测所得高差的绝对值应相等，但符号相反，或者是往返测高差的代数和应等于零，即

$$\sum h_{往} = -\sum h_{返}$$

或　　　　　　$$\sum h_{往} + \sum h_{返} = 0$$

如果往返测高差的代数和不等于零，其值即为支水准线路的高差闭合差，即

$$f_h = \sum h_{往} + \sum h_{返}$$

支水准路线的高差闭合差的容许值与闭合水准路线及附合水准路线一样，支水准路线往返高差的平均值即为改正后高差，符号以往测为准，因此计算公式为

$$h = \frac{h_{往} - h_{返}}{2}$$

快学快用 10　支水准路线结果计算示例

【例 2-7】　图 2-23 所示为施工某道路引测水准点 BM_1，已知水准点 BM_A 高程为 6.543m，由 BM_A 至 BM_1 水准路线为长约 640m 的支水准路线，往测高差 $h_{往} = +1.023m$，返测高差 $h_{返} = -1.013m$，检核该段水准测量是否合格，如合格试求出 BM_1 点高程。

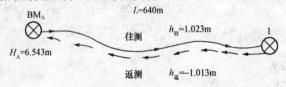

图 2-23　支水准路线

【解】　（1）计算实测闭合差 $f_{h测}$

$$f_{h测} = h_{往} + h_{返} = 1.023 + (-1.013) = +0.010m = +10mm$$

（2）计算容许闭合差

$$f_{h容}=\pm 40\sqrt{0.64}=\pm 32\text{mm}$$

（3）检核水准测量观测成果精度，因 $f_{h测}<f_{h容}$，故该段水准测量精度合格。

（4）计算高差平均值 $h_{平均}$

$$h_{平均}=\frac{1}{2}\times(h_{往}-h_{返})=\frac{1}{2}[1.023-(-1.013)]=+1.018\text{m}$$

（5）计算 BM_1 点的高程

$$H_1=H_A+h_{平均}=6.543+1.018=7.561\text{m}$$

第四节　水准测量误差及注意事项

水准测量的观测成果中总有误差，这是由于在观测过程中的仪器误差、观测误差、外界环境影响综合造成的。分析各项误差产生的原因，研究消减误差的方法，可进一步提高观测成果的精度。

一、水准测量的误差来源

1. 仪器和工具误差

（1）水准仪的误差。水准仪经过检验校正后，还会存在残余误差，如微小的 i 角误差。规范规定，DS_3 水准仪的 i 角大于 $20''$ 就需要校正，所以正常使用情况下，i 角应保持在 $\pm 20''$ 以内。当水准管气泡居中时，由于 i 角误差使视准轴不处于精确水平的位置，会造成在水准尺上的读数误差。在一个测站的水准测量中，如果使前视距与后视距相等，则 i 角误差对高差测量的影响可以消除。

（2）水准尺的误差。水准尺的分划不精确、尺底磨损、尺身弯曲都会给读数造成误差，因此水准测量前必须用标准尺进行检验。

2. 观察误差

（1）整平误差。水准测量是利用水平视线测定高差的，当仪器没有精确整平，则倾斜的视线将使标尺读数产生误差。

$$\Delta=\frac{i}{\rho}\times D$$

由图 2-24 可知,设水准管的分划值为 30″,如果气泡偏离半格(即 $i=15″$),则当距离为 50m 时,$\Delta=2.4mm$;当距离为 100m 时,$\Delta=4.8mm$;误差随距离的增大而变大。

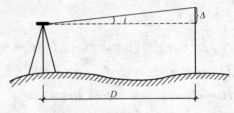

图 2-24 整平误差对读数的影响

消减这种误差的方法只能是在每次读尺前进行精平操作时使管水准气泡严格居中。

(2)估读误差。观测时根据中丝在水准尺的厘米分格内的位置,估读毫米数。因此在望远镜内看到中丝的宽度与厘米分划格的宽度的比例决定了估读的精度。此项误差与望远镜的放大率、视距长度有关。在水准测量外业时,按相应等级的测量规范限制视距长度,有利于减小估读误差。同时,视差对读数影响很大,观测时要仔细进行目镜和物镜的调焦,严格消除视差。

(3)水准尺倾斜误差。如图 2-25 所示,观测时水准尺不竖直,会造成读数误差,且读数恒偏大,其误差值为 $L(1-\cos\alpha)$,式中的 L 为尺倾斜 α 角时的读数。倾斜角越大,造成的读数误差越大。为了避免水准尺倾斜,扶尺者应位于水准尺的后方,双手扶尺,注意垂直。如果尺上配有水准器,扶尺时应保持气泡居中。

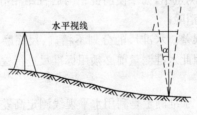

图 2-25 水准尺倾斜误差

(4)视差。视差是指在望远镜中水准尺的像没有准确地成在十字分划板上,由此产生的读数误差。视差对读数的正确与否有直接的影响,瞄准水准尺时一定要仔细调焦。

由于存在视差和估读毫米数的误差,其与人眼的分辨力、望远镜的放大倍数及视线的长度有关,所以要求望远镜的放大倍率在 20 倍以上,视线长度一般不得超过 100mm。

3. 仪器下沉(或上升)所引起的误差

(1)仪器下沉(或上升)所引起的误差。仪器下沉(或上升)的速度与时间成正比,如图 2-26(a)所示,从读取后视读数 a_1 到读取前视读数 b_1 时,仪器下沉了 Δ,则有

$$h_1 = a_1 - (b_1 + \Delta)$$

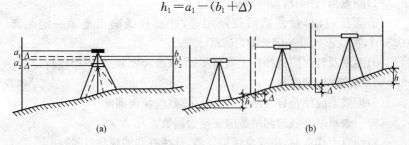

图 2-26 仪器和标尺升沉误差的影响

(a)仪器下沉;(b)尺子下沉

为了减弱此项误差的影响,可以在同一测站进行第二次观测,而且第二次观测应先读前视读数 b_2,再读后视读数 a_2。则

$$h_2 = (a_2 + \Delta) - b_2$$

取两次高差的平均值,即

$$h = \frac{h_1 + h_2}{2} = \frac{(a_1 - b_1) + (a_2 - b_2)}{2}$$

(2)尺子下沉(或上升)引起的误差。当往测与返测尺子下沉量是相同的,则由于误差符号相同,而往测与返测高差符号相反,因此,取往测和返测高差的平均值可消除其影响[图 2-26(b)]。

4. 外界环境的影响

(1)地球曲率和大气折光影响。由于地球曲率和大气折光的影响,水准仪的水平视线相对与之对应的水准面,会在水准尺上产生读数误差,视

线越长,误差越大,消减的办法是保持前后视距相等。

(2)温度变化的影响。当阳光直接照射在仪器上,仪器各部件受热后产生变形,从而影响仪器轴线间的几何关系。所以,在晴天测量时应给仪器撑伞防晒。

(3)转点下沉的影响。仪器搬到下一站尚未读后视读数一段时间内,转点下沉,使该站后视点读数增大,从而引起高差误差。所以,应将转点设在坚硬的地方,或用尺垫。

二、水准测量观测注意事项

(1)测量前,仔细检验与校正仪器。

(2)测量时,尽量使前后视距相等,并使视线高出地面一定距离(0.3m),视线不超过一定长度(100m)。

(3)测站及转点应选择在土质坚实处,水准尺要竖立,不得倾斜。

(4)瞄准时应消除视差。

(5)读数前应使符合气泡完全吻合,读数应快而准确。

(6)一条水准路线的测站数应安排为偶数。

(7)烈日下作业时,应撑伞保护仪器,选择有利的观测时间。

第三章 角度测量

第一节 角度测量原理

角度测量是测量工作的基本内容之一,它分为水平角测量和竖直角测量两种,水平角测量是为了确定地面点的平面位置,竖直角测量是为了利用三角原理间接地确定地面的高程。常用的测角仪器有经纬仪,它既可测量水平角,又可测量竖直角。

一、水平角测量原理

水平角是指测站点至两个观测目标方向垂直投影在水平面上的夹角。如图 3-1 所示,A、B、C 为地面三点,将 A、B、C 三点投影到水平面 P 上得到 A_1、B_1、C_1 三点,则直线 B_1A_1 与直线 B_1C_1 的夹角 β 就是直线 BA 和 BC 之间的水平角。在测量水平角过程中,应首先在 B 点处安置水平度盘,水平度盘的中心在通过 B 点的水平面的投影线上。根据水平角的定义,在过 B 点的铅垂线上,任取一点作水平面,都可得到直线 BA 与直线 BC 间的水平角。由此可以设想,为了测得水平角 β 的角值,可在 B 点的上方水平地安置一个带有刻度的圆盘,其圆心与 B 点位于同一铅垂线上。若竖直面 M 和 N 在刻度盘上截取的读数分别为 a 和 c,则水平角 β 的角值为:

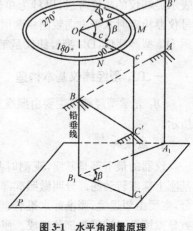

$$\beta = c - a$$

图 3-1 水平角测量原理

二、竖直角测量原理

在同一竖直平面内视线和水平线之间的夹角称为竖直角或垂直角。竖直角的符号规定如下：当观测视线在水平线之上时，称为仰角，符号为正；当观测视线在水平线之下时，称为俯角，符号为负。如图 3-2 所示，观测视线 OA 的竖直角 α_1 为正，观测视线 OB 的竖直角 α_2 为负。

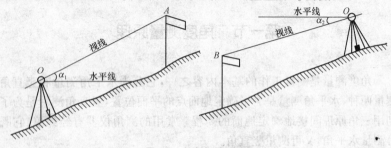

图 3-2　竖直角观测原理

第二节　光学经纬仪

经纬仪的种类繁多，但各种经纬仪的构造基本上都是一样的。通常情况下，按精度不同分为 DJ_{07}、DJ_1、DJ_2 及 DJ_6 等几个等级，数字 07、1、2、6 表示经纬仪的精度等级，以秒为单位，如 DJ_6 型光学经纬仪，其表示该型号仪器检定时水平方向观测一测回的中误差小于 $\pm 6''$。在本节中主要介绍 DJ_6 型经纬仪，DJ_6 型经纬仪是工程测量中最常用的测角仪器。

一、DJ_6 型经纬仪基本构造

DJ_6 光学型经纬仪主要由照准部、度盘和基座三大部分组成，如图3-3 所示。

1. 照准部

仪器的最下部是基座，观测时基座部分固定在三脚架上，不能转动，基座上部能转动的部分叫做照准部。照准部是光学经纬仪的重要组成部分，主要由望远镜、照准部水准管、竖直度盘（简称竖盘）、光学对中器、读数显微镜及竖轴等各部分组成。照准部可绕竖轴在水平面内转动。

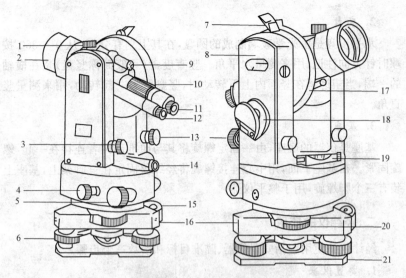

图 3-3　DJ₆ 光学经纬仪

1—望远镜制动螺旋;2—望远镜物镜;3—望远镜微动螺旋;4—水平制动螺旋;
5—水平微动螺旋;6—脚螺旋;7—竖盘水准管观察镜;8—竖盘水准管;9—瞄准器;
10—物镜调焦环;11—望远镜目镜;12—度盘读数镜;13—竖盘水准管微动螺旋;
14—光学对中器;15—圆水准器;16—基座;17—垂直度盘;18—度盘照明镜;
19—平盘水准管;20—水平度盘位置变换轮;21—基座底板

(1)望远镜。望远镜固连在仪器横轴(又称水平轴)上,可绕横轴俯仰转动而照准高低不同的目标。

(2)照准部水准管。照准部水准管用来精确整平仪器。

(3)竖直度盘。竖直度盘用光学玻璃制成,可随望远镜一起转动,用来测量竖直角。

(4)光学对中器。光学对中器用来进行仪器对中,即使仪器中心位于过测站点的铅垂线上。

(5)竖盘指标水准管。竖盘指标水准管是在竖直角测量中,利用竖盘指标水准管微动螺旋使气泡居中,保证竖盘读数指标线处于正确位置。

(6)读数显微镜。读数显微镜用来精确读取水平度盘和竖直度盘读数。

2. 度盘

水平度盘是由光学玻璃制成的圆盘,在其上划有分划,从 0°～360°按顺时针方向注记,用来测量水平角。竖直度盘(一般简称竖盘)装在横轴的一端,当望远镜在竖面内上下转动时,竖盘跟着一起转动,用来测量竖直角。

3. 基座

基座是仪器的底座,由一固定螺旋将其与照准部两者连接在一起,螺旋固紧。在基座下面,用中心连接螺旋将经纬仪固定在三脚架上,基座上装有三个脚螺旋,用于整平仪器。

二、经纬仪的使用

经纬仪的使用包括安置仪器、瞄准目标和读数三个步骤。

1. 安置仪器

首先将经纬仪安置在测站点上,安置操作包括仪器的对中和整平两项内容。对中的目的是使仪器中心位于测站点的铅垂线上,常用光学对中器进行对中,其对中精度可达到±1mm。整平的目的是使水平度盘水平,竖轴铅垂,常用脚螺旋进行整平。

快学快用　1　安置经纬仪的步骤

(1)对中。

1)在测站点上先张开三脚架,使其高度适中,架头大致水平。

2)将仪器放在架头上,并随手拧紧连接仪器和三脚架的中心连接螺旋,在连接螺旋下方挂上垂球,悬挂垂球的线长要调节合适,使垂球尖端接近测站点,当垂线尖端离开测站点较远时,可平移三脚架使垂球尖端对准测站点。

3)对中完成后,应随手拧紧中心连接螺旋。

4)对中误差一般应小于3mm。

(2)整平。

1)先旋转脚螺旋使圆水准器气泡居中,然后转动照准部使照准部管水准器平行于任意两个脚螺旋的连接,如图3-4(a)所示。

2)两手同时向内或向外旋转脚螺旋,使气泡居中。

3)将仪器转动照准部 90°,如图 3-4(b)所示,旋转第三个脚螺旋使气泡居中。如此反复进行,直至照准部转到任何位置时,气泡都居中为止。

4)整平误差一般不应大于水准管分划值一格。

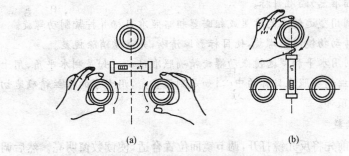

图3-4　经纬仪整平方法

2. 瞄准目标

观测水平角时,瞄准是指用十字丝的纵丝精确照准目标的中心。当目标成像较小时,为了便于观察和判断,一般用双丝夹住目标,使目标在中间位置。为了避免因目标在地面点上不竖直引起的偏心误差,瞄准时尽量照准目标的底部,如图 3-5(a)所示。

观测竖直角时,瞄准是指用十字的横丝精确地切准目标的顶部。为了减小十字丝横丝不水平引起的误差,瞄准时尽量用横丝的中部照准目标,如图 3-5(b)所示。

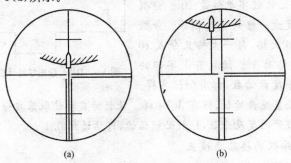

图3-5　瞄准目标

(a)水平角观测用竖丝瞄准;(b)竖直角观测用横丝瞄准

快学快用　2　经纬仪瞄准目标的操作步骤

(1)调节目镜对光螺旋使十字丝清晰,然后用望远镜的照门和准星(或光学瞄准器)瞄准目标。

(2)利用望远镜上的准星或粗瞄器粗略照准目标并拧紧制动螺旋。

(3)转动物镜对光螺旋,使目标影像清晰,并注意消除视差。

(4)利用水平和望远镜微动螺旋精确照准目标。如是测水平角,用十字丝的纵丝精确照准目标的中心;如是测竖直角,用十字的横丝精确地切准目标的顶部。

3. 读数

读数前先将反光镜打开,调节镜面位置合适,使读数窗明亮。然后调节读数显微镜目镜,使度盘与测微尺的影像清晰,再读取度盘读数,记录并及时计算。

快学快用　3　DJ₆级光学经纬仪的读数方法

外部光线经反光镜反射进入经纬仪后,通过仪器的光学系统,将度盘和分微尺的影像放大反映到读数窗中,如图3-6所示。读数显微镜内的长刻划线是度盘分划线,上面注记的数字单位是度。短刻划线是分微尺的分划线,其上注记的数字单位是 $10'$。分微尺长度与度盘一格的宽度相等。分微尺共分成6大格,每一大格又分成10小格,每小格为 $1'$。读数窗上半部的影像为水平度盘读数,标有"H"字样。

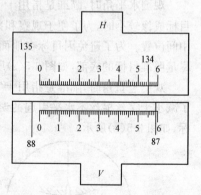

图3-6　DJ₆　级光学经纬仪的读数

下半部为竖直度盘读数,标有"V"字样。读数时直接读取落在分微尺上的度盘分划线处的度及分数,秒数必须估读,可估读到 $0.1'$。

4. 经纬仪的检验与校正

经纬仪的几条主要轴线如图3-7所示,照准部水准管轴 LL、仪器竖轴 VV、望远镜视准轴 CC 和仪器横轴 HH。为了保证测角的精度,经纬仪主要部件及轴系应满足下述几何条件:

(1)照准部水准管轴 LL 应垂直于仪器竖轴 VV。

(2)十字丝的竖丝垂直于横轴;

(3)视准轴 CC 应垂直于仪器横轴 HH。

(4)仪器横轴 HH 应垂直于仪器竖轴 VV。

(5)竖盘指标应处于正确位置;

(6)光学对中器视准轴与竖轴重合。

由于经纬仪经过长期外业使用或长途运输及外界影响等,会使各轴线的几何关系发生变化,因此在使用前必须对仪器进行检验和校正。

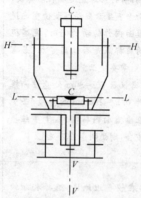

图 3-7 经纬仪主要轴线

快学快用 4 经纬仪的检验和校正方法

经纬仪应满足各轴线间的几何条件,其检验和校正方法见表 3-1。

表 3-1 经纬仪检验和校正

序号	项目	检验方法	校正方法
1	照准部水准管轴应垂直于竖轴	将仪器大致整平,使水准器与两个螺旋平行,调整位置使气泡居中,旋转照准部 90°,转动第三个脚螺旋,使气泡居中,然后再旋转照准部 180°,如气泡仍居中心,则符合要求。否则,要进行校正	照准部调转 180°后,如气泡偏离中心,此时,用拨针转动水准器的上下校正螺丝改正气泡偏离格值的一半,其余一半用脚螺旋调至气泡居中,如此反复校正直至合格为止

序号	项目	检验方法	校正方法
2	十字丝竖丝应垂直于横轴	十字丝竖丝应垂直于望远镜的横轴。如图3-8所示检验方法有以下两种： （1）置平仪器。用竖丝的上端或下端瞄准远处一个清晰的目标，固定照准部，拧紧垂直度盘制动螺旋，在转动垂直度盘微动螺旋使望远镜在垂直面内作转动的同时，观察视场中的目标点是否偏离竖丝，若有偏离，则需要校正。 （2）离仪器20～30m处悬挂一根直径为0.5～1.0mm的垂线，若望远镜在垂直面内转动时，十字丝与垂线重合，则说明条件满足	卸下十字丝分划板护盖，略松分划板的校正固定螺丝，微微转动十字丝环，使竖丝垂直，反复检校至完善为止，然后旋紧十字丝分划板校正固定螺丝，如图3-9所示
3	望远镜视准轴应垂直于横轴	（1）在较平坦地区，选择相距约100m的A、B两点，在AB的中点O安置经纬仪，在A点设置一个照准标志，B点水平横放一根水准尺，使其大致垂直于OB视线，标志与水准尺的高度基本与仪器同高。 （2）盘左位置视线大致水平照准A点标志，拧紧照准部制动螺旋，固定照准部，纵转望远镜在B尺上读数B_1，如图3-10（a）所示；盘右位置再照准A点标志，拧紧照准部制动螺旋，固定照准部，再纵转望远镜在B尺上读数B_2，如图3-10（b）所示。若B_1与B_2为同一个位置的读数（读数相等），则表示视准轴CC垂直于仪器横轴HH，否则需校正	如图3-10（b）所示，由B_2向B_1点方向量取$B_1B_2/4$的长度，定出B_3点，用校正针拨动十字丝环上的左、右两个校正螺钉，使十字丝交点对准B_3即可。校正后勿忘将旋松的螺钉旋紧。此项校正也需反复进行

(续二)

序号	项目	检验方法	校正方法
4	横轴垂直于竖轴 $(HH \perp VV)$	(1)如图 3-11 所示，安置经纬仪距较高墙面 30m 左右处，整平仪器。 (2)盘左位置，望远镜照准墙上高处一点 M（仰角30°～40°为宜），然后将望远镜大致放平，在墙面上标出十字丝交点的投影 m_1，如图 3-11(a)所示。 (3)盘右位置，再照准 M 点，然后再把望远镜放置水平，在墙面上与 m_1 点同一水平线上再标出十字丝交点的投影 m_2，如果两次投点的 m_1 与 m_2 重合，则表明 $HH \perp VV$，否则需要校正	首先在墙上标定出 $m_1 m_2$ 直线的中点 m[图 3-11(b)]，用望远镜十字丝交点对准 m，然后固定照准部，再将望远镜上仰至 M 点附近，此时十字丝交点必定偏离 M 点，而在 M' 点。这时打开仪器支架的护盖，校正望远镜横轴一端的偏心轴承，使横轴一端升高或降低，移动十字丝交点，直至十字丝交点对准 M 点为止。对于光学经纬仪，横轴校正螺旋均由仪器外壳包住，密封性好，仪器出厂时又经过严格检查，若不是巨大震动或碰撞，横轴位置不会变动。一般测量前只进行此项检验，若必须校正，应由专业检修人员进行

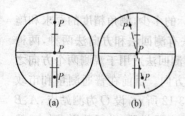

(a)　　　(b)

图 3-8 十字丝竖丝垂直于横轴的检验

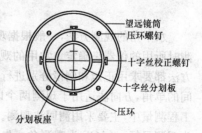

望远镜筒
压环螺钉
十字丝校正螺钉
十字丝分划板
压环
分划板座

图 3-9 十字丝竖丝垂直于横轴的校正

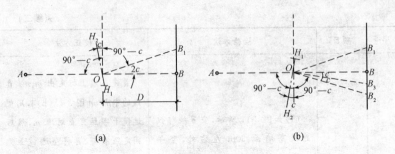

图 3-10　视准轴的检验与校正

(a)盘左;(b)盘右

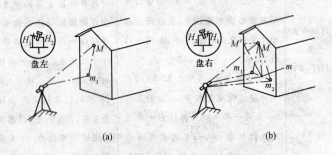

图 3-11　横轴垂直于竖轴的检验与校正

(a)盘左;(b)盘右

第三节　水平角测量

　　水平角的观测方法,一般根据观测目标的多少,测角精度的要求和施测时所用的仪器来确定。常用的观测方法有测回法和方向法两种,两种方法都要求用正镜和倒镜分别进行观测。测回法适用于观测两个方向之间的单角,方向法适用于观测两个以上的方向。目前在普通测量和市政工程测量中,主要采用测回法观测。如图 3-12 所示,设 O 为测站点,A、B 为观测目标,$\angle AOB$ 为观测角。先在 O 点安置仪器,进行整平、对中,然后按以下步骤进行观测。

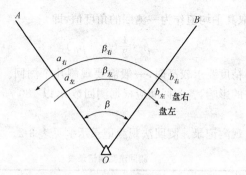

图 3-12 测回法观测水平示意图

1. 盘左观测

"盘左"指竖盘处于望远镜左侧时的位置,也称正镜,在这种状态下进行观测称为盘左观测,也称上半测回观测。

快学快用 5 **盘左观测水平角的方法**

先照准左方目标,即后视点 A,读取水平度盘读数为 $a_左$,并记入测回法测角记录表中。然后顺时针转动照准部照准右方目标,即前视点 B,读取水平度盘读数为 $b_左$,并记入记录表中。以上称为上半测回,其观测角值为

$$\beta_左 = b_左 - a_左$$

2. 盘右观测

"盘右"指竖盘处于望远镜右侧时的位置,也称倒镜,在这种状态下进行观测称为盘右观测,也称下半测回观测,其观测顺序与盘左观测相反。

快学快用 6 **盘右观测水平角的方法**

先照准右方目标,即前视点 B,读取水平度盘读数为 $b_右$,并记入记录表中,再逆时针转动照准部照准左方目标,即后视点 A,读取水平度盘读数为 $a_右$,并记入记录表中,则得下半测回角值为:

$$\beta_右 = b_右 - a_右$$

3. 检核与计算

上、下半测回合起来称为一测回。《城市测量规范》没有给出测回法半测回角差的容许值,根据图根控制测量的测角中误差为 $\pm 20''$,一般取中误差的两倍作为限差,即为 $\pm 40''$。当上、下半测回角值之差没有超过

限差时,可取其平均值作为一测回的角度值,即

$$\beta=\frac{1}{2}(\beta_{左}+\beta_{右})$$

当测角精度要求较高时,一般需要观测几个测回。为了减少水平度盘分划误差的影响,各测回间应根据测回数 n,以 $180°/n$ 为增量配置水平度盘。

测绘法观测记录。测回法观测记录示例见表 3-2。

表 3-2　　　　　　　　　　测回法测角记录表

| 测站 | 盘位 | 目标 | 水平度盘读数 | 水平角 | | 备　注 |
				半测回角	测回角	
O	左	A	0°01′24″	60°49′06″	60°49′03″	
		B	60°50′30″			
	右	A	180°01′30″	60°49′00″		
		B	240°50′30″			

【例 3-1】 如图 3-13 所示,测量直线 OA 和 OB 的水平角。在观测点 A、B 上设置观测目标,观测目标视距离的远近,可选择垂直竖立的标杆或测钎,或者悬挂垂球。然后在测站点 O 安置仪器,使仪器对中、整平后,按步骤进行观测。

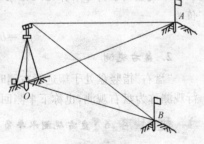

图 3-13　水平角观测

【解】（1）上半测回。盘左位置顺时针旋转望远镜,瞄准左目标 A,并配置水平度盘读数为 $0°00′00″$（或略大于 $0°00′00″$）,设为 $\beta_1=0°02′21″$,记入观测手簿中。然后顺时针旋转望远镜,瞄准右目标 B,读取水平度盘读数,设为 $\beta_2=96°48′00″$,记入观测手簿。

计算盘左位置观测的水平角。

$$\beta_{盘左}=\beta_2-\beta_1=96°48′00″-0°02′21″=96°45′39″$$

至此,完成了上半测回的观测工作。

（2）下半测回。盘右位置倒转望远镜,先瞄准右目标 B,读取水平度

盘读数,设为 $\beta_2'=275°48'52''$,记入观测手簿。然后逆时针旋转望远镜,瞄准左目标 A,读取水平度盘读数,设为 $\beta_1'=179°3'29''$,记入观测手簿。计算盘右位置观测的水平角。

$$\beta_{盘右}=\beta_2'-\beta_1'=275°48'52''-179°3'29''=96°45'23''。$$

至此,完成了下半测回的观测工作。

由于 $\Delta\beta=|\beta_{盘左}-\beta_{盘右}|=|96°45'39''-96°45'23''|=16''<40''$

则

$$\beta=\frac{\beta_{盘左}+\beta_{盘右}}{2}=\frac{96°45'39''+96°45'23''}{2}=96°45'31''$$

第四节 竖直角测量

一、经纬仪竖直度盘的构造

JD_6 级光学经纬仪的竖直度盘结构如图 3-14 所示,主要构件包括竖直度盘、竖盘读数指标、竖盘指标水准管和竖盘指标水准管微动螺旋。

(1)竖盘固定在望远镜横轴的一端,垂直于横轴,竖盘随望远镜的上下转动而转动。

(2)竖盘读数指标线不随望远镜的转动而变化。为使竖盘指标线在读数时处于正确位置,竖盘读数指标线与竖盘水准管固连在一起,由指标水准管微动螺旋控制。转动指标水准管微动螺旋可使竖盘水准管气泡居中,达到指标线处于正确位置的目的。

(3)通常情况下,水平方向

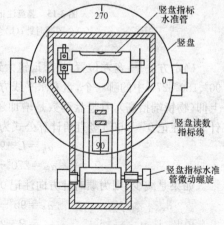

图 3-14 竖直度盘构造

(指标线处于正确位置的方向)都是一个已知的固定值(0°、90°、180°、270°四个值中的一个)。

二、竖直角的计算

(1)计算平均竖直角:盘左、盘右对同一目标各观测一次,组成一个测回。一测回竖直角值(盘左、盘右竖直角值的平均值即为所测方向的竖直角值):

$$\alpha = \frac{\alpha_左 + \alpha_右}{2}$$

(2)竖直角 $\alpha_左$ 与 $\alpha_右$ 的计算:如图 3-15 所示,竖盘注记方向有全圆顺时针和全圆逆时针两种形式。竖直角是倾斜视线方向读数与水平线方向值之差,根据所用仪器竖盘注记方向形式来确定竖直角计算公式。

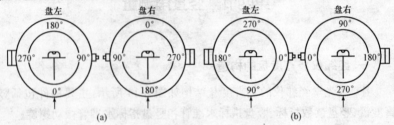

图 3-15　竖盘注记示意图

(a)全图顺时针;(b)全图逆时针

确定方法是:盘左位置,将望远镜大致放平,看一下竖盘读数接近 0°、90°、180°、270° 中的哪一个,盘右水平线方向值为 270°,然后将望远镜慢慢上仰(物镜端抬高),看竖盘读数是增加还是减少,如果是增加,则为逆时针方向注记 0°~360°,竖直角计算公式为:

$$\alpha_左 = L - 90°$$
$$\alpha_右 = 270° - R$$

如果是减少,则为顺时针方向注记 0°~360°,竖直角计算公式为:

$$\alpha_左 = 90° - L$$
$$\alpha_右 = R - 270$$

三、竖盘指标差

当视线水平且指标水准管气泡居中时,指标所指读数不是 90° 或 270°,而是与 90° 或 270° 相差一个角值 x(图 3-16)。也就是说,正镜观测时,实际的始读数为 $x_{0左}=90°+x$,倒镜观测时,始读数为 $x_{0右}=270°+x$。其差值 x 称为竖盘指标差,简称指标差。设此时观测结果的正确角值为 $\alpha'_{左}$ 和 $\alpha'_{右}$,得:

$$\alpha'_{左}=x_{0左}-L=(90°+x)-L \tag{a}$$

$$\alpha'_{右}=R-(x_{0左}+180°)=R-(270°+x) \tag{b}$$

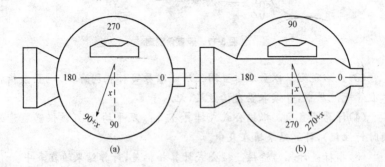

图3-16　竖盘指标差

(a)盘左位置;(b)盘右位置

$$\alpha'_{左}=\alpha_{左}+x$$
$$\alpha'_{右}=\alpha_{右}-x$$

将 $\alpha'_{左}$ 与 $\alpha'_{右}$ 取平均值,得:

$$\alpha=\frac{1}{2}(\alpha'_{左}+\alpha'_{右})=\frac{1}{2}(\alpha_{左}+\alpha_{右})$$

将式(a)与式(b)相减,并假设观测没有误差,这时 $\alpha'_{左}=\alpha'_{右}=\alpha$,指标差则为

$$x=\frac{1}{2}(\alpha_{右}-\alpha_{左})=\frac{1}{2}(R+L-360°)$$

快学快用 7 竖直角的观测方法

(1)安置仪器。如图3-17所示,在测站点 O 安置好经纬仪,并在目标点 A 竖立观测标志(如标杆)。

(2)盘左观测。以盘左位置瞄准目标,使十字丝中丝精确地切准 A 点标杆的顶端,调节竖盘指标水准管微动螺旋,使竖盘指标水准管气泡居中,并读取竖盘读数 L,记入手簿(表3-3)。

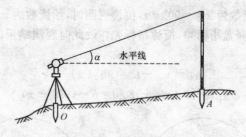

图 3-17 竖直角观测

（3）盘右观测。以盘右位置同上法瞄准原目标相同部位，调竖盘指标水准管气泡居中，并读取竖盘读数尺，记入手簿。

（4）计算竖直角。根据公式式计算 $\alpha'_{左}$、$\alpha'_{右}$ 及平均值 α（该仪器竖盘为顺时针注记），计算结果填在表中。

（5）指标差计算与检核。按公式计算指标差，计算结果填在表中。

至此，完成了目标 A 的一个测回的竖直角观测。目标 B 的观测与目标 A 的观测与计算相同，见表 3-3。A、B 两目标的指标差互差为 $9''$，小于规范规定的 $25''$，成果合格。

表 3-3   竖直角观测手簿

测站	目标	竖盘位置	竖盘读数			半测回竖直角			指标差	一测回竖直角			备 注
			°	′	″	°	′	″	″	°	′	″	
O	A	左	81	12	36	8	47	24	−45	8	46	39	
		右	278	45	54	8	45	54					
O	B	左	95	22	00	−5	22	00	−36	−5	22	36	
		右	264	36	48	−5	23	12					

观测竖直角时，只有在竖盘指标水准管气泡居中的条件下，指标才处于正确位置，否则读数就有错误。然而每次读数都必须使竖盘指标水准管气泡居中是很费事的，因此，有些光学经纬仪，采用竖盘指标自动归零装置。当经纬仪整平后，竖盘指标即自动居于正确位置，这样就简化了操作程序，可提高竖直角观测的速度和精度。

【例 3-2】 观测 A 点处目标，盘左时读数为 $81°48'36''$，盘右时读数为

$278°11'30''$，观测 B 点目标，盘左时读数为 $96°26'23''$，盘右时读数为 $263°34'01''$，计算竖直角。

【解】（1）求 A 点盘左、盘右平均竖直角。已知盘左时读数为 $81°48'36''$，盘右时读数为 $278°11'30''$。

$$\alpha = \frac{1}{2}(\alpha_左 + \alpha_右)$$

$$= \frac{1}{2}(R - L - 180°)$$

$$= \frac{1}{2} \times (278°11'30'' - 81°48'36'' - 180°)$$

$$= 8°11'27''$$

（2）求 A 点指标差 x，即：

$$x = \frac{1}{2}(L + R - 360°)$$

$$= \frac{1}{2} \times (81°48'36'' + 278°11'30'' - 360°)$$

$$= 3''$$

（3）求得 B 点盘左、盘右平均竖直角，已知盘左时读数为 $96°26'23''$，盘右时读数为 $263°34'01''$，即：

$$\alpha = \frac{1}{2}(\alpha_左 + \alpha_右)$$

$$= \frac{1}{2}(R - L - 180°)$$

$$= \frac{1}{2} \times (263°34'01'' - 96°26'23'' - 180°)$$

$$= -6°26'11''$$

（4）求得 B 点目标指标差 x，即：

$$x = \frac{1}{2}(L + R - 360°)$$

$$= \frac{1}{2} \times (96°26'23'' + 263°34'01'' - 360°)$$

$$= 12''$$

（5）将竖直角记录到竖直角观测手簿，见表3-4。

表 3-4　　　　　　　　　　竖直角观测手簿

仪器:J₆　　　　　　　　　　测　站:O　．　日　　期:　年　月　日

天气:晴　　　　　　　　　　观测者:××　　开始时间:　时　　分

成像:清晰　　　　　　　　　记录者:××　　结束时间:　时　　分

测站	目标	竖盘位置	竖盘读数 (° ′ ″)	半测回竖直角 (° ′ ″)	指标差 (″)	一测回竖直角 (° ′ ″)	仪器高	觇标高	照准部位
O	A	左	81 48 36	+8 11 24	3	8 11 27	1.50	1.75	花杆顶部
		右	278 11 30	+8 11 30					
	C	左	96 26 23	−6 26 23	12	6 26 11	1.50	2.20	旗杆顶部
		右	263 34 01	−6 25 59					

第五节　角度测量误差及注意事项

在水平角测量的过程当中,仪器误差、观测误差,以及外界条件会对测量精度有较大的影响。

一、角度测量的误差来源

1. 仪器误差

(1)仪器制造加工不完善而引起的误差。主要有度盘刻划不均匀误差、照准部偏心差(照准部旋转中心与度盘刻划中心不一致)和水平度盘偏心差(度盘旋转中心与度盘刻划中心不一致),此类误差一般都很小,并且大多数都可以在观测过程中采取相应的措施消除或减弱它们的影响。

(2)仪器检验校正后的残余误差。它主要是仪器的三轴误差(即视准轴误差、横轴误差和竖轴误差),其中,视准轴误差和横轴误差,可通过盘左、盘右观测取平均值消除,而竖轴误差不能用正、倒镜观测消除。故在观测前除应认真检验、校正照准部水准管外,还应仔细地进行整平。

2. 观测误差

(1)仪器对中误差。仪器对中时,垂球尖没有对准测站点标志中心,产生仪器对中误差。对中误差对水平角观测的影响与偏心距成正比,与测站点到目标点的距离成反比,所以要尽量减少偏心距,对边长越短且转

角接近 180°的观测更应注意仪器的对中。

（2）仪器整平误差。因为照准部水准管气泡不居中，将导致竖轴倾斜而引起的角度误差，此项误差不能通过正倒镜观测消除。竖轴倾斜对水平角的影响，和测站点到目标点的高差成正比。所以，在观测过程中，特别是在山区作业时，应特别注意整平。

（3）目标偏心误差。测角时，通常用标杆或测钎立于被测目标点上作为照准标志，若标杆倾斜，而又瞄准标杆上部时，则使瞄准点偏离被测点产生目标偏心误差。目标偏心对水平角观测的影响与测站偏心距影响相似。测站点到目标点的距离越短，瞄准点位置越高，引起的测角误差越大。

为减小目标偏心对水平方向观测的影响，作为照准标志的标杆应竖直，水平角观测时，应尽量瞄准标杆的底部。当目标较近，又不能瞄准其底部时，最好采用悬吊垂球，瞄准垂球线。

（4）瞄准误差。照准误差与人眼的分辨能力和望远镜放大率有关。一般，人眼的分辨率为 60″。若借助于放大率为 V 倍的望远镜，则分辨能力就可以提高 V 倍，故照准误差为 60″/V。DJ$_6$ 型经纬仪放大倍率一般为 28 倍，故照准误差大约为 ±2.1″。在观测过程中，若观测员操作不正确或视差没有消除，都会产生较大的照准误差。故观测时应仔细地做好调焦和照准工作。

（5）读数误差。该项误差主要取决于仪器的读数设备及读数的熟练程度。读数前要认清度盘以及测微尺的注字刻划特点，读数中要使读数显微镜内分划注字清晰。通常是以最小估读数作为读数估读误差，DJ$_6$ 型经纬仪读数估读最大误差为 ±6″（或者 ±5″）。

3. 外界条件的影响

外界条件的影响很多，也比较复杂。如大风会影响仪器和标杆的稳定，温度变化会影响仪器的正常状态，大气折光会导致光线改变方向，地面辐射又会加剧大气折光的影响，雾气使目标成像模糊，烈日暴晒会使仪器轴系关系发生变化，地面土质松软会影响仪器的稳定等，都会给测量带来误差。要想完全避免这些因素的影响是不可能的，为了削弱此类误差的影响，应选择有利的观测时间和设法避开不利的因素。例如，选择雨后多云的微风天气下观测最为适宜，在晴天观测时，要撑伞遮住阳光，防止暴晒仪器。

二、水平角观测注意事项

(1)仪器安置的高度应合适,脚架应踩实,中心螺旋拧紧,观测时手不扶脚架,转动照准部及使用各种螺旋时,用力要轻。

(2)若观测目标的高度相差较大,特别要注意仪器整平。

(3)对中要准确。测角精度要求越高,或边长越短,则对中要求越严格。

(4)观测时要消除视差,尽量用十字丝交点照准目标底部或桩上小钉。

(5)精确估读尾数,按观测顺序记录水平度盘读数,注意检查限差。发现错误,立即重测。

(6)水准管气泡应在安置仪器时调好,一测回过程中不允许再调,如气泡偏离中心超过一格时,应重新整平重测该测回。

第四章　距离测量与直线定向

距离量距是测量的三项基本工作之一,所谓距离测量是指测量地面上两点的连线投影到指定水平面上的长度,也称水平距离或平距。同理,高程不同的两点的长度通称斜距。

第一节　钢尺量距

一、钢尺量距工具

1. 钢尺

钢尺又称卷尺,是用宽 10～15cm、厚 0.4mm 的低碳薄钢带制成。其表面刻有每隔 1mm 刻划 的并在 10cm 有数字标记的卷式量距尺,通过手柄 卷入尺盒或带有手把的金属架上,端部有铜环,以 便丈量时拉尺之用。使用时可从尺盒中拉出任意 长度,用完后卷入盒内,如图 4-1 所示。

图 4-1　钢尺

钢尺长度有 20m、30m、50m 三种。使用钢尺量距时要有经纬仪、花杆和测钎的配合进行。

钢尺因材质引起的伸缩性小,故一般量距精度比较高。一般常用于 精密基线丈量,且丈量时分别在每尺段端点处钉木桩,并在桩顶上钉以 小刀刻痕的锌铁皮来准确读数,并在钢尺的两端使用拉力计。

2. 花杆

花杆是定位放线工作中必不可少的辅助工具,如图 4-2 所示。其作 用是标定点位和指引方向。它的构造为空心铝合金圆杆或实心圆木杆, 直径约为 3cm 左右,长度为 1.5～3m 不等,杆的下部为锥形铁脚,以便标

定点位或插入地面,杆的外表面每隔 20cm 分别涂成红色和
白色,称花杆。

在实际测量中花杆常被用于指引目标(标点)、定向、穿
线。例如地面上有一点,以钉小钉的木桩标定在地面上,从
较远处是无法看到此点的,那么在点上立一花杆并使锥尖
对准该点,花杆竖直时,从远处看到花杆就相当于看到了该
点,起到了导引目标的作用(标点)。

3. 测钎

测钎又称测针,由 8 号铅丝制成,长度为 40cm 左右,下
部削尖以便插入地面,上部为 6cm 左右的环状,以便于手握。每 12 根为
一束,测钎用于记录整尺段和卡链及临时标点使用,如图
4-3 所示。

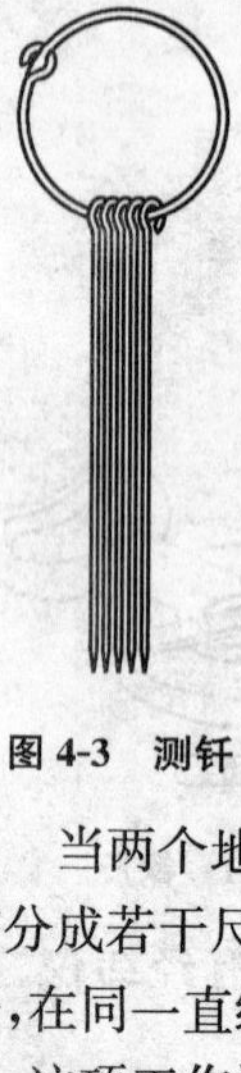

4. 弹簧秤

用于对钢尺施加规定的拉力,避免因拉力太小或太大
造成的量距误差。

5. 温度计

用于钢尺量距时需测定温度,以便对钢尺长度进行温度
改正,消除或减小因温度变化使尺长改变而造成的量距误差。

图 4-3　测钎　　**二、直线定线**

当两个地面点之间的距离较长或地势起伏较大时,为方便量距工作,
需分成若干尺段进行丈量,这就需要在直线的方向上插上一些标杆或测
钎,在同一直线上定出若干点,其既能标定直线,又可作为分段丈量的依
据,这项工作被称为直线定线。直线定线根据精度要求不同,可分为目测
法定线、经纬仪定线两种。

快学快用　1　目测定线的步骤

目测定线就是用目测的方法,用标杆将直线上的分段点标定出来。
如图 4-4 所示,目测法定线主要做法如下:

(1)先在 AB 点各竖直立好花杆,观测员甲站在 A 点花杆后面,用单
眼通过 A 点花杆一侧瞄准 B 点花杆同一侧,形成连线。

图 4-2　花杆

标杆

（2）观测员乙拿一花杆在待定点1处，根据甲的指挥左、右移动花杆。当甲观测到三根花杆成一条直线时，喊"好"，乙即可在花杆处标出1点，A、1、B在一条直线上。

（3）同法可定出2点。

图4-4　目测法定线

快学快用　2　**经纬仪定线的步骤**

如图4-5所示，经纬仪定线的步骤如下：

（1）在A点安置经纬仪，对中、整平。

（2）用望远镜照准B点处竖立的标志，固定仪器照准部，将望远镜俯向1点处投测，观测员手持标杆移动，当标志与十字丝竖丝重合时，将标志立在直线上的1点处。其他2、3等点的投测，只需将望远镜的俯、仰角度变化，即可向近处或远处投得其他各点位，且使投测的点均在AB直线上，则A、2、1、B点在一条直线上。

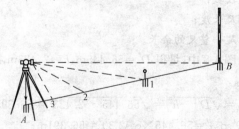

图4-5　经纬仪定线

三、距离丈量的一般方法

快学快用　3　**平坦地面的距离丈量方法**

丈量工作一般由两人进行，清除待量直线上的障碍物后在直线两端

点 A、B 竖立测杆，然后在端点的外侧各立一标杆(图 4-6)，后尺手持尺的零端位于 A 点，并在 A 点上插一测钎。前尺手持尺的末端并携带一组测钎的其余 5 根(或 10 根)，沿 AB 方向前进，行至一尺段处停下。

后尺手将钢尺的零点对准 A 点，两人同时把钢尺拉紧后，前尺手在钢尺末端的整尺段长刻划处竖直插下一根测钎得到 1 点，即量完一个，沿定线方向依次前进，重复上述操作，后尺手手中的测钎数就等于量距的整尺段数 n。

图 4-6　平坦地面距离长量

随之后尺手拔起 A 点上的测钎与前尺手共同举尺前进，同法量出第二尺段。如此继续丈量下去，直至最后不足一整尺段($n-B$)时，前尺手将尺上某一整数分划线对准 B 点，由后尺手对准 n 点在尺上读出读数，两数相减，即可求得不足一尺段的余长，设为 q。则 AB 两点间的距离＝$n×$尺段长＋余长。即

$$D=nl+q$$

式中　n——尺段数；

　　　l——钢尺长度；

　　　q——不足一整尺的余长。

【例 4-1】　图 4-8 中，量得 $D'=56.445$m，$h=2.423$m，$\alpha=2°30'$，试计算水平距离 D_{AB}。

【解】　$D_{AB}=\sqrt{D'^2-h^2}=\sqrt{56.445^2-2.423^2}=56.393$m

或 $D_{AB}=D'\cos\alpha'=56.445×\cos2°30'=56.391$m

为防止错误和提高丈量精度，还要按相反方向从 B 点起返量至 A 点，故称往返测法。往返各丈量一次称为一测回。往返测量所得的距离之差称为较小差。往返丈量的距离之差与平均距离之比，化成分子为 1 的分数时称为相对误差 K，可用它来衡量丈量结果的精度。即：

$$较差\ \Delta D=D_{往}-D_{返}$$

$$距离平均值 D_{平均} = \frac{D_{往} + D_{返}}{2}$$

$$丈量精度 K = \frac{|D_{往} - D_{返}|}{D_{平均}} = \frac{1}{D_{平均}/|D_{往} - D_{返}|}$$

相对误差分母越大,则 K 值越小,精度越高;反之,精度越低。

　　一般情况下,在平坦地区进行钢尺量距,其相对误差不应超过 1/3000,在量距困难的地区,相对误差也不应大于 1/1000。若符合要求,则取往返测量的平均长度作为观测结果。若超过该范围,应分析原因,重新进行测量。

　　【例 4-2】　如图 4-9 所示,丈量 A、B 两点间距,往测全长为 110.33m,返测全长为 110.35m,试求量距相对误差 K 值。

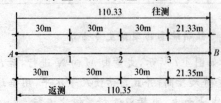

图 4-9　平坦地区往返丈量示意图

　　【解】　较差 $\Delta D = D_{往} - D_{返}$

$$= 110.33 - 110.35$$

$$= -0.02 \text{m}$$

$$距离平均值 D_{平均} = \frac{D_{往} + D_{返}}{2}$$

$$= \frac{110.33 + 110.35}{2}$$

$$= 110.34 \text{m}$$

$$量距相对误差 K = \frac{|D_{往} - D_{返}|}{D_{平均}}$$

$$= \frac{1}{D_{平均}/|D_{往} - D_{返}|}$$

$$= \frac{1}{110.34/0.02}$$

$$= \frac{1}{5517}$$

丈量距离常用记录手簿见表 4-1，随测随填入手簿随计算，并查核其精度是否合格。

表 4-1　　　　　　　　　　　　距离测量手簿

| 工程名称：××工程 | | | 天气：晴 | | 测量：×× |
| 日　期：2010.5.10 | | | 仪器：钢尺 | | 记录：×× |

测线		分段丈量长度/m		总长度/m	平均长度/m	精度	备注
		整尺段	零尺段				
AB	往	3×30	21.33	110.33	110.34	$\frac{1}{5517}$	量距方便地区
	返	3×30	21.35	110.35			

快学快用 4　倾斜地面的距离丈量方法

(1)平量法。如图 4-7 所示，丈量由 M 向 N 进行，后尺手将尺的零端对准 M 点，前尺手将尺抬高，并且目估使尺子水平，用垂球尖将尺段的末端投于 MN 方向线地面上，再插以测钎。依次进行，丈量 MN 的水平距离。若地面倾斜较大，将钢尺整尺拉平有困难时，可将一尺段分成几段来平量。

(2)斜量法。当倾斜地面的坡度比较均匀且较大时，如图 4-8 所示，可沿斜面直接丈量出 MN 的倾斜距离 D'，测出地面倾斜角 α 或 MN 两点间的高差 h，按下式计算 MN 的水平距离 D。

$$D = D'\cos\alpha$$
$$D = \sqrt{D'^2 - h^2}$$

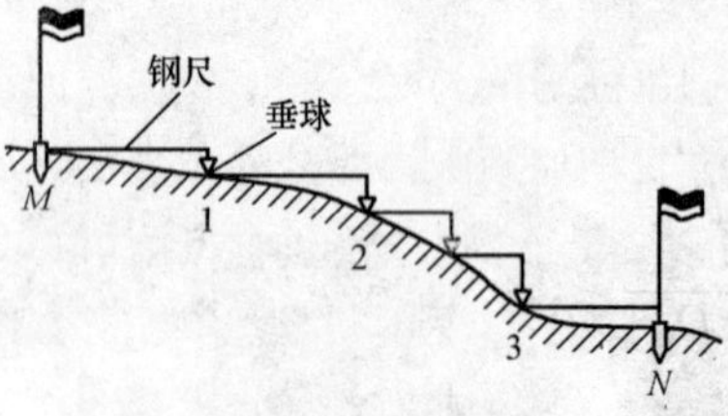

图 4-7　平量法 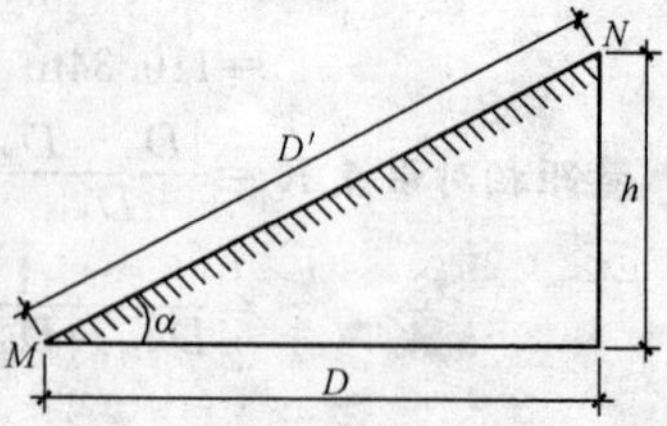　　　　　　　图 4-8　斜量法

第二节 精密量距的方法

一、精密量距

用钢尺量距的一般方法,其量距精度一般能达到 $\frac{1}{1000} \sim \frac{1}{5000}$。市政工程中,有时需要更高的量距精度,如控制网边长的量距要求精度达到 $\frac{1}{5000} \sim \frac{1}{10000}$,为了达到规定精度的要求,必须用精度方法进行丈量。

快学快用 5 精密丈量的方法

(1)应清除欲测直线上的障碍物,并开辟出宽度不小于 2m 的通道,然后用经纬仪进行定线。

(2)将欲测直线分成若干段,每段长度略小于整尺段的长度,各分段点钉一小木桩,桩顶钉白铁皮,画十字细线作标志,以表示相应点的位置。

(3)用水准仪测量相邻两木桩顶部之间的高差,以便将倾斜距离改算成水平距离。水准测量一般在量距前进行往测,量距结束后进行返测,同一尺段往返高差的较差应小于 5mm(量距精度为 1/40000),或者应小于 10mm(量距精度为 1/20000)。

(4)施测前应使用经过检定的钢尺,并计算出改正数值。

(5)根据改正数计算出全长值。

二、钢尺检定

由于钢尺材料变形及制造误差等因素的影响,其实长和名义长(即尺上所注的长度)往往不一样,而且钢尺在长期使用中因受外界条件变化的影响也会引起尺长的变化。因此在精密丈量前须对所用钢尺进行检定,以便丈量距离时进行改正,求得正确的水平距离。

钢尺经检定后,应给出尺长方程式 $l_t = l_0 + \Delta l + \alpha l_0 (t - t_0)$

式中 l_t——钢尺在温度 t℃时的实际长度;

l_0——钢尺的名义长度;

Δl——尺长改正数,即钢尺在温度 t_0 时的改正数,等于实际长度减去名义长度;

α——钢尺的线膨胀系数,其值取为 $1.25 \times 10^{-5}/℃$;

t_0——钢尺检定时的标准温度(20℃);

t——钢尺使用时的温度。

快学快用 6 尺长检定方法

(1)与标准尺比长。钢尺检定最简单的方法:将欲检定的钢尺与检定过的已有尺长方程式的钢尺进行比较(认定它们的线膨胀系数相同),求出尺长改正数,再进一步求出欲检定钢尺的尺长方程式。

(2)将被检定钢尺与基准线长度进行实量比较。在测绘单位已建立的校长场上,利用两固定标志间的已知长度 D 作为基准线来检定钢尺的方法是:将被检定钢尺在规定的标准拉力下多次丈量(至少往返各三次)基线 D 的长度,求得其平均值 D'。测定检定时的钢尺温度,然后通过计算即可求出在标准温度 $t_0 = 25℃$ 时的尺长改正数,并求得该尺的尺长方程式。

【例 4-3】 设标准尺的尺长方程式为 $L_{标} = 30 + 0.004 + 1.25 \times 10^{-5} \times 30 \times (t - 20℃)(m)$,被检定的钢尺,多次丈量标准长度为 29.998m,从而求得被检定钢尺的尺长方程式:

$$L_{t检} = L_{标} + (30 - 29.998)$$
$$= 30 + 0.004 + 1.25 \times 10^{-5} \times 30 \times (t - 20℃) + 0.002$$
$$= 30 + 0.006 + 1.25 \times 10^{-5} \times 30 \times (t - 20℃)(m)$$

【例 4-4】 设已知基准线长度为 125.582m,用名义长度为 30m 的钢尺在温度 $t = 9℃$ 时,多次丈量基准线长度的平均值为 125.596m,试求钢尺在 $t_0 = 25℃$ 的尺长方程式。

【解】 被检定钢尺在 9℃ 时,整尺段的尺长改正数 $\Delta L = \dfrac{125.582 - 125.596}{125.596} \times 30 = -0.0033m$,则被检定钢尺在 9℃ 时的尺长方程式为: $L_t = 30 - 0.0033 + 1.25 \times 10^{-5} \times 30 \times (t - 9)$;然后求被检定钢尺在 25℃ 时的长度为: $L_{20} = 30 - 0.0033 + 1.25 \times 10^{-5} \times 30 \times (25 - 9) = 30 - 0.0027$,则被检定钢尺在 25℃ 时的尺长方程式为:

$$L_t = 30 - 0.0027 + 1.25 \times 10^{-5} \times 30 \times (t - 25)$$

三、改正数的计算

丈量距离时,因尺长误差、气温变化、地面倾斜等原因,导致量距成果产生误差,因此必须进行尺长改正、温度改正及倾斜改正等,计算出改正数的大小,以求得正确的水平距离。

> **快学快用 7** 尺长改正数的计算

设钢尺在标准温度、标准拉力下的实际长度为 l,名义长度为 l_0,则一整尺的尺长改正数为:

$$\Delta l = l - l_0$$

平均每丈量 1m 的尺长改正数为:

$$\Delta l_{\text{米}} = \frac{l - l_0}{l_0}$$

丈量 D' 距离的尺长改正数为:

$$\Delta l_l = \frac{l - l_0}{l_0} \cdot D'$$

【例 4-5】 使用钢尺的名义长度为 30m,该钢尺经检定的实长为 30.003m,丈量直线距离为 100.53m,求该直线距离的尺长改正值。

【解】 钢尺每丈量 1m 的尺长改正数为

$$\Delta l_1 = \frac{30.003 - 30.000}{30.003} = +0.0001\text{m}$$

该直线距离的尺长改正值为

$$D' \times \Delta l_1 = 110.530 \times (+0.0001) = +0.011\text{m}$$

> **快学快用 8** 温度改正数的计算

钢尺长度受温度影响会伸缩。当量距时的温度 t 与检定钢尺时的温度 t_0 不一致时,要进行温度改正,其改正数为:

$$\Delta l_t = \alpha \times (t - t_0) l_d$$

式中 α ——钢尺的线膨胀系数(一般为 0.0000125/℃);

l_d ——丈量的一段距离。

当丈量时温度大于检定时温度,改正数 Δl_t 为正,反之为负。

【例 4-6】 用 30m 钢尺量得直线距离为 110.530m,丈量时温度为 +10℃,钢尺检定时温度为 +20℃,试求温度改正数。

【解】 温度改正数为

$$\Delta l_t = 0.0000125 \times (10 - 20) \times 110.530 = -0.014\text{m}$$

快学快用 9　倾斜改正数的计算

倾斜距离 D' 与水平距离 D 之差,称为倾斜改正数。为了将倾斜距离 D' 改算为水平距离 D,需计算倾斜改正数,即:

$$\Delta l_h = -\frac{h^2}{2l_d}$$

式中　h——两点间高差;

　　　l_d——斜距。

【例 4-7】　地面上两桩间的斜距为 110.530m,两桩间高差为 +0.825m,试求倾斜改正数。

【解】　倾斜改正数 $\Delta l_h = -\dfrac{(+0.825)^2}{2 \times 110.530} = -0.003\text{m}$

快学快用 10　改正后水平距离的计算

每量一段距离 l_d,其相应改正后的水平距离为:

$$L = l_d + \Delta l_d + \Delta l_t + \Delta l_h$$

【例 4-8】　根据前列计算数据,试计算改正后直线距离。

$L = l_d + \Delta l_d + \Delta l_t + \Delta l_h$

$= 110.530 + 0.011 - 0.014 - 0.003 = 110.524\text{m}$

四、钢尺量距注意事项

利用钢尺进行直线丈量时,产生误差的可能性很多,主要有:尺长误差、拉力误差、温度变化的误差、尺身不水平的误差、直线定线误差、钢尺垂曲误差、对点误差、读数误差等。因此,在量距时应按规定操作并注意检核。此外还应注意以下几个事项:

(1)量距时拉钢尺要既平又稳,拉力要符合要求,采用斜拉法时要进行倾斜改正。

(2)注意钢尺零刻划线位置,即是端点尺还是刻线尺,以免量错。

(3)读数应准确,记录要清晰,严禁涂改数据,要防止 6 与 9 误读、10 和 4 误听。

(4)钢尺在路面上丈量时,应防止人踩、车碾。钢尺卷结时不能硬拉,必须解除卷结后再拉,以免钢尺折断。

(5)量距结束后,用软布擦去钢尺上的泥土和水,涂上机油,以防止生锈。

第三节　视距测量

视距测量是用经纬仪、水准仪等测量仪器的望远镜内的视距装置,根据几何光学和三角学原理,同时测定水平距离和高差的方法。这种方法操作简便、迅速,不受地面起伏的限制。虽然精度比较低(约1/300),但可广泛应用于地形图碎部测量等精度要求不很高的场合。

一、视距测量原理及方法

1. 视准轴水平时的视距计算

(1)水平距离公式。如图 4-10 所示,AB 为待测距离,在 A 点安置经纬仪,B 点立视距尺,设望远镜视线水平,瞄准 B 点的视距尺,此时视线与视距尺垂直。

图中 $p=\overline{nm}$ 为望远镜上、下视距丝的间距,$l=\overline{NM}$ 为视距间隔,f 为望远镜物镜焦距,δ 为物镜中心到仪器中心的距离。

由于望远镜上、下视距丝的间距 p 固定,因此从这两根丝引出去的视线在竖直面内的夹角 φ 也是固定的。设由上下视距丝 n、m 引出去的视线在标尺上的交点分别为 N、M,则在望远镜视场内可以通过读取交点的读数 N、M 求出视距间隔 l。图 4-10 右图所示的视距间隔为:$l=1.390-1.192=0.198$m(注:图示为倒像望远镜的视场,应从上往下读数)。

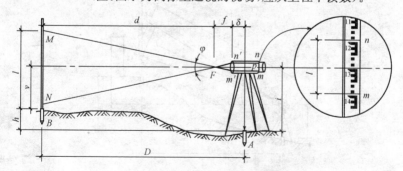

图 4-10　视准轴水平时的视距测量原理

由于 $\triangle n'm'F \backsim \triangle NMF$,根据三角形相似原理: $\dfrac{d}{f}=\dfrac{l}{p}$,则

$$d=\dfrac{f}{p}l$$

顾及上式,由图 4-10 得

$$D=d+f+\delta=\dfrac{f}{p}l+f+\delta$$

令 $K=\dfrac{f}{p}$,$C=f+\delta$,则有

$$D=Kl+C$$

式中,K、C 分别为视距乘常数和视距加常数。通常使 $K=100$,C 接近于零。因此视准轴水平时的视距计算公式为

$$D=KL=100L$$

(2)高差公式。图 4-10 所示的视距为 $D=100\times0.198=19.8\mathrm{m}$。如果再在望远镜中读出中丝读数 v(或者取上、下丝读数的平均值),用小钢尺量出仪器高 i,则 A、B 两点的高差为

$$h=i-v$$

2. 视准轴倾斜时的视距计算

(1)水平距离公式。如图 4-11 所示,当视准轴倾斜时,由于视线不垂直于视距尺,所以不能直接应用公式计算视距。由于 φ 角很小,约为 $34'$,所以有 $\angle MG'M'=\alpha$,也即只要将视距尺绕与望远镜视线的交点 G' 旋转图示的 α 角后就能与视线垂直,并有

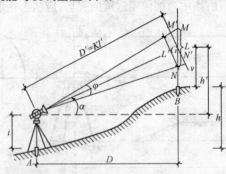

图 4-11　视线倾斜时的视距测量

$$\overline{M'N'}=\overline{M'G}+\overline{GN'}=\overline{MG}\cos\alpha+\overline{GN}\cos\alpha$$
$$=\overline{MN}\cos\alpha$$

即 $\qquad\qquad\qquad\qquad L'=L\cos\alpha$

将 $L'=L\cos\alpha$ 代入水平时视距公式得出

$$D'=KL'=KL\cos\alpha$$

推出 $\qquad\qquad\qquad\qquad D=KL\cos^2\alpha$

式中　D——水平距离；

$\qquad K$——常数100；

$\qquad L$——视距间隔；

$\qquad \alpha$——竖直角。

(2)高差公式。

$$h=\frac{1}{2}KL\sin2\alpha+i-v$$

式中　α——视线倾斜角(竖直角)。

快学快用 11 视距测量方法

(1)量仪高 i。在测站上安置经纬仪,对中、整平,用皮尺量取仪器横轴至地面点的铅垂距离,取至厘米。

(2)求视距间隔 L。对准 B 点竖立的标尺,读取上、中、下三丝在标尺的读数,读至毫米。上、下丝相减求出视距间隔 L 值,中丝读数 v 用以计算高差。

(3)计算 α。转动竖盘水准管微动螺旋,使竖盘水准管气泡居中,读取竖盘读数,并计算 α。

(4)计算 D 和 h。最后根据上述 i、L、v、α 计算 AB 两点间的水平距离 D 和高差 h。

快学快用 12 视距测量的计算

(1)尺间隔 $L=$ 下丝读数-上丝读数；

(2)视距 $KL=100L$；

(3)竖直角 $\alpha=90°-$ 竖盘读数；

(4)水平距离 $D=KL\cos^2\alpha$；

(5)高差 $h=D\cdot\tan\alpha+i-v$；

(6)测点高程 $H_B=H_A+h$。

(7)列表,记录读数和计算结果。

【例4-9】 工程测量时,已知 A 点高程 $H_A = 311.523$m,仪器 $i = 1.42$m,1 点的上丝读数为 2.312m,下丝读数为 2.542m,中丝读数 $v = 2.427$m,竖盘读数为 $87°42'$,2 点的尺间隔为 0.542m,中丝读数 $v = 1.58$m,竖盘读数为 $96°15'$,试求 1 点和 2 点的水平距离及测点高程。

【解】 (1)根据上述计算方法,其计算具体步骤如下:

1)尺间隔 $L = 2.542 - 2.312 = 0.230$m

2)视距 $KL = 100 \times 0.230 = 23$m

3)竖直角 $\alpha = 90° - 87°42' = 2°18'$

4)水平距 $D = 23 \times \cos^2 2°18' = 22.96$m

5)高差 $h = 22.96 \times \tan 2°18' + 1.42 - 2.427 = -0.085$m

6)测点高点 $H_1 = 311.523 - 0.085 = 311.438$m

7)记录读数和计算结果填入视距测量手簿(表4-2)。

(2)2 点水平距离及测点高程与 1 点计算方法完全相同,即:

1)尺间隔 $L = 0.542$m

2)视距 $KL = 100 \times 0.542 = 54.2$m

3)竖直角 $\alpha = 90° - 96°15' = -6°15'$

4)水平距离 $D = 54.2 \times \cos^2(-6°15') = 53.56$m

5)高差 $h = 53.56 \times \tan(-6°15') + 1.42 - 1.58 = -6.026$m

6)测定高程 $H_2 = 311.523 - 6.026 = 305.497$m

7)记录读数和计算结果,填入视距测量手簿(表4-2)。

表4-2　　　　　　　　　　　视距测量手簿

测站:A　　　　　　　　　测站高程:311.523　　　　　　　　　仪器高:1.42

点号	视距(KL) /m	中丝读数 /m	竖盘读数	竖直角	水平距离 /m	高差 /m	高程 /m	备注
1	23	2.427	$87°42'$	$2°18'$	22.96	-0.085	311.438	
2	54.2	1.580	$96°15'$	$-6°15'$	53.56	-6.026	305.497	

二、视距测量误差及注意事项

1. 视距丝读取的误差

视距丝在标尺上的读数误差,与尺寸最小分划,视距的远近,望远镜放大倍率等因素有关。施测时视距不能过大,不要超过规范中限制的范围,读数时注意消除视差。

2. 视距乘常数 K 的误差

通常认定视距乘常数 $K=100$,但由于视距丝间隔有误差,视距尺有系统性刻划误差,以及仪器检定的各种因素影响,都会使 K 值不为 100。 K 值一旦确定,误差对视距的影响是系统性的。

若 K 值在 100 ± 0.1 时,便可视其为 100。

3. 标尺倾斜误差

视距计算的公式是在视距尺严格垂直的条件下得到的。标尺立得不直,对距离的影响与视距尺本身倾斜大小有关,因此,测量时立尺要尽量竖直。在山区作业时,由于地表有坡度而给人以一种错觉,使视距尺不易竖直,因此,应采用带有水准器装置的视距尺。

4. 外界条件的影响

(1)大气竖直折光的影响。大气密度分布是不均匀的,特别在晴天接近地面折光影响越显著,使视线弯曲,给视距测量带来误差。根据试验,只有在视线离地面超过 1m 时,折光影响才比较小。

(2)空气对流使视距尺的成像不稳定。此现象在晴天,视线通过水面上空和视线离地表太近时较为突出,成像不稳定造成读数误差的增大,对视距精度影响很大。

(3)风力使尺子抖动。如果风力较大使尺子不易立稳而发生抖动,分别用两根视距丝读数又不可能严格在同一个时候进行,所以对视距间隔将产生影响。

第四节　直线定向

地面上两点的相对位置,除确定两点间的水平距离以外,尚需确定两点连线点的方向。确定一条直线与标准方向之间的角度关系,称为直线定线。

一、标准方向的种类

1. 真子午线方向

地表任一点 P 与地球旋转轴所组成的平面与地球表面的交线称为 P 点的真子午线,真子午线在 P 点的切线方向称为 P 点的真子午线方向[图

4-12(a)]。真子午线方向通常是用天文测量方法或用陀螺经纬仪测定的。

2. 磁子午线方向

通过地面上一点的磁针，在自由静止时其轴线所指的方向（磁南北方向）称为磁子午线方向[图 4-12(a)]。磁子午线方向可用罗盘仪测定。

3. 坐标纵轴方向

测量中通常以通过测区坐标原点的坐标纵轴为准，测区内通过任一点与坐标纵轴平行的方向线，称为该点的坐标纵轴方向，如图 4-12(b)所示。

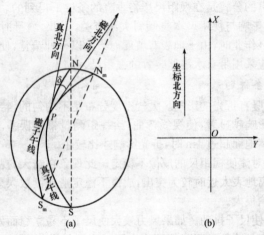

图 4-12　三个北方向及其关系

二、方位角直线定向

1. 几种方位角之间的关系

方位角是直线一端点的标准方向的北端开始顺时针方向量至某直线的水平角度，用 α 来表示，角值范围自 $0°\sim360°$。由于子午线方向有真北、磁北和坐标北（轴北）之分，故对应的方位角分别称为真方位角（用 A 表示）、磁方位角（用 A_m 表示）和坐标方位角（用 α 表示），如图4-13所示。为了标明直线的方向，通常在方位角的右下方标注直线的起终点，如 α_{12} 表示直线起点是 1，终点是 2，直线 1 到 2

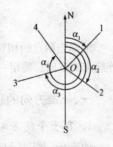

图 4-13　方位角示意图

的坐标方位角。方位角角值范围从 $0°\sim360°$ 恒为正值。

快学快用 13　真方位角与磁方位角之间的关系

由于地磁南北极与地球的南北极并不重合，因此，过地面上任一点 P 的真子午线方向与磁子午线方向常不重合，两者之间的夹角称为磁偏角，如图 4-12 中的 δ。以真子午线北端为基准，磁针北端偏于真子午线以东称东偏，偏于真子午线以西称西偏。直线的真方位角与磁方位角之间可用下式进行换算。

$$A = A_m + \delta$$

式中的 δ 值，东偏 $\delta > 0$，西偏 $\delta < 0$。我国磁偏角的变化大约在 $+6°$ 到 $-10°$ 之间。

快学快用 14　真方位角与坐标方位角之间的关系

如图 4-14 所在高斯平面直角坐标系中，中央子午线是一条直线，作为该带的纵轴坐标，过其内任一点 P 的真子午线是收敛于地球旋转南北两极的曲线。所以，只要 P 点不在赤道上，图中任一点的真子午线方向与中央子午线之间的夹角称为子午线收敛角，用 γ_P 表示，其正负的定义为：以真子午线方向北端为基准，坐标纵轴方向北端偏东为正，偏西为负。图

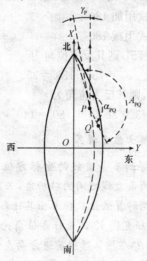

图 4-14　A_{PQ} 与 α_{PQ} 的关系

4-14 中的 $\gamma_P > 0$。由图可得：

$$A_{PQ} = \alpha_{PQ} + \gamma_P$$

其中，P 点的子午线收敛角可以按下列公式计算：

$$\gamma_P = (L_P - L_0)\sin B_P$$

式中　L_0——P 点所在中央子午线的经度；

　　　L_P、B_P——P 点的大地经度和纬度。

2. 坐标方位角的确定

如图 4-15 所示，直线 1—2 的点 1 是起点，点 2 是终点；通过起点 1 的坐标纵轴方向与直线 1—2 所夹的坐标方位角 α_{12} 称为直线 1—2 的正方位角，α_{21} 为直线 1—2 的反方位角。同样，也可称 α_{21} 为直线 2—1 的正方位角，而 α_{12} 为直线 2—1 的反方位角。一般在测量工作中常以直线的前进方向为正方向，反之称为反方向。在平面直角坐标系中通过直线两端点的坐标纵轴方向彼此平行，因此正、反坐标方位角之间的关系式为

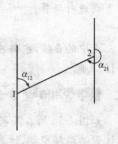

图 4-15　正反方位角示意图

$$\alpha_{21} = \alpha_{12} \pm 180°$$

当 $\alpha_{12} < 180°$ 时，上式用加 180°；

当 $\alpha_{12} > 180°$ 时，上式用减 180°。

图 4-15 中，若 $\alpha_{12} = 75°$，则其反方位角为

$$\alpha_{21} = 75° + 180° = 255°$$

若 $\alpha_{12} = 320°38'20''$，则其反方位角为

$$\alpha_{21} = 320°38'20'' - 180° = 140°38'20''$$

快学快用 15　坐标方位角推算

实际工作中，为了得到多条直线的坐标方位角，把这些直线首尾相接，依次观测各接点处两条直线之间的转折角，若已知第一条直线的坐标方位角，便可根据上述两种算法依次推算出其他各条直线的坐标方位角。

如图 4-16 所示，已知直线 12 的坐标方位角为 α_{12}，2、3 点的水平转折角分别为 β_2 和 β_3，其中 β_2 在推算路线前进方向左侧，称为左角；β_3 在推算路线前进方向的右侧，称为右角。欲推算此路线上另两条直线的坐标方位角 α_{23}、α_{34}。

根据反方位角计算公式得

$$\alpha_{21} = \alpha_{12} + 180°$$

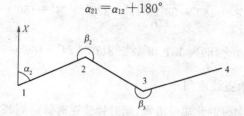

图 4-16　坐标方位角推算

再由同始点直线坐标方位角计算公式可得

$$\alpha_{23} = \alpha_{21} + \beta_2 = \alpha_{12} + 180° + \beta_2$$

上式计算结果如大于 360°，则减 360° 即可。同理可由 α_{23} 和 β_3，计算直线 3—4 的坐标方位角。

$$\alpha_{34} = \alpha_{23} + 180° - \beta_2$$

上式计算结果如为负值，则加 360° 即可。

上述两个等式分别为推算直线 2—3 和直线 3—4 各直线边坐标方位角的递推公式。由以上推导过程可以得出坐标方位角推算的规律为：下一条边的坐标方位角等于上一条边坐标方位角加 180°，再加上或减去转折角（转折角为左角时加，转折角为右角时减），即：

$$\alpha_{\text{下}} = \alpha_{\text{上}} {}^{-\beta(\text{右})}_{+\beta(\text{左})} + 180°$$

若结果≥360°，则再减 360°；若结果为负值，则再加 360°。

【**例 4-10**】　如图 4-17 所示，直线 AB 的坐标方位角为 $\alpha_{AB} = 36°18'42''$，转折角 $\beta_A = 47°06'36''$，$\beta_1 = 228°23'24''$，$\beta_2 = 217°56'54''$，求其他各边的坐标方位角。

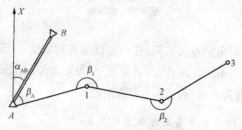

图 4-17　坐标方位角推算略图

【解】 $\alpha_{A1} = \alpha_{AB} + \beta_A = 36°18'42'' + 47°06'36'' = 83°25'18''$

$\alpha_{12} = \alpha_{A1} + \beta_1 + 180° = 83°25'18'' + 228°23'24'' + 180°(-360°) = 131°48'42''$

$\alpha_{23} = \alpha_{12} - \beta_2 + 180° = 131°48'42'' - 217°56'54'' + 180° = 93°51'48''$

三、象限角直线定向

由标准方向线的北端或南端,顺时针或逆时针量到某直线的水平夹角,称为象限角,用 R 表示,其值在 $0°\sim90°$ 之间。象限角不但要表示角度的大小而且还要标记该直线位于第几象限。象限角分别用北东、南东、南西和北西表示。

如图 4-18 所示,AO 在 I 象限,记为北偏东 R_{OA} 或 $NR_{OA}E$;OB 在 II 象限,记为南偏东 R_{0B} 或 $SR_{0B}E$;OC 在 III 象限,记为南偏西 R_{OC} 或 $SR_{OC}W$;OD 在 IV 象限,记为北偏西 R_{OD} 或 $NR_{OD}W$。象限角一般只在坐标计算时用,所谓象限角主要是指坐标象限角。

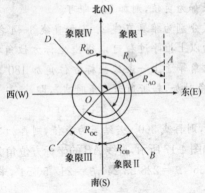

图 4-18 象限角

同正、反方向角的意义相同,任一直线也有它的正、反象限角,其关系是角值相等,方向不同。如直线 OA 的正、反象限角为 R_{OA}、R_{AO},其值 $R_{OA} = R_{AO}$,但 R_{OA} 方向为北东,而 R_{AO} 方向为南西。

快学快用 16 象限角与方位角的关系

象限角一般只在坐标计算式时用,这时所说的象限角是指坐标象限角。坐标象限角与坐标方位角之间的关系见表 4-3。

表 4-3　　　　　　　　　**坐标象限角与坐标方位角关系表**

直线方向	由坐标方位角推算象限角	由象限角推算坐标方位角
北东,第 I 象限	$R=\alpha$	$\alpha=R$
南东,第 II 象限	$R=180°-\alpha$	$\alpha=180°-R$
南西,第 III 象限	$R=\alpha-180°$	$\alpha=180°+R$
北西,第 IV 象限	$R=360°-\alpha$	$\alpha=360°-R$

【例 4-11】　某直线 MN,已知正坐标方位角 $\alpha_{MN}=334°31'48''$,试计算 α_{MN}、R_{MN}、R_{NM}。

【解】　$\alpha_{NM}=334°31'48''-180°=154°31'48''$

$\alpha_{MN}=360°-334°31'48''=N25°28'12''W$

$R_{NM}=180°-154°31'48''=S25°28'12''E$

第五节　距离测量和直线定向注意事项

一、距离测量应注意的事项

(1)丈量距离的基本要求是一直二平三准。直是指要量取两点间直线长度,不是量折线和曲线长度,为此定线要准直;平是指量取两点间水平距离,而不是量倾斜距离,为此尺身要水平;准就是指读数和投点要准确。

(2)前、后尺手动作要协调,拉力要均匀,不得用猛力张拉,防止拉断尺端的铁环。

(3)弄清尺的刻划注记及零点位置,读数要细心,不要读错。

(4)精密丈量所用的钢尺,一定要经过鉴定。

(5)钢尺性脆、易折断,勿使打结、扭折、车轮辗压、生锈等,以防损毁。

二、直线定向应注意的事项

(1)确认罗盘仪刻度上的读数。

（2）在使用罗盘仪测定磁方位角或象限角之前，应对罗盘仪进行检验和校正。检验仪器上除磁针和顶针外，不应有其他含铁质物体或导磁金属；磁针应平衡；磁针转动应灵敏；磁针不应有偏心等，否则应进行校正、维修。

（3）为防止差错，在明确现场的南北方向的基础上，要目估概略角值，作为读数确定角值的参考。

（4）罗盘仪在使用时，应避开铁质物体、磁质物体及高压电线，以免影响磁针位置的正确性。

（5）观测结束后，必须将磁针顶起，确保磁针的灵活性。

第五章　控　制　测　量

　　控制测量是研究精确测定地面点空间位置的学科。测量工作必须遵循"从整体到局部，先控制后碎部"的原则，先建立控制网，然后根据控制网进行测图和测设。控制测量的作用主要是为了保证测图和测设具有必要的精度，并使全测区精度均匀。它还可以使分片施测的碎部能准确地连接成一个整体。

　　控制测量实质上也是点位的测量，测量控制点的平面位置和高程。所以控制测量又分为平面控制测量和高程控制测量两部分。

第一节　控制测量概述

一、平面控制测量

　　平面控制测量的任务是测定控制点的平面位置(x,y)，传统方法主要有导线测量和三角形网测量两种，目前也可采用 GPS 测量。

　　我国的图像平面控制网主要用三角形网测点法布设（图像控制网指在全国范围内建立的控制网），在西部困难地区采用导线法。

快学快用　1　三角形网测量

　　三角形网测量是在地面上选择一系列具有控制作用的控制点，组成互相连接的三角形，并扩展成网状，测量至少一条边的边长（基线）和所有三角形的内角，其余边长按基线长度及所测内角用正弦定律推算，再根据起算数据即可求出所有控制点的平面位置。这种控制点称三角点，这种图形的控制网称三角形网，如图5-1所示。

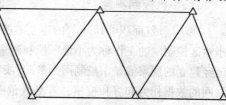

图 5-1　三角形网测量

快学快用 2 导线测量

导线测量是在地面上选择一系列控制点,将相邻点连成直线而构成折线形,称为导线网,如图 5-2 所示。在控制点上,用精密仪器依次测定所有折线的边长和转折角,根据解析几何的知识解算出各点的坐标。用导线测量方法确定的平面控制点,称为导线点。

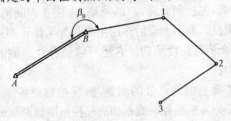

图 5-2 导线测量

二、高程控制测量

国家高程控制测量主要采用水准测量的方法建立,分为一、二、三、四等四个等级,按着先高级、后低级逐级加密的原则布设。

城市高程控制测量分为水准测量和三角高程测量。水准测量的等级依次分为二、三、四等。当需布设一等水准时,应另行设计,经主管部门审批后实施。城市首级高程控制网不应低于三等水准,测区则视需要,各等高程控制网均可作为首级高程控制。

用水准测量的方法测定控制点的高程,精度较高。但是在山区或丘陵地区,由于地面高差较大,水准测量比较困难,可以采用三角高程测量的方法测定地面点的高程,这种方法可以保证一定的精度,而且工作又迅速简便。

三、小区控制测量

在小区域(面积≤15km²)内建立的控制网,称为小区域控制网。测定小地区控制网的工作称为小地区控制测量。小区控制网应尽可能以当地已经建立的国家或城市控制网为基础,或者与其联测,并以国家或城市控制网的数据作为起算和校核。若测区范围附近没有合适等级控制点,或虽然存在但不方便联测,也可以建立测区独立控制网。

小区域平面控制网亦应由高级到低级分级建立。测区范围内建立最高一级的控制网,称为首级控制网;最低一级的即直接为测图而建立的控制网,称为图根控制网。直接用于测图的控制点,称为图根控制点。图根点的密度取决于地形条件和测图比例尺,见表5-1。

表 5-1 图根点的密度

测图比例尺	1:500	1:1000	1:2000	1:5000
图根点密度/(点·km^{-2})	150	50	15	5

快学快用 3 首级控制与图根控制的关系

首级控制与图根控制的关系见表5-2。

表 5-2 首级控制与图根控制的关系

测区面积/km²	首 级 控 制	图 根 控 制
1~10	一级小三角或一级导线	两级图根
0.5~2	二级小三角或二级导线	两级图根
0.5 以下	图根控制	

第二节 导线测量

将测区内相邻控制点连成直线而构成的折线,称为导线。这些控制点,称为导线点。导线测量是依次测定导线边的水平距离和两相邻导线边的水平夹角,然后根据起算数据,推算各边的坐标方位角,最后求出导线点的平面坐标。

水平角可使用经纬仪测量,边长可使用光电测距仪测量或钢尺丈量,也可使用全站仪测量水平角与边长。导线测量是建立小区域平面控制网的常用方法,特别是地物分布较复杂的建筑区、视线障碍较多的隐蔽区和带状地区,多采用导线测量方法。

一、导线的布设形式

根据测区的地形情况和工程建设的需要,导线可布设成下列几种

形式:

1. 闭合导线

起讫于同一已知点的导线,称为闭合导线。如图 5-3 所示,导线从已知高级控制点 B 和已知方向 MB 出发,经过 1、2、3、4 点,最后仍回到起点 B,形成一闭合多边形。它本身存在着严密的几何条件,具有检核作用。

2. 附合导线

导线由一已知控制点和一已知方向出发,连续经过一系列的导线点,最后附合到另一已知控制点和已知方向,这种导线称为附合导线,如图 5-4 所示。附合导线本身也具有严密的几何条件,可起检核观测成果的作用。带状地区的控制常采用这种形式。

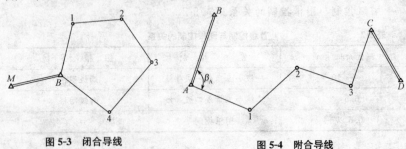

图 5-3   闭合导线   图 5-4   附合导线

3. 支导线

导线由一已知控制点和一已知方向出发,经过 1~2 个导线点后既不回到原已知点上,也不附合到另一已知点上,这种导线称为支导线,如图 5-5 所示。支导线只具有必要的起始数据,缺少对观测成果的检核,因此仅用于图根控制测量,而且在布设时一般不得超过四条边。

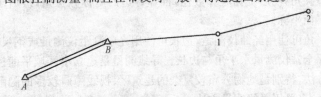

图 5-5   支导线

4. 无定向附合导线

如图 5-6 所示,由一个已知点 A 出发,经过若干个导线点 1、2、3,最后附合到另一个已知点 B 上,但起始边方位角不知道,且起、终两点 A、B 不通视,只能假设起始边方位角,这样的导线称为无定向附合导线。其适用于狭长地区。

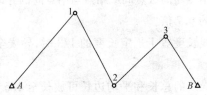

图 5-6　无定向符合导线

二、导线和导线网的技术要求

(1)三、四等及一、二、三级光电测距导线的主要技术要求应符合表 5-3的规定,一、二、三级钢尺量距导线的主要技术要求应符合表 5-4 的规定,并应符合下列规定:

表 5-3　　　　　　　　光电测距导线的主要技术要求

等级	闭合环或附合导线长度/km	平均边长/m	测距中误差/mm	测角中误差(″)	导线全长相对闭合差
三等	15	3000	≤±18	≤±1.5	≤1/60000
四等	10	1600	≤±18	≤±2.5	≤1/40000
一级	3.6	300	≤±15	≤±5	≤1/14000
二级	2.4	200	≤±15	≤±8	≤1/10000
三级	1.5	120	≤±15	≤±12	≤1/6000

表 5-4　　　　　　　　钢尺量距导线的主要技术要求

等级	附合导线长度/km	平均边长/m	往返丈量较差相对误差	测角中误差(″)	导线全长相对闭合差
一级	2.5	250	≤1/20000	≤±5	≤1/10000
二级	1.8	180	≤1/15000	≤±8	≤1/7000
三级	1.2	120	≤1/10000	≤±12	≤1/5000

1)一、二、三级导线的布设可根据高级控制点的密度、道路的曲折、地物的疏密等具体条件,选用两个级别。

2)导线网中结点与高级点间或结点与结点间的导线长度不应大于附合导线规定长度的 0.7 倍。

3)当附合导线长度短于规定长度的 1/3 时,导线全长的绝对闭合差不应大于 13cm。

4)光电测距导线的总长和平均边长可放长至 1.5 倍,但其绝对闭合差不应大于 26cm。当附合导线的边数超过 12 条时,其测角精度应提高一个等级。

(2)导线网用做首级控制网时,应布设成多边形格网;作为加密网时,可布设成单线、单结点或多结点导线网。导线相邻边长之比不宜超过1∶3。

(3)对不存在通视条件的 GPS 网点或其他控制网的孤点,采用四等及以下各级加密导线网时,可布设成无定向导线网。但是严禁布设成两起算点之间单线附合形式,而应布设成具有两个或两个以上闭合环,或组成结点的导线网,以保证导线网的精度与可靠性。在闭合环数或结点数较少时,应适当提高导线测角的精度。

(4)各级导线如采用钢尺丈量,当导线与三角点连接而需要布设三角副点传算网时,宜选设两条基线,构成双三角形或大地四边形,基线长度不宜短于副点至三角点距离的 1/2,传算网内角不得小于 30°。当导线边长跨越河流或障碍物无法直接丈量时,可采用解析图形间接求距。

(5)一、二、三级导线边长用钢尺量距时,三角副点传算网角度观测的测回数应较相应级别导线增加 1~2 测回。三角形闭合差:一级不得大于 ±15″,二级不得大于 ±25″,三级不得大于 ±40″。传算网中基线丈量应比导线量距时增加一次往返丈量,各次丈量较差的相对误差:一级不得大于 1/28000,二级不得大于 1/21000,三级不得大于 1/14000。

(6)各级导线边长采用普通钢尺进行丈量的主要技术要求应符合表 5-5 的规定,并应符合下列规定:

表 5-5　　　　　　　　　　　普通钢尺量距的主要技术要求

级别	作业尺数	丈量方法	丈量总次数	读数次数	估读/mm	同尺各次或同段各尺的较差/mm	温度读至/℃	定线最大偏差/cm	尺段高差较差/cm	拉力
一级	2	双尺同向	2	3	0.5	≤2	0.5	5	≤1	重锤或弹簧秤
	1	独立往返								
二级	2	双尺同向	2	3	0.5	≤2	0.5	5	≤1	弹簧秤
	1	独立往返								
三级	2	同向双次	2	2	1.0	≤3	1	7	≤1	弹簧秤

1)平坦光滑路面采用铺地丈量法,起伏地采用悬空丈量法。设置轴杆架的高差,相邻架不宜大于 1m,尺段高差用普通水准仪中丝单面尺往返或双面尺单程测定。

2)拉力采用 10kg 或 15kg 重锤的重量,或者使弹簧秤指针读数为 10kg 或 15kg,弹簧秤须经常与标准拉力相较以保证拉力正确。

(7)导线作业用的钢尺,应在比尺场上按量线时使用的同样方法进行长度检定,检定钢尺量的相对中误差不应大于 1/100000。

三、导线测量外业工作

导线测量的外业工作包括:踏勘选点及建立标志、边长测量、角度测量和连接测量。其中合理确定点位应注意以下几点:

(1)相邻点间通视良好,地势较平坦,便于测角和量距。

(2)点位应选在土质坚实处,便于保存标志和安置仪器。

(3)视野开阔,便于施测碎部。

(4)导线各边的长度应大致相等,除特殊情形外,应不大于 350m,也不宜小于 50m。

(5)导线点应有足够的密度,分布较均匀,便于控制整个测区。

快学快用　4　导线测量踏勘选点

导线的选点原则是:既要便于导线本身的测量,又要便于测图和施工,并保证满足各项技术要求。选点前,应调查收集测区已有地形图和高一级控制点的成果资料,将控制点展绘在原有地形图上,在图上规划导线的布设方案,最后到实地去踏勘、实地核对、修改、落实点位和建立标志。如果测区没有地形图资料,则需详细踏勘现场,根据已知控制点的分布、测区地形条件及测图和施工需要等具体情况,合理地选定导线点的位置。

导线点位置选定后,要在每一点位上打一木桩,其周围浇灌混凝土,桩顶钉一小钉,作为临时性标志。当使用木桩不便时,可用钢筋代替,桩顶刻"十"字。若导线点需要长期保存,则要埋设混凝土桩(图5-7)或石桩,桩顶刻"十"字,作为永久性标志。

导线点应统一编号,为了便于寻找,应量出导线点与附近固定而明显的地物点的距离并绘草图,注明尺寸,该图称为"点之记"(图5-8)。

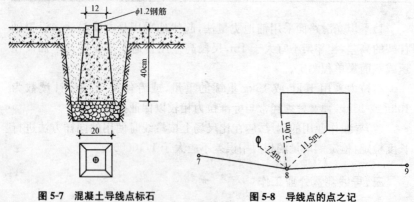

图 5-7　混凝土导线点标石　　　　图 5-8　导线点的点之记

快学快用 5　导线边长测量

导线边长可用光电测距仪测定,此种导线称为光电测距导线。测量时要同时观测竖直角,供倾斜改正之用。导线边长也可用检定过的钢尺丈量,此种导线称为钢尺量距导线。用钢尺量距时,其相对误差应满足表5-5的要求。对于一、二、三级导线,应按钢尺量距的精密方法进行丈量。对于图根导线,用一般方法往返丈量或同一方向丈量两次;当尺长改正数大于 1/10000 时,应加尺长改正;量距时平均尺温与检定时温度相差 ±10℃时,应进行温度改正;尺面倾斜大于 1.5‰时,应进行倾斜改正;取其往返丈量的平均值作为成果,并要求其相对误差不大于 1/3000。

快学快用 6　导线角度测量

导线的转折角分为左角和右角,以导线为界按编号顺序方向前进,在前进方向左侧的角称为左角,右侧的角称为右角。附合导线可测左角、也可测右角,一般统一观测同一侧的转折角。闭合导线一般是观测多边形的内角。当导线点按逆时针方向编号时,闭合导线的内角即为左角;顺时针方向编号时,则为右角。导线等级不同,测角技术要求也不同。图根导线一般用 DJ$_6$ 级光学经纬仪测一个测回,当盘左、盘右两个半测回角值的较差不超过 $40''$ 时,取其平均值。测角时,为了便于瞄准,可在已埋设的标志上用三根竹杆吊一个大垂球,如图 5-9 所示,或用测钎、觇牌作为照准标志。

快学快用　7　导线点联测

如图 5-10 所示,导线与高级控制网连接时,需观测连接角 β_A、β_1 和连接边 D_{A1},用于传递坐标方位角和坐标。若测区及附近无高级控制点,在经过主管部门同意后,可用罗盘仪观测导线起始边的磁方位角,并假定起始点的坐标为起算数据。

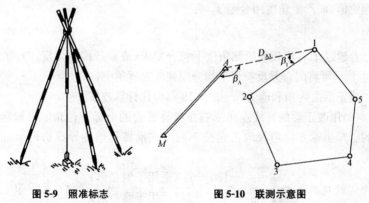

图 5-9　照准标志　　　　　　　　图 5-10　联测示意图

四、导线测量内业计算

导线测量内业工作,是在完成并整理相应外业观测资料和根据已知的起算数据,通过对误差按相关要求进行调查,应最后求得各导线点的平面坐标。

进行导线内业计算前,应全面检查外业观测手簿(包括水平角观测、边长观测、磁方位角观测等),确认观测、记录及计算成果正确无误。然后绘制导线草图,将各项数据注于图上相应的位置,以便于进行导线的坐标计算,如图 5-11 所示。

导线计算可利用电子计算器,在规定的表格中进行。对于四等以下的导线,角值取至秒,边长和坐标取至毫米。对于图根导线,角值取至秒,边长和坐标取至厘米。

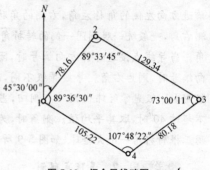

图 5-11 闭合导线略图

1. 闭合导线坐标计算

(1)角度闭合差的计算与调整。n 边形闭合导线内角和的理论值为

$$\sum \beta_{理} = (n-2) \cdot 180°$$

由于观测角不可避免地含有误差,致使实测的内角之和 $\sum \beta_{测}$ 不等于理论值,而产生角度闭合差 f_β,为

$$f_\beta = \sum \beta_{测} - \sum \beta_{理}$$

f_β 超过 $f_{β容}$,则说明所测角度不符合要求,应重新检测角度。若 f_β 不超过 $f_{β容}$,可将闭合差反符号平均分配到各观测角中。

改正后之内角和应为 $(n-2) \cdot 180°$,以作计算校核。

(2)用改正后的导线左角或右角推算各边的坐标方位角。根据起始边的已知坐标方位角及改正角按下列公式推算其他各导线边的坐标方位角。

$$\alpha_{前} = \alpha_{后} + 180° + \beta_{左}(适用于测左角)$$
$$\alpha_{前} = \alpha_{后} + 180° - \beta_{右}(适用于测右角)$$

上式中,算出的方位角大于 360°,应减去 360°,为负值时,应加上 360°。

闭合导线各边的坐标方位角推算完后,最终还要推回起始边上,看其是否与原来的坐标方位角相等,以此作为计算检核。

(3)坐标增量计算。一导线边两端点的纵坐标(或横坐标)之差,称为该导线边的纵坐标(或横坐标)增量,常以 Δx(或 Δy)表示。

设 i,j 为两相邻的导线点,量两点之间的边长为 D_{ij},已根据观测角调整后的值推出了坐标方位角为 α_{ij},由三角几何关系可计算出 i,j 两点之

间的坐标增量(在此称为观测值)Δx_{ij} 和 Δy_{ij},分别为:

$$\Delta x_{ij测} = D_{ij} \cdot \cos\alpha_{ij}$$

$$\Delta y_{ij测} = D_{ij} \cdot \sin\alpha_{ij}$$

快学快用 8 **闭合导线坐标增量闭合差的计算与调整**

在进行闭合导线坐标增量闭合差的计算与调整过程中,因闭合导线从起始点出发经过若干个导线点以后,最后又回到了起始点,其坐标增量之和的理论值为零,如图 5-12(a)所示。即:

$$\begin{cases} \sum \Delta x_{ij理} = 0 \\ \sum \Delta y_{ij理} = 0 \end{cases}$$

由上式可知,坐标增量由边长 D_{ij} 和坐标方位角 α_{ij} 计算而得,但是边长同样存在误差,从而导致坐标增量带有误差,即坐标增量的实测值之和 $\sum \Delta x_{ij测}$ 和 $\sum \Delta y_{ij测}$ 一般情况下不等于零,这就是坐标增量闭合差,通常以 f_x 和 f_y 表示,如图 5-12(b)所示,即:

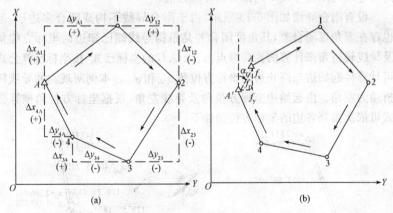

图 5-12 闭合导线坐标及闭合差

(a)坐标增量;(b)坐标增量闭合差

$$\begin{cases} f_x = \sum \Delta x_{ij测} \\ f_y = \sum \Delta y_{ij测} \end{cases}$$

由于坐标增量闭合差存在,根据计算结果绘制出来的闭合导线图形不能闭合,如图 5-12(b)所示,不闭合的缺口距离,称为导线全长闭合差,通常以 f_D 表示。按几何关系,用坐标增量闭合差可求得导线全长闭合差 f_D。

$$f_D = \sqrt{f_x^2 + f_y^2}$$

导线全长闭合差 f_D 是随着导线的长度增大而增大,导线测量的精度是用导线全长相对闭合差 K(即导线全长闭合差 f_D 与导线全长 $\sum D$ 之比值)来衡量的,即:

$$K = \frac{f_D}{\sum D} = \frac{1}{\sum D / f_D}$$

2. 附合导线坐标

附合导线坐标计算步骤与闭合导线完全相同。仅由于两者形式不同,使其在角度闭合差和坐标增量闭合差的计算上有所不同。下面介绍附合导线与闭合导线不同部分的计算方法。

设有附合导线如图 5-13 所示,由于附合导线不构成闭合多边形,但也存在着角度闭合差,其角度闭合差是根据导线端已知边的坐标方位角及导线转折角来计算的。高级点 $A、B、C、D$ 的坐标已知,按坐标反算公式可计算得起始边与终止边的坐标方位角 α_{AB} 和 α_{CD}。本例所观测的导线转折角为左角。由起始边坐标方位角及导线左角,根据坐标方位角推算公式可依次推算各边的坐标方位角如下:

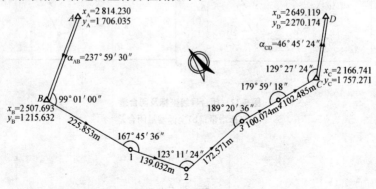

图 5-13　附合导线略图

终止边的坐标方位角 $\alpha_{终}$ 是已知的,由于角度观测中不可避免地存在有误差,使得 $\alpha'_{终}$ 不等于 $\alpha_{终}$,其差值即为角度闭合差 f_β,即

$$f_\beta = \alpha'_{终} - \alpha_{终}$$

角度闭合差的容许值与闭合导线相同。

关于角度闭合差 f_β 的调整,当用左角计算 $\alpha'_{终}$ 时,改正数与 f_β 反号;当用右角计算 $\alpha'_{终}$ 时,改正数与 f_β 同号。

快学快用 9 附合导线坐标增量闭合差的计算与调整

在附合导线坐标增量闭合差计算中,附合导线的首尾各有一个已知坐标值的点,如图 5-13 所示的 B 点和 C 点,称之为始点和终点。附合导线的纵、横坐标、增量的代数和,在理论上应等于终点与终点的纵、横坐标差值,即:

$$\begin{cases} \sum \Delta x_{ij理} = x_{终} - x_{始} \\ \sum \Delta y_{ij理} = y_{终} - y_{始} \end{cases}$$

但由于量边和测角有误差,根据观测值推算出来的纵、横坐标增量之代数和: $\sum \Delta x_{ij测}$ 和 $\sum \Delta y_{ij测}$,与理论值通常是不相等的,二者之差即为纵、横坐标增量闭合差:

$$\begin{cases} f_x = \sum \Delta x_{ij测} - (x_{终} - x_{始}) \\ f_y = \sum \Delta y_{ij测} - (y_{终} - y_{始}) \end{cases}$$

图 5-13 所示附合导线坐标计算见表 5-6。

3. 支导线坐标计算

由于支导线既不回到原起始点上,又不附合到另一个已知点上,所以在支导线计算中也就不会出现两种矛盾:

(1)观测角的总和与导线几何图形的理论值不符的矛盾,即角度闭合差。

(2)从已知点出发,逐点计算各点坐标,最后闭合到原出发点或附合到另一个已知点时,其推算的坐标值与已知坐标值不符的矛盾,即坐标增量闭合差。

支导线没有检核限制条件,不需要计算角度闭合差和坐标增量闭合差,只要根据已知边的坐标方位角和已知点的坐标,把外业测定的转折角和转折边长,直接代入相应公式中计算出各边方位角及各边坐标增量,最后推算出待定导线点的坐标。

表 5-6　附合导线坐标计算表

点号	观测角(左角)(°′″)	改正数(″)	改正角(°′″)(4=2+3)	坐标方位角 α(°′″)	距离 D/m	增量计算值 Δx/m	增量计算值 Δy/m	改正后增量 Δx/m	改正后增量 Δy/m	坐标值 x/m	坐标值 y/m	点号
	2	3	4=2+3	5	6	7	8	9	10	11	12	13
B				237 59 30								
A	99 01 00	+6	99 01 06	157 00 36	225.85	−207.91 (+5)	+88.21 (−4)	−207.86	+88.17	2 507.69	1 215.63	A
1	167 45 36	+6	167 45 42	144 46 18	139.03	−113.57 (+3)	+80.20 (−3)	−113.54	+80.17	2 299.83	1 303.80	1
2	123 11 24	+6	123 11 30	87 57 48	172.57	+6.13 (+3)	+172.46 (−3)	+6.16	+172.43	2 186.29	1 383.97	2
3	189 20 36	+6	189 20 42	97 18 30	100.07	−12.73 (+2)	+99.26 (−2)	−12.71	+99.24	2 192.45	1 556.40	3
4	179 59 18	+6	179 59 24	97 17 54	102.48	−13.02 (+2)	+101.65 (−2)	−13.00	+101.63	2 179.74	1 655.64	4
C	129 27 24	+6	129 27 30	46 45 24						2 166.74	1 757.27	C
D												
总和	888 45 18	+36	888 45 54		740.00	−341.10	+541.78	−340.95	+541.64			

辅助计算

$\alpha'_{CD} = \alpha_{BA} + 6 \times 180° + 888°45'18" = 46°44'48"$

则 $f_\beta = \alpha'_{CD} - \alpha_{CD} = 46°44'48" - 46°45'24" = -36"$

$f_{容} = \pm 40"\sqrt{6} = \pm 97"$

$f_x = \sum \Delta x_{测} - (x_C - x_A) = -0.15$

$f_y = \sum \Delta y_{测} - (y_C - y_A) = +0.14$

导线全长闭合差　$f_D = \sqrt{f_x^2 + f_y^2} \approx \pm 0.20$ m

导线全长相对闭合差　$K = \dfrac{f_D}{\sum D} = \dfrac{0.20}{740.00} = \dfrac{1}{3\,700}$

导线全长容许相对闭合差　$K_{容} = \dfrac{1}{2\,000}$

所以,支导线只适用于图根控制补点使用。

五、查找导线测量错误的方法

在导线计算中,若发现闭合差超限,首先应检查外业记录和内业计算。若检查无误,则说明导线外业中边长或角度测量存在错误,应到现场返工重测。为减少重测工作量,事前应对可能发生错误的角或边进行分析,以下介绍查找错误的方法。

1. 一个角度测错的查找方法

(1)若为闭合导线,可按边长和角度,用一定的比例尺绘出导线图,如图 5-14 所示,并在闭合差 1—1′ 的中点作垂线。如果垂线通过或接近通过某导线点(如点 2),则该点发生错误的可能性最大。

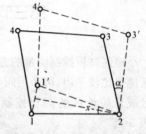

图 5-14　闭合导线测量错误检查

(2)若为附合导线,先将两个端点展绘在图上,则分别自导线的两个端点 B、C 按边长和角度绘出两条导线,在导线的交点处发生测角错误的可能性大。如图 5-15 中的点 3 处。

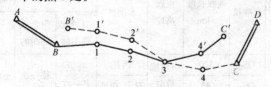

图 5-15　符合导线测量错误检查

2. 一条边长测错的查找方法

内业计算过程中,在角度闭合差符合要求的情况下,发现导线相对闭合差大大超限,则可能是边长测错,可先按边长和角度绘出导线图。然后找出与闭合差 1—1′ 平行或大致平行的导线边(如图 5-16 中 2—3 导线边),则该边发生错误的可能性最大。

也可用下式计算闭合差 1—1′ 的坐标方

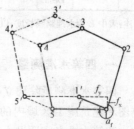

图 5-16　变长测错的检查

位角。

$$\alpha_f = \arctan \frac{f_y}{f_x}$$

如果某一导线边的坐标方位角与 α_f 很接近，则该导线边发生错误的可能性大。

上述查找边长测错的方法，仅适用于只有一条边长测错，其他边角均未测错的情况。

第三节　高程控制测量

小地区高程控制测量的方法主要有水准测量和三角高程测量。如果测区地势比较平坦，可采用四等或图根水准测量，三角高程测量主要用于山区或丘陵地区的高程控制。四等于图根水准测量的主要技术要求见表5-7。

表 5-7　　　　　　　　　　四等与图根水准测量的主要技术要求

等级	附合路线长度/km	水准仪	视线长度/km	视线高度	水准尺	观测次数		往返较差、附合或环线闭合差	
						与已知点联测的	附合成环线的	平地/mm	山地/mm
四等	15	DS_1	100	三丝能读数	因瓦	往返各一次	往一次	$\pm 20\sqrt{L}$	$\pm 6\sqrt{n}$
		DS_3	80		双面、单面				
图根	5	DS_3	100	中丝能读数	单面	往返各一次	往一次	$\pm 40\sqrt{L}$	$\pm 12\sqrt{n}$
		DS_{10}							

注：表中 L 为水准路线长度，以 km 为单位，n 为测站个数。

一、四等水准测量

四等水准测量除建立小地区的首级高程控制外，还可作为大比例尺测图和建筑施工区域内的工程测量以及建（构）筑物变形观测的基本控制。四等水准点应埋设永久性标志。

1. 四等水准测量的点位布设

四等水准点一般布设成附合或闭合水准路线。点位应选择在土质坚硬、周围干扰较少、能长期保存并便于观测使用的地方,同时应埋设相应的水准标志。一般一个测区需布设三个以上水准点,以便在其中某一点被破坏时能及时发现与恢复。水准点可以独立于平面控制点单独布设,也可以利用有埋设标志的平面控制点兼作高程控制点,布设的水准点应作相应的点之记,以利于后期使用与寻找检查。

快学快用 10 **四等水准测量每测站照准标尺观测顺序**

(1)先照准后视标尺黑面,用微倾螺旋使水准管气泡居中,然后按视距丝读取上、下、中丝读数,记为(A)、(B)、(C)。

(2)照准后视标尺红面,同(1)项操作,读取中丝读数,记为(D)。

(3)照准前视标尺黑面,同(1)项操作,读取上、下、中丝读数,记为(E)、(F)、(G)。

(4)照准前视标尺红面,同(1)项操作,读取中丝读数,记为(H)。

每次中丝读数前,水准管气泡必须严格居中。

四等水准测量测站观测顺序简称为:"后—后—前—前"(或黑—红—黑—红)。

2. 四等水准测量的测站计算与校核

(1)视距计算。后视距离:(I)=[(A)−(B)]×100

前视距离:(J)=[(D)−(E)]×100

前、后视距差:(K)=(I)−(J)

前、后视距累积差:本站(L)=本站(K)+上站(L)

(2)同一水准尺黑、红面中丝读数校核。

前尺:(M)=(F)+K_1−(G)

后尺:(N)=(C)+K_2−(H)

(3)高差计算及校核。

黑面高差:(O)=(C)−(F)

红面高差:(P)=(H)−(G)

校核计算:红、黑面高差之差(Q)=(O)−[(P)±0.100]

或(Q)=(N)−(M)

高差中数:(R)=[(O)+(P)±0.100]/2

在测站上,当后尺红面起点为 4.687m,前尺红面起点为 4.787m 时,取 $+0.1000$;反之,取 -0.1000。

(4)每页计算校核。

1)高差部分。每页上,后视红、黑面读数总和与前视红、黑面读数总和之差,应等于红、黑面高差之和,还应等于该页平均高差总和的两倍,即对于测站数为偶数的页为:

$$\sum[(C)+(H)]-\sum[(F)+(G)]=\sum[(O)+(P)]=2\sum(R)$$

对于测站数为奇数的页为:

$$\sum[(C)+(H)]-\sum[(F)+(G)]=\sum[(O)+(P)]=2\sum(R)\pm0.100$$

2)视距部分。末站视距累积差值:

$$末站(L)=\sum(I)-\sum(J)$$

$$总视距=\sum(I)+\sum(J)$$

(5)成果计算与校核。在每个测站计算无误后,并且各项数值都在相应的限差范围之内时,根据每个测站的平均高差,利用已知点的高程,推算出各水准点的高程。

二、三角高程测量

三角高程测量是根据已知点高程及两点间的垂直角和距离确定所求点高程的方法。

如图 5-17 所示,在 M 点安置仪器,用望远镜中丝瞄准 N 点觇标的顶点,测得竖直角 α,并量取仪器高 i 和觇标高 v,若测出 M、N 两点间的水平距离 D,则可求得 M、N 两点间的高差,即:

$$h_{MN}=D\cdot\tan\alpha+i-v$$

根据 M 点高差 H_M 及高差 h_{MN},N 点高程为:

$$H_N=H_M+D\cdot\tan\alpha+i-v$$

三角高程测量一般采用对向观测法,如图 5-17 所示,即由 M 向 N 观测称为直觇,再由 N 向 M 观测称为反觇,直觇和反觇称为对向观测。采用对向观测的方法可以减弱地球曲率和大气折光的影响。对向观测所求得的高差较差不应大于 $0.1D$(D 为水平距离,以 km 为单位,其结果以 m 为单位)。取对向观测的高差中数为最后结果,即:

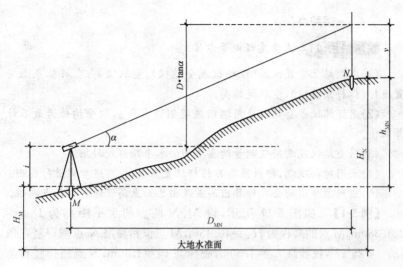

图 5-17　三角高程测量原理

$$h_{中} = \frac{1}{2}(h_{MN} - h_{NM})$$

上式适用于 M、N 两点距离较近(小于 300m)的三角高程测量,此时水准面可近似看成平面,视线视为直线。当距离超过 300m 时,就要考虑地球曲率及观测视线受大气折光的影响。

当考虑地球曲率和大气折光影响,单向观测时的高差可根据采用斜距或平距分别按下列公式计算:

$$h = S\sin\alpha_v + (1-k)\frac{S^2\cos^2\alpha_v}{2R} + i - v$$

$$h = D\tan\alpha_v + (1-k)\frac{D^2}{2R} + i - v$$

式中　h——高程导线边两端点的高差(m);

　　　S——高程导线边的倾斜距离(m);

　　　D——高程导线边的水平距离(m);

　　　α_v——垂直角;

　　　k——当地的大气折光系数;

　　　R——地球平均曲率半径(m);

　　　i——仪器高(m);

v——觇牌高(m)。

快学快用 11　三角高程测量方法

(1)在测站上安置仪器(经纬仪或全站仪),量取仪高;在目标点上安置觇标(标杆或棱镜),量取觇标高。

(2)用经纬仪或全站仪采用测回法观测竖直角 α,取平均值为最后计算取值。

(3)用全站仪或测距仪测量两点之间的水平距离或斜距。

(4)采用对向观测,即仪器与目标杆位置互换,按前述步骤进行观测。

(5)应用推导出的公式计算出高差及由已知点高程计算未知点高程。

【例 5-1】　如图 5-17 所示,设 M、N 两点的水平距离为 $D_{MN}=224.350$m,M 点的高程为 $H_M=40.45$m,M 点设站照准 N 点测得竖直角 $\alpha_{MN}=4°25'17''$,仪器高 $i_M=1.50$m,觇标高 $v_N=1.10$m;N 点测得竖直角 $\alpha_{NM}=-4°35'38''$,仪器高 $i_N=1.50$m,觇标高 $v_M=1.20$m,求 N 点高程 H_N。

【解】　$h_{MN}=D_{MN}\cdot\tan\alpha_{MN}+i_M-v_N$

$\qquad\qquad=224.35\times\tan4°25'17''+1.50-1.10$

$\qquad\qquad=17.74$m

$\qquad h_{NM}=D_{MN}-\tan\alpha_{NM}+i_N-v_M$

$\qquad\qquad=224.35\times\tan(-4°35'38'')+1.50-1.20$

$\qquad\qquad=-17.73$m

$\qquad h_{MN(平均)}=(h_{MN}-h_{NM})/2=(17.74+17.73)/2=17.74$m

$\qquad H_N=H_M+h_{MN(平均)}=40.45+17.74=58.19$m

第六章　大比例尺地形图测绘

第一节　概　　述

地图按其内容可以分为专题地图和普通地图两大类。专题地图是根据专业方面的需要,突出反映一种或几种主题要素或现象的地图。例如地质图、航海图、人口图。普通地图是以相对平衡的详细程度表示地面各种自然或社会经济现象。普通地图按其比例尺和表示内容的详细程度,可分为地形图(大中比例尺普通地图)和一览图(小比例尺普通地图)。

地形图是将一定区域内的地物和地貌用正投影的方法按一定比例尺并用规定的符号及方法表达出来的图形。它详细而精确地表示地面各要素,突出表现具有经济、文化、军事意义的地物,是国家各项建设的基础资料,广泛用于经济建设、国防建设和科学文化教育等方面。市政工程的规划、设计或是施工都需要一张建设地区的地形图。地形图的内容较丰富,本节主要介绍地形图的比例尺、分幅与编号、地物符号与地貌符号。

一、比例尺和比例精度

图上一段直线的长度与地面上相应段真实长度的比值,称为地形图的比例尺。根据具体表示方法的不同可以分为数字比例尺和图示比例尺。

(1)数字比例尺。数字比例尺即在地形图上直接用数字表示的比例尺,通常以分子为1、分母为整体的分数来表示,即

$$\frac{d}{D} = \frac{1}{M} \quad \text{或} \quad 1 : M$$

(2)图式比例尺。图式比例尺常绘制在地形图的下方,用以直接量度图内直线的水平距离,根据量测精度又可分为直线比例尺和复式比例尺。图式比例尺如图 6-1 所示。

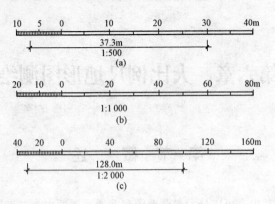

图 6-1　图示比例尺

快学快用 **1** 比例尺精度

在正常情况下,人们用肉眼能分辨的图上最小距离是 0.1mm。所以,地形图上 0.1mm 所代表的实地水平距离,称为比例尺精度。显然,比例尺大小不同,其比例尺精度数值也不同。地形图比例尺精度对测图和工程用图有着重要的意义。例如要测绘 1:5000 的地形图,其比例尺精度为 0.5m,实际测图时,距离精度只要达到 0.5m 就足够了。因为若测得再精细,图上也表示不出来。

几种常用大比例尺地形图的比例尺精度,见表 6-1 所列。可以看出,比例尺越大,其比例尺精度越小,地形图的精度就越高。

表 6-1　　　　　　　大比例尺地形图的比例尺精度

比例尺	1:500	1:1000	1:2000	1:5000
比例尺精度	0.05	0.10	0.20	0.50

快学快用 **2** 地形图比例精度与测量的关系

(1)可根据地形图比例尺确定实测精度。如在 1:1000 地形图上绘制地物时,其量距精度能达到 10cm 即可。

(2)可根据用图需表示地物、地貌的详细程度,确定所选用地形图的比例尺。如果要求能反映出量距精度为 ±20cm 的图,则应选 1:2000 的地形图。

二、地形图图式

为了便于测图和用图,用各种符号将实地的地物和地貌表示在图上,这些符号为地形图图式。图式由国家测绘机关统一颁布。地形图图式中的符号有三种:地物符号、地貌符号、注记符号。它们是测图和用图的重要依据。

1. 地物符号

地物符号是用来表示各种地物的形状、大小和它们位置的符号,根据地物的形状大小和描绘方法的不同,地物符号可分为依比例尺符号、不依比例尺符号和半依比例尺符号三种。

(1)依比例尺绘制的符号。依比例尺绘制的符号又称轮廓符号,其是指将实地物体按地形图比例尺缩绘的地物符号,如房屋、湖泊、森林等。依比例尺绘制的符号具有的特点是不仅能反映出地物的平面位置,而且能反映出地物的形状与大小。

(2)不依比例尺绘制的符号。不依比例尺绘制的符号又称非比例符号,是指凡不依照地形图比例尺所表示的地物符号。

快学快用 3 不依比例尺绘制的地物符号中心位置的确定

不依比例尺绘制的符号不仅其形状和大小不能按比例绘出,而且符号中心位置与该地物实地的中心位置关系,也随各种不同的地物而异。所以,在测图和用图时应注意以下几点:

(1)规则的几何图形符号(圆形、正方形、三角形等),以图形几何中心为实地地物的中心位置,底部为直角的符号(独立树、路标等),以符号的直角顶点为地物的中心位置。

(2)几何图形组合符号(路灯、消火栓等),以符号下方图形的几何中心为地物的中心位置。

(3)宽底符号(烟囱、岗亭等),以符号底部中心为地物的中心位置。

(4)下方无底线的符号(山洞、窑洞等),以符号下方两端点连线的中心为地物的中心位置。

(3)半依比例尺绘制的符号。半依比例尺绘制的符号又称线性符号,是指长度按地形图比例尺表示,而宽度不依比例尺表示的狭长地物符号,如管线、通信线路等。半依比例尺绘制的符号具有的特点是表示地物的实地位置和长度,但不表示其宽度。

2. 地貌符号

地貌是指地球表面高低起伏的形态,包括高山、丘陵、平原、洼地等。在图上表示地貌的方法很多,而测量工作中通常用等高线表示,因为等高线不仅能表示出地面的高低起伏形态,还能表示出地面的坡度和地面点的高程。

3. 标记符号

地物注记就是用文字、数字或特定的符号对地形图上的地物作补充和说明,如图上注明的地名、控制点名称、高程、房屋层数、河流名称、深度、流向等。

三、等高线

1. 等高线的概念

在地形图上表示地貌的方法很多,而在测量工作中多采用等高线表示。地面上高程相等的相邻各点连成的闭合曲线称为等高线。

等高线是地面上高程相等的各相邻点连成的闭合曲线。如图 6-2 所示,有一高地被等间距的水平面 P_1、P_2 和 P_3 所截,故各水平面与高地的相应的截线,就是等高线。将各水平面上的等高线沿铅垂方向投影到一个水平面上,并按规定的比例尺缩绘到图纸上,便得到用等高线来表示的该高地的地貌图。等高线的形状是由高地表面形状来决定的,用等高线来表示地貌是一种很形象的方法。

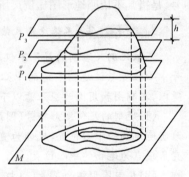

图 6-2　等高线示意图

从上述介绍中可以知道,等高线是一定高度的水平面与地面相截的截线。水平面的高度不同,等高线表示地面的高程也不同。相邻两等高线之间的高差称为等高距,相邻等高线间的水平距离称为等高线平距。

快学快用　4　等高距的确定

等高距以 h 来表示,等高距的大小是根据地形图的比例尺、地面坡度及用图目的而选定的。等高线的高程必须是所采用的等高距的整数倍，如果某幅图采用的等高距为 3m，则该幅图的高程必定是 3m 的整数倍，如 30m、60m、…，而不能是 31m、61m 或 66.5m 等。等高距越大，表示地貌越不详尽，等高距越小，表示地貌越详尽。地形图的基本等高距应符合表 6-2 的规定。

表 6-2　　　　　　　　　　地形图的基本等高距　　　　　　　　　　　m

基本等高距　　比例尺　地形类别	1：500	1：1000	1：2000
平　地	0.5	0.5	0.5、1
丘陵地	0.5	0.5、1	1
山　地	0.5、1	1	2
高山地	1	1、2	2

注：1. 同一城市或测区的同一种比例尺地形图，宜采用一种基本等高距。此时不同地形类别的等高线插求点高程精度要求，可按相应的地形类别应采用的基本等高距分别推算。

　　2. 同一幅图不得采用两种基本等高距。

快学快用 5　等高线平距的确定

等高线平距以 d 来表示，在不同地方，等高线平距不同，它取决于地面坡度的大小，当等高距一定时，地面坡度感大，等高线平距感小，相反，坡度感小，等高线平距感大；若地面坡度均匀，则等高线平距相等。

2. 等高线的分类

为了更好地表示地貌的特征，便于识图用图，地形图上主要采用以下几种等高线：

（1）基本等高线。基本等高线是按基本等高距测绘的等高线（称首曲线），通常在地形图中用细实线描绘。

（2）加粗等高线。为了计算高程方便起见，每隔 4 条首曲线（每 5 倍基本等高距）加粗描绘一条等高线，叫做加粗等高线，又称计曲线。

（3）半距等高线。当首曲线不足以显示局部地貌特征时，可以按1/2基本等高距描绘等高线，叫做半距等高线，又称间曲线。以长虚线表示，描绘时可不闭合。

(4)辅助等高线。当首曲线和间曲线仍不足以显示局部地貌特征时，还可以按 1/4 基本等高距描绘等高线，叫做辅助等高线，又称助曲线。常用短虚线表示，描绘时也可不闭合。

3. 基本地貌及其等高线

自然地貌的形态虽是多种多样的，但可归结为几种典型地貌。综合了解和熟悉这些地貌等高线的特征，将有助于识读、测绘和应用地形图。

(1)山头与洼地。山头是指凸出而高于四周的高地，大的称为山岭，小的称为山丘，最高部分称为山顶，如图 6-3(a)所示。山头和洼地的等高线都是一组闭合的曲线组成的，地形图上区分它们的方法是：内圈等高线比外圈等高线所注高程小时，表示洼地，如图 6-3(b)所示。另外，还可使用示坡线表示，示坡线是指示地面斜坡下降方向的短线，一端与等高线连接并垂直于等高线，表示此端地形高，不与等高线连接端地形低。

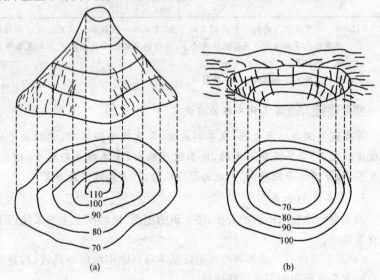

图 6-3　山头与洼地等高线示意图
(a)山头；(b)洼地

(2)山脊和山谷。山顶向山脚延伸的凸起部分，称为山脊。山脊的等高线是一组凸向低处的曲线，山脊最高点的连线称为山脊线或分水线，如图 6-4(a)所示。两山脊之间向一个方向延伸的低凹部分叫山谷。山谷的等高线是一组凸向高处的曲线,山谷内最低点的连线称为山谷线或分水线,如图 6-4(b)所示。山脊线和山谷线统称地性线。

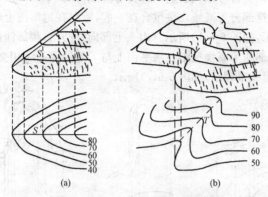

图 6-4　山脊和山谷等高线示意图
(a)山脊;(b)山谷

(3)鞍部。鞍部是相邻两个山头之间的低地,形似马鞍,由此称为鞍部。鞍部又是两条山脊和两条山谷的会合处。鞍部等高线的特点是在一组大的封闭曲线,内套有两组小的闭合曲线,如图 6-5 所示。

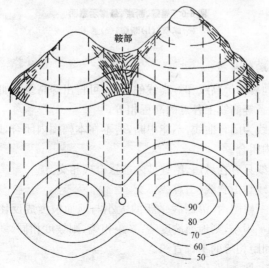

图 6-5　鞍部等高线示意图

（4）峭壁与悬崖。峭壁是山区的坡度极陡处，若用等高线表示非常密集，因此采用峭壁符号来代表这一部分等高线，如图 6-6（a）所示。垂直的陡坡叫断崖，这部分等高线几乎重合在一起，所以在地形图上通常用锯齿形的符号表示，如图 6-6（b）所示。山头上部向外凸出，腰部洼进的陡坡称为悬崖，它上部的等高线投影在水平面上与下部的等高线相交，下部凹进的等高线用虚线来表示，如图 6-6（c）所示。

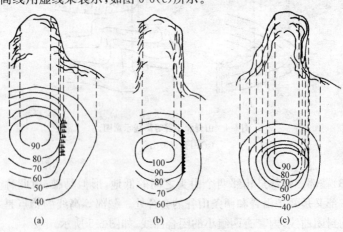

图 6-6　峭壁、断崖、悬崖示意图
(a)峭壁；(b)断崖；(c)悬崖

4. 等高线的特性

由基本地貌的等高线和等高线的定义，可得出等高线有如下特性：

（1）同一条等高线上各点的高程相等。

（2）等高线为闭合曲线，不能中断，若不在本幅图内闭合，则必在相邻的其他图幅内闭合。

（3）等高线只有在悬崖、绝壁处才能重合或相交。

（4）等高线与山脊线、山谷线正交。

（5）在同一幅图内，等高线平距的大小与地面坡度成反比。平距大，地面坡度缓；平距小，则地面坡度陡；平距相等，则坡度相同。倾斜地面上的等高线是间距相等的平行直线。

第二节　地形图测绘方法

一、测图前的准备工作

1. 图纸准备

由于测绘地形图时是将地形情况按比例缩绘在图纸上,使用地形图时也是按比例在图上量出相应地物之间的关系。故测图用纸的质量要高,伸缩性要小;否则,图纸的变形就会使图上地物、地貌及其相互位置产生变形。现在,测图一般选用毛面的、伸缩性非常小的、厚度为 0.07～0.1mm 的半透明聚酯薄膜,其主要优点是透明度好、伸缩性小、不怕潮湿和牢固耐用,便于野外作业,并可直接在底图上着墨复晒蓝图,加快出图速度。若没有聚酯薄膜,应选用优质绘图纸测图。

2. 坐标网格绘制

为了把控制点准确地展绘在图纸上,应先在图纸上精确地绘制10cm×10cm 的直角坐标方格网,然后根据坐标方格网展绘控制点。绘制坐标方格网和展绘控制点可用比较精确的直尺按对角线法进行绘制和展点。

快学快用　6　**绘制地形图坐标方格网的方法**

如图 6-7 所示,首先,依据图纸的四角用直尺画出两条对角线,从交点 O 起,在对角线上精确量取四段相等的长度得 OA、OB、OC、OD,连接 A、B、C、D 四点即得矩形 $ABCD$。自 A 和 D 点起,分别沿 AB 和 DC 方向每隔 10cm 截取一点;再自 A、B 点起,分别沿 AD 和 BC 方向每隔 10cm 截取一点,然后连接相应各点,即得坐标格网和内图廓线。

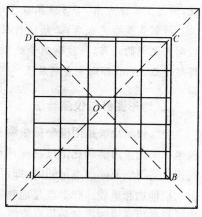

图 6-7　绘制坐标格网示意图

坐标格网绘成后,应立即进行检查,各方格网实际长度与名义长度之差不应超过 0.2mm,图廓对角线长度与理论长度之差不应超过 0.3mm。如超过限差,应重新绘制。

3. 控制点展绘

方格网测绘完毕后,要根据测图范围给方格网注上坐标值,然后进行控制点的展绘。

快学快用　7　**地形图控制点展绘的方法**

展绘时,先根据控制点的坐标,确定其所在的方格,如图 6-8 所示,控制点 A 点的坐标为 $x_A = 647.44m$,$y_A = 634.90m$,由其坐标值可知 A 点的位置在 plmn 方格内。然后用 1:1000 比例尺从 p 和 n 点各沿 pl、mn 线向上量取 47.44m,得 c、d 两点;从 p、l 两点各沿 pn、lm 向右量取 34.90m,得 a、b 两点;连接 ab 和 cd,其交点即为 A 点在图上的位置。同法,将其

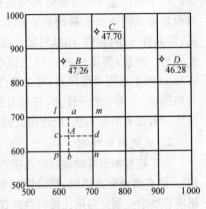

图 6-8　展点示意图

余控制点展绘在图纸上,并按《地形图图式》的规定,在点的右侧画一横线,横线上方注点名,下方注高程,如图 6-8 中的 B、C、D……各点。

控制点展绘完成后,必须进行校核。其方法是用比例尺量出各相邻控制点之间的距离,与控制测量成果表中相应距离比较,其差值在图上不得超过 0.3mm,否则应重新展点。

二、地形图经纬仪测绘法

经纬仪测绘法是用极坐标法测量碎部点的水平距离和高差,然后按极坐标法用量角器和比例尺将碎部点标定在图纸上,并在点的右侧注记高程。当图纸上碎部点足够时,即可对照实地并按规定的图式符号在图上勾绘地物和地貌。碎部点是地物或地貌的特征点,测图时碎部点的正确选择是保证成图质量和提高测图效率的关键。

　　测量地貌时,碎部点应选择在最能反映地貌特征的山脊线、山谷线等地性线上,根据这些特征点的高程勾绘等高线,就能得到与地貌最为相似的图形。

　　测量地物时,碎部点应选择在决定地物轮廓线上的转折点、交叉点、弯曲点及独立地物的中心点等,如房的角点、道路的转折点、交叉点等。这些点测定之后,将它们连接起来,即可得到与地面物体相似的轮廓图形。由于地物的形状极不规则,故一般规定主要地物凹凸部分在图上大于 0.4 mm 均应表示出来。在地形图上小于 0.4 mm,可用直线连接。

快学快用　8　经纬仪测绘法在一个测站测绘的工作步骤

　　(1)安置仪器。如图 6-9 所示,在测站点 A 上安置经纬仪(包括对中、整平),测定竖盘指标差 x (一般应小于 $1'$),量取仪器高 i ,设置水平度盘读数为 $0°00'00''$,后视另一控制点 B ,则 AB 称为起始方向,记入手簿。

　　将图板安置在测站近旁,目估定向,以便对照实地绘图。连接图上相应控制点 A 、B ,并适当延长,得图上起始方向线 AB 。然后,用小针通过量角器圆心的小孔插在 A 点,使量角器圆心固定在 A 点上。

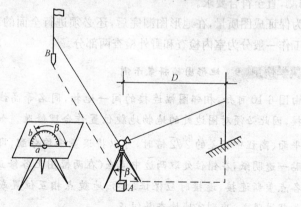

图 6-9　经纬仪测绘法示意图

　　(2)经纬仪观测与计算。观测员将经纬仪瞄准碎部点上的标尺,使中丝读数 v 在 i 值附近,读取视距间隔 KL ,然后使中丝读数 v 等于 i 值,再读竖盘读数 L 和水平角 β ,记入测量手簿,并依据下列公式计算水平距离

D 与高差 h：

$$D=KL\cos^2\alpha$$

$$h=\frac{1}{2}KL\sin 2\alpha+i-v$$

（3）展绘碎部点。如图 6-9 所示，将量角器底边中央小孔精确对准图上测站 a 点处，并用小针穿过小孔固定量角器圆心位置。转动量角器，使量角器上等于 β 角值的刻划线，对准图上的起始方向 ab（相当于实地的零方向 AB），此时量角器的零方向即为碎部点 1 的方向，然后根据测图比例尺按所测得的水平距离 D 在该方向上定出点 1 的位置，并在点的右侧注明其高程。地形图上高程点的注记，字头应朝北。

三、地形图的拼装与检查

当测图面积大于一幅地形图的面积时，要分成多幅施测，由于测绘误差的存在，相邻地形图测完后应进行拼接。拼接时，如偏差在规定限值内，则取其平均位置修整相邻图幅的地物和地貌位置。否则，应进行检查、修测，直至符合要求。

为保证成图质量，在地形图测完后，还必须进行全面的自检和互检，检查工作一般分为室内检查和野外检查两部分。

快学快用 9 地形图的拼装示例

由图 6-10 可知，相邻图幅连接的同一地物，同名等高线不能准确吻合相接，因此必须对图边处的地物地貌位置作合理修改。如误差小于规定的平面、高程中误差的 $2\sqrt{2}$ 倍时，可以将误差平均分配，即可以在拼接处粘贴一透明纸，在错位处取两边中间点（在两幅图上各修正一半），再将附近各点重新连接，连接时应保证地物、地貌点相互位置或走向的正确性。如超过限差，应到实地检查并纠正。

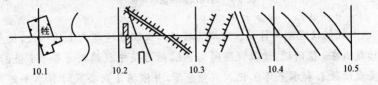

10.1　　　10.2　　　10.3　　　10.4　　　10.5

图 6-10　地形图的拼接

对于聚酯薄膜图纸,将相邻图幅的接边重合,坐标格网对齐,就可检查重叠处地物、地貌的吻合情况。对于纸质绘图纸,先用透明纸条把一幅图接边处的地物、地貌描下来,然后把透明纸条按坐标格网套在另一幅图的接边,进行检查、纠正工作。

第三节　地形图识读与应用

一、地形图的识读

1. 图廓外的注记识读

根据图外的注记,了解图名、编号、比例尺、所采用的坐标和高程系统、施测时间等内容,确定图幅所在位置,图幅所包括的长、宽和面积等。根据施测时间可以确定该图幅是否能全面反映现实状况,是否需要修测与补测等。

2. 地貌和地物的识读

地物和地貌是地形图阅读的重要事项。读图时应先了解和记住部分常用的地形图图式,熟悉各种符号的确切含义,掌握地物符号的分类;要能根据等高线的特性及表示方法判读各种地貌,将其形象化、立体化;读图时应当纵观全局,仔细阅读地形图上的地物,如控制点、居民点、交通路线、通信设备、农业状况和文化设施等,了解这些地物的分布、方向、面积及性质。

快学快用 10 **地形图的识读示例**

如图6-11所示,图纸西南部为黄岩村,村北面有小良河自东向西流过,村西侧有一便道,通过一座小桥跨过该河,村子西侧和南侧有电线通过,该村建筑以砖房为主,个别为土房。村子四周有控制点I12、A10、A11和B17,其中第一点为埋石的,其他各点为不埋石的,该地区标高大致在287m。村子东侧为菜地与水稻田,北面的山地,上面是树林。山地的东侧与东北侧有采石场。根据等高线的分布,山地为南侧低、北侧高,其中一座山峰为英山,顶面标高为306.17m。

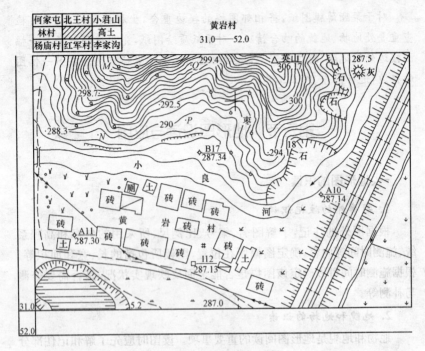

图 6-11　地形图的识读示意图

二、地形图的应用

1. 在地形图上确定点的坐标

在大比例尺地形图上画有 10cm×10m 的坐标方格网,并在图廓西南边上注有方格的纵横坐标值。由于地形图具有可量测性的特点,当需要在地形图上量测一些设计点位的坐标时,可根据坐标方格网用图解法求得。如图 6-12 所示,要求 A 点的平面直角坐标值(x_A,x_A),可将 A 点所在方格网用直线连接,得正方形 $abcd$,过 A 点作平行于 X 轴和 Y 轴的两条直线 ef 和 gh,然后从图中读出方格顶点 a 的坐标(x_a,y_a),并用比例尺量测 ag、ae 的长度,则 A 点坐标为

$$x_A=x_a+ag$$

$$y_A=y_a+ae$$

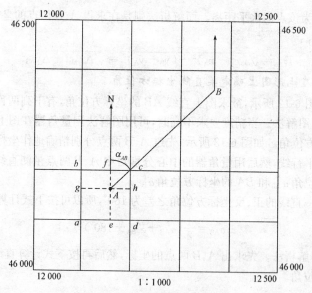

图6-12 点位平面坐标的量测

地形图上某点坐标确定示例

为求图6-13所示 p 点的平面直角坐标 (x_p, y_p)，可先将 p 点所在坐标方格网用直线连接，得正方形 $abcd$，过 p 点分别作平行于 x 轴和 y 轴的两条直线 mn 和 kl，然后用分规截取 ak 和 an 的图上长度，再依比例尺算出 ak 和 an 的实地长度值。

计算出 $ak=520$m，$an=260$m，则 p 点的坐标为：

$$x_p = x_a + ak = 2200 + 520 = 2720\text{m}$$

$$y_p = y_a + an = 1700 + 260 = 1960\text{m}$$

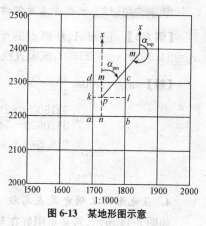

图6-13 某地形图示意

2. 在地形图上确定两点间水平距离

如图6-12所示，求 AB 两点之间的水平距离，可以采用图解法或解析法。图解法为直接从图中量出 AB 两点之间直线的长度，再乘比例尺分

母 M 即为该点的水平距离。而解析法则是在求得 A、B 两点的坐标后,用下式计算:

$$D_{AB}=\sqrt{(x_B-x_A)^2+(y_B-y_A)^2}=\sqrt{\Delta x_{AB}^2+\Delta y_{AB}^2}$$

3. 在地形图上确定某直线坐标方位角

如图 6-12 所示,欲求图上直线 AB 的坐标方位角,有下列两种方法。

(1)图解法。当精度要求不高时,可用图解法用量角器在图上直接量取坐标方位角。如图 6-12 所示,先过 A、B 两点分别精确地作坐标方格网纵线的平行线,然后用量角器的中心分别对中 A、B 两点量测直线 AB 的坐标方位角 α'_{AB} 和 BA 的坐标方位角 α'_{BA}。

同一直线的正、反坐标方位角之差为 $180°$,所以可按下式计算

$$\alpha_{AB}=\frac{1}{2}(\alpha'_{AB}+\alpha'_{BA}\pm180°)$$

(2)解析法。先求出 A、B 两点的坐标,然后再按下式计算直线 AB 的坐标方位角。

$$\alpha_{AB}=\arctan\frac{y_B-y_A}{x_B-x_A}=\arctan\frac{\Delta y_{AB}}{\Delta x_{AB}}$$

当直线较长时,解析法可取得较好的结果。

快学快用 12　地形图上坐标方位角确定示例

【例 6-1】　已知 A、B 两点的坐标为 $x_A=3420500$、$y_A=521381.5$、$x_B=3420920$、$y_B=521600$,试求直线 AB 的坐标方位角。

【解】　$\alpha_{AB}=\arctan\dfrac{y_B-y_A}{x_B-x_A}$

$\qquad\qquad=\arctan\dfrac{521600-521381.5}{3420920-3420500}$

$\qquad\qquad=\arctan\dfrac{218.5}{420}$

$\qquad\qquad=27°29'07''$

4. 在地形图上确定某点高程

如图 6-14 所示,若某点刚好在某条等高线上,如 A 点,则该等高线高程即为该点高程。如 A 点高程 H_A 为 31m。如果某点位置不在一条等高线上,如 B 点,则应应用内插法求该点的高程。过 B 点作线段 mn 大致垂直于相邻两条等高线,在相邻等高线之间可以认为坡度是均匀的,量取

mB、mn 的数值,则 B 点的高程为:

$$H_B = H_m + \Delta h_{mB} = H_m + h_1 = H_m + \frac{d_1}{d}h_0$$

式中,h_0 为相邻等高线之间的高差,即等高距。

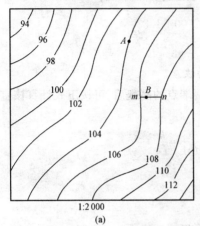

1:2 000

(a)

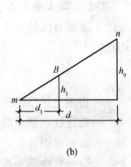

(b)

图 6-14　坐标方位角及点位高程的确定

快学快用 13　地形图上某点高程确定示例

【例 6-2】　如图 6-15 所示,求 c、k 点的高程。

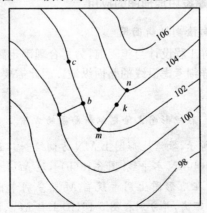

图 6-15　确定某点高程

【解】　c 点恰好在 $102m$ 的等高线上,则它的高程与等高线高程相等。即 $H_C = 102m$。

k 点恰好不在等高线上,位于 $102m$ 及 $104m$ 两条等高线之间,量出 $mn = 12mm, mk = 8mm$,等高距 $h = 2m$,则 k 点高程为

$$H_k = 102.00 + \frac{8}{12} \times 2.00 = 102.00 + 1.33$$

$$= 103.33m$$

5. 在地形图上确定某直线的坡度

在图上求得直线的长度以及两端点的高程后,可按下式计算该直线的平均坡度 i。

$$i = \frac{h}{dM} = \frac{h}{D}$$

式中,d——指图上量得的长度;

　　h——指直线两端点的高差;

　　M——指地形图比例尺分母;

　　D——指该直线的实地水平距离。

坡度通常用千分率或百分率表示,"+"为上坡,"−"为下坡。

高差的符号是不确定的,距离的符号是确定的,所以说坡度的符号和高差的符号是相同的。

三、市政工程建设中地形图的应用

1. 沿指定方向绘制纵断面图

在道路、管线等工程设计与施工前,为了合理确定路线的坡度,及平衡挖填方量,需要详细考虑沿线的路面纵坡。因此需要根据地形图来绘制路面的纵断面图。

快学快用 14　在地形图上绘制纵断面图的方法

如图 6-16(a)所示,欲沿地形图上 MN 方向绘制断面图,可首先在绘图纸或方格纸上绘制 MN 水平线[图 6-16(b)],过 M 点作 MN 的垂线作为高程轴线。然后在地形图上用卡规自 M 点分别卡出 M 点至 1、2、3 ……N 各点的水平距离,并分别在图 6-16(b)上自 M 点沿 MN 方向截出相应的 1、2……N 等点。再在地形图上读取各点的高程,按高程比例尺

向上作垂线。最后,用光滑的曲线将各高程顶点连接起来,即得 MN 方向的纵断面图。

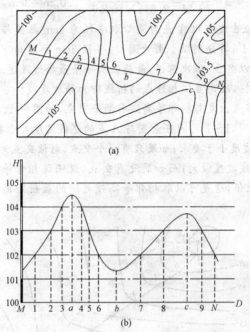

(a)

(b)

图 6-16　按预定方向绘制纵断面图

纵断面图是显示沿指定方向地球表面起伏变化的剖面图。在各种线路工程设计中,为了进行填挖土(石)方量的估算,以及合理地确定线路的纵坡等,都需要了解沿线路方向的地面起伏情况,而利用地形图绘制沿指定方向的纵断面图最为简便,因而得到广泛应用。

2. 按限定坡度选定最短路线

在进行道路、管线、渠道等工程项目设计时,往往要求线路在不超过某一限制坡度的条件下,选择一条最短线路或等坡线路。

快学快用 15　限定坡度选定最短路线的方法

如图 6-17 所示,需要从 A 点到 B 点修一条上山公路,技术要求坡度为 2.5%,图中等高距为 5m,比例尺为 $1:10000$,则根据下式可以求得相

邻等高线之间的最短水平距离为(式中 10000 为比例尺分母 M)

$$d = \frac{h_{AB}}{i \cdot M} = \frac{5}{2.5\% \times 10000} = 0.02m = 2cm$$

　　即从 A 点出发先以 A 点为圆心取半径为 2cm 画圆与相邻等高线相交,交点为 1、$1'$;再分别以 1、$1'$ 为圆心,半径 2cm 画圆与下一条等高线相交,交点分别以 2、$2'$,依次前进,最后必有一条最接近或通过 B 点,对应的相邻交点分别依次用直线相连成的折线即为等坡度线。

　　如果从某点出发与相邻等高线有两个交点,如图中 1、$1'$,则连线 A1、$A1'$ 的坡度相同,1~$1'$ 之间任意点与 A 点的连线坡度大于要求,其余各点与 A 点连线坡度小于要求;如果只有一个交点,则该交点为坡度满足要求点,与前点连线坡度最大;而如果没有交点,说明该相邻等高线之间的坡度均小于要求值,这是可以取相邻等高线之间的最短距离(垂直距离)来定线。

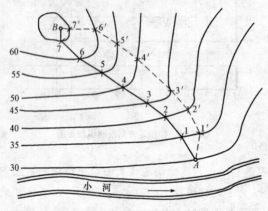

图 6-17　等坡度线的绘制

3. 确定汇水面积

　　当道路跨越河流或沟谷时,需要修建桥梁和涵洞。桥梁或涵洞的孔径大小,取决于河流或沟谷的水流量。水流量的大小取决于汇水面积的大小。汇水面积是指地面上某一区域内的雨水注入同一河流而通过某一断面(指设桥、涵处)。汇水面积可由地形图上山脊线的界线求得,

　　如图 6-18 所示,线路在 M 处要修建桥梁或涵洞,则山脊线 *bcdefga*

即为 M 上游的汇水范围的边界线,由其所围的闭合图形就是汇水面积。确定汇水范围边界线时应注意以下两点:

(1)边界线应与山脊线一致,且与等高线垂直;

(2)边界线是经过一系列山头和鞍部的曲线,并与河谷的指定断面(如图中 M 处的直线)闭合。

图上汇水范围确定后,可用面积求算方法求得汇水面积,再根据当地的最大降雨量,来确定最大洪水量,作为设计桥涵孔径及管径尺寸的参考值。

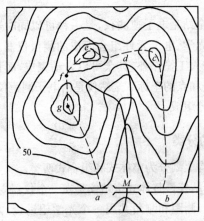

图 6-18　汇水面积

第七章　全站仪测量

第一节　概　述

全站仪又称全站型电子速测仪，是一种可以同时进行角度测量和距离测量，由机械、光学、电子元件组合而成的测量仪器。在测站上安置好仪器后，除照准需人工操作外，其余可以自动完成，而且几乎是在同一时间得到平距、高差和点的坐标。全站仪是由电子测距仪、电子经纬仪和电子记录装置三部分组成。

一、全站仪的分类

全站仪从结构上划分为整体式和组合式两类。

(1)整体式全站仪。整体式全站仪是在一个仪器内装配测距、测角和电子记录三部分。测距和测角共用一个光学望远镜，方向和距离测量只需一次照准，具有使用方便的特点。

(2)组合式全站仪。组合式全站仪是用一些连接器将测距部分、电子经纬仪部分和电子记录装置部分连接成一组合体，其具有很强的灵活性。

二、全站仪的特点

(1)在地形测量中，可将控制测量和碎部测量同时进行。

(2)可将设计好的管线、道路、工程建设中的建筑物、构筑物等的位置按图纸设计数据测设到地面上。

(3)运用全站仪进行导线测量、前方交会、后方交会等，具有操作简便、精度高等特点。

(4)通过数据输入/输出接口设备，将全站仪与计算机、绘图仪连接在一起，形成一套完整的测绘系统，可提高测绘工作的质量和效率。

第二节　全站仪基本结构及功能

一、全站仪构造

全站仪的种类很多,各种型号仪器的基本结构大致相同。现以 GTS-330 系列全站仪为例进行介绍,GTS-330 系列全站仪的外观与普通电子经纬仪相似,是由电子经纬仪和电子测距仪两部分组成。GTS-330 全站仪的结构如图 7-1 所示。

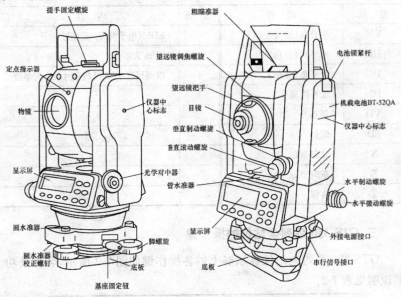

图 7-1　GTS-330(332、335)结构图

二、GTS-330 系列全站仪的显示屏

GTS-330 系列全站仪的显示屏采用点阵式液晶显示(LCD),可显示 4 行,每行 20 个字符,通常前三行显示的是测量数据,最后一行显示的是随测量模式变化的按键功能。

1. 对比度与照明

GTS-330 系列全站仪的显示窗的对比度与照明可以调节,具体可在菜单模式或者星键模式下依据其中文操作指示来调节。

2. 加热器(自动)

当气温低于0℃时,仪器的加热器就自动工作,以保持显示屏正常显示,加热器开/关的设置方法依据菜单模式下的操作方法进行。加热器工作时,电池的工作时间会变短一些。

3. 显示符号

GTS-330系列全站仪的显示屏中显示的符号见表7-1。

表 7-1　　　　　　　　　　　　显示符号及其含义

显　示	内　　容	显　示	内　　容
V%	垂直角(坡度显示)	*	EDM(电子测距)正在进行
HR	水平角(右角)	m	以 m 为单位
HL	水平角(左角)	f	以英尺(ft)/英尺与英寸(in)为单位
HD	水平距离		
VD	高差		
SD	倾斜		
N	北向坐标		
E	东向坐标		
Z	高程		

三、GTS-330系列全站仪的操作键

GTS-330系列全站仪显示屏上的各操作键如图7-2所示,名称及功能说明见表7-2。

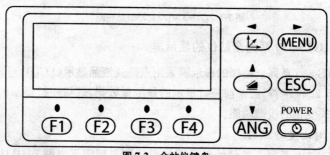

图 7-2　全站仪键盘

表 7-2　　　　　　　　　　　　　　操作键功能表

按键	名　称	功　　能
∠	坐标测量键	坐标测量模式
◢	距离测量键	距离测量模式
ANG	角度测量键	角度测量模式
MENU	菜单键	在菜单模式和正常测量模式之间切换,在菜单模式下设置应用测量与照明调节方式
ESC	退出键	返回测量模式或上一层模式; 从正常测量模式直接进入数据采集模式或放样模式
POWER	电源键	电源接通/切断　ON/OFF

四、GTS-330 系列全站仪的软键

GTS-330 系列全站仪的软键共有四个,即 F1、F2、F3、F4 键,每个软键的功能见相应测量模式的相应信息,在各种测量模式下分别有其不同的功能。

标准测量模式具体操作及模式说明见图 7-3 及表 7-3～表 7-5。

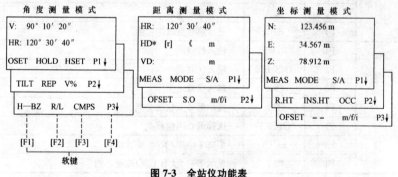

图 7-3　全站仪功能表

表 7-3　　　　　　　　　　　　　　角度测量模式

页数	软键	显示符号	功　　能
1	F1	OSET	水平角置为 $0°00'00''$
	F2	HOLD	水平角读数锁定
	F3	HSET	用数字输入设置水平角
	F4	P1↓	显示第 2 页软键功能

（续）

页数	软键	显示符号	功　　能
2	F1	TILT	设置倾斜改正开或关（ON/OFF）（若选择 ON，则显示倾斜改正值）
	F2	REP	重复角度测量模式
	F3	V%	垂直角/百分度（%）显示模式
	F4	P2↓	显示第 3 页软键功能
3	F1	H−BZ	仪器每转动水平角 90°是否要发出蜂鸣声的设置
	F2	R/L	水平角右/左方向计数转换
	F3	CMPS	垂直角显示格式（高度角/天顶距）的切换
	F4	P3↓	显示下一页（第 1 页）软键功能

表 7-4　　　　　　　　　　　　坐标测量模式

页数	软键	显示符号	功　　能
1	F1	MEAS	进行测量
	F2	MODE	设置测距模式，Fine/Coarse/Tracking（精测/粗测/跟踪）
	F3	S/A	设置音响模式
	F4	P1↓	显示第 2 页软键功能
2	F1	R. HT	输入棱镜高
	F2	INS. HT	输入仪器高
	F3	OCC	输入仪器站坐标
	F4	P2↓	显示第 3 页软键功能
3	F1	OFSET	选择偏心测量模式
	F3	m/f/i	距离单位米/英尺/英寸切换
	F4	P3↓	显示下一页（第 1 页）软键功能

表 7-5　　　　　　　　　　　　距离测量模式

页数	软键	显示符号	功　　能
1	F1	MEAS	进行测量
	F2	MODE	设置测距模式，Fine/Coarse/Tracking（精测/粗测/跟踪）
	F3	S/A	设置音响模式
	F4	P1↓	显示第 2 页软键功能

（续）

页数	软键	显示符号	功　能
2	F1	OFSET	选择偏心测量模式
	F2	S.O	选择放样测量模式
	F3	m/f/i	距离单位米/英尺/英寸切换
	F4	P2↓	显示下一页(第1页)软键功能

五、全站仪辅助设备

全站仪常用的辅助设备主要有三脚架、垂球、反射棱镜、管式罗盘、打印机连接电缆、数据通信电缆、温度计和气压表、电池及充电器，其主要适用范围见表7-6。

表7-6　　　　　　　　全站仪辅助设备主要适用范围

序号	辅助设备	主要适用范围
1	三脚架	三脚架主要用于测站上架设仪器，其操作与经纬仪相同
2	垂球	垂球可用于仪器的对中，使用与经纬仪相同
3	反射棱镜	测量工作时，反射棱镜是不可缺少的辅助设备，棱镜有单棱镜、三棱镜、测杆棱镜等不同种类。反射棱镜主要用于测量时位于测点，供望远镜照准
4	管式罗盘	管式罗盘使用时，将其插入仪器提柄上的管式罗盘插口即可，松开指针的制动螺旋，旋转全站仪照准部，使罗盘指标平分指标线，此时望远镜指向磁北方向，主要是供望远镜照准磁北方向
5	打印机连接电缆	打印机连接电缆主要用于连接仪器和打印机，可直接打印输出仪器内数据
6	数据通信电缆	数据通信电缆主要用于连接仪器和计算机进行数据通信
7	温度计和气压表	温度计和气压表是提供工作现场的温度和气压，主要用于仪器参数设置
8	电池及充电器	电池及充电器为仪器提供电源

第三节　全站仪使用操作

一、准备工作

在使用全站仪进行测量之前,必须做好以下的准备工作:首先检查确认全站仪的各项指标是否正常,再检查电源电量是否充足;然后进行对中,整平;开机后还要检查和设置各项参数;如果使用合作目标测量,还需要在目标处安置棱镜。

二、仪器安置与开机

1. 全站仪的安置

(1)安装电力充电的配套电池,也可使用外部电源。

(2)将仪器安置在三脚架上,精确对中和整平。

(3)在操作时应使用中心连接螺旋直径为 5/8in(1.5875cm)的拓普康宽框木制三脚架。其具体操作方法与光学经纬仪的安置相同。

2. 仪器的开机

首先确认仪器已经整平,然后打开电源开关(POWER 键),仪器开机后应确认棱镜常数(PSM)和大气改正值(PPM)并可调节显示屏。然后根据需要进行各项测量工作。

3. 角度测量模式

将仪器调为角度测量模式,具体操作见表 7-7。

表 7-7　　　　　　　　　　水平角(右角)和垂直角测量

操作步骤	操作及按键	显　示
①照准第一个目标 A	照准 A	V: 　　　　　90°10′20″ HR: 　　　　120°30′40″ 置零　　锁定　　置盘　　P1↓
②设置目标 A 水平角为 0°00′00″	[F1]	水平角置零 　>OK? …　　…　　　　[是]　[否]

三、角度测量

1. 观测参数设置

角度测量的主要误差是仪器的三轴误差（视准轴、水平轴、垂直轴），对观测数据的改正可按设置由仪器自动完成。

（1）视准轴改正。仪器的视准轴和水平轴误差采用正、倒镜观测可以消除，也可由仪器检验后通过内置程序计算改正数自动加入改正。

（2）双轴倾斜补偿改正。仪器垂直轴倾斜误差对测量角度的影响可由仪器补偿器检测后通过内置程序计算改正数自动加入改正。

（3）曲率与折射改正。地球曲率与大气折射改正，可设置改正系数，通过内置程序计算改正数自动加入改正。

2. 水平角（右角/左角）的切换

将仪器调为角度测量模式，按图 7-4 所示操作进行水平角（右角/左角）的切换。

操作过程	操作	显示
①按［F4］键（↓）两次转到第 3 页功能	［F4］两次	V： 90°10′20″ HR： 120°30′40″ 置零　锁定　置盘　P1↓ -------- 倾斜　复制　V%　P2↓ -------- H-蜂鸣　R/L　竖角　P3↓
②按［F2］（R/L）右角模式 HR 切换到左角模式 HL	［F2］	
③以左角模式 HL 进行测量		V： 90°10′20″ HR： 239°29′20″ H-蜂鸣　R/L　竖角　P3↓

图 7-4　水平角切换

快学快用　1　全站仪水平角（右角）和垂直角测量

将仪器调为角度测量模式，按图 7-5 所示操作进行。

操作过程	操作	显 示
①照准第一个目标A	照准A	V： 90°10′20″ HR： 120°30′40″ 置零 锁定 置盘 P1↓
②设置目标A水平角为0°00′00″	[F1]	水平角置零 >OK? … … [是] [否]
按[F1]（置零）键和[是]键	[F3]	V： 90°10′20″ HR： 0°00′00″ 置零 锁定 置盘 P1↓
③照准第二个目标B,显示目标的V/H	照准B	V： 96°48′24″ HR： 153°29′21″ 置零 锁定 置盘 P1↓

图7-5　角度测量

四、距离测量

距离测量必须选用与全站仪配套的合作目标,即反光棱镜。由于电子测距为仪器中心到棱镜中心的倾斜距离,因此仪器站和棱镜站均需要精确对中、整平。在距离测量之前通常需要确认大气改正的设置和棱镜常数设置,只有合理设置仪器参数,才能得到高精度的观测成果。

1. 设置棱镜常数

拓普康的棱镜常数为0,若使用其他厂家的棱镜,则必须设置相应的棱镜常数。一旦设置了棱镜常数,关机后该常数仍被保存。操作过程见表7-8。

表7-8　　　　　　　　　　设置棱镜常数操作过程

操作过程	按 键	显 示
1. 在距离测量或坐标测量模式下,按[F3](S/A)键	[F3]	SET AUDIO MODE PRISM：0mm PPM：0 SIGNAL：[1111] PRISM PPM T. P…
2. 按[F1](PRISM)键	[F1]	PRISM CONST. SET PRISM：0mm INPUT… …ENTER

(续)

操作过程	按　键	显　示
3. 按[F1](INPUT)键,输入棱镜常数	[F1]	RISM CONST. SET PRISM:－30mm 1234 5678 9.0－[ENT]
4. 按[ENT]键,返回到声音设置模式	[F4]	SET AUDIO MODE PRISM:－30mm PPM:0 SIGNAL:[1111] PRISM PPM T. P…

2. 设置大气改正值

光在大气中的传播速度,随大气的温度和气压而变化。仪器一旦设置大气改正值,即可自动对结果进行大气改正。大气改正值在关机后仍保留在仪器内存里。

快学快用　2　全站仪距离测量的过程

距离测量过程如图 7-6 所示。

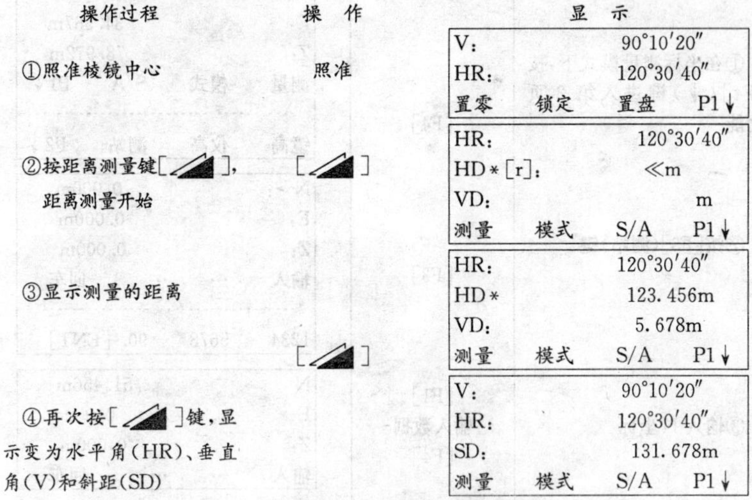

操作过程	操　作	显　示
①照准棱镜中心	照准	V:　　　　　　90°10′20″ HR:　　　　　120°30′40″ 置零　　锁定　　置盘　P1↓
②按距离测量键[◢],距离测量开始	[◢]	HR:　　　　　120°30′40″ HD *[r]:　　　　≪m VD:　　　　　　　　m 测量　　模式　　S/A　P1↓
③显示测量的距离	[◢]	HR:　　　　　120°30′40″ HD *　　　　123.456m VD:　　　　　5.678m 测量　　模式　　S/A　P1↓
④再次按[◢]键,显示变为水平角(HR)、垂直角(V)和斜距(SD)		V:　　　　　　90°10′20″ HR:　　　　　120°30′40″ SD:　　　　　131.678m 测量　　模式　　S/A　P1↓

图 7-6　距离测量步骤

五、坐标测量

1. 测站点坐标的设置

设置仪器(测站点)相对于测量坐标原点的坐标,仪器可自动转换和显示未知点(棱镜点)在该坐标系中的坐标,如图7-7所示。

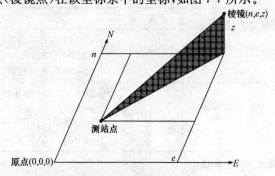

图7-7 测站点坐标设置

测站点坐标的设置见表7-9。

表7-9   测站点坐标的设置

操作过程	操作及按键	显　　示
①在坐标测量模式下,按[F4](↓)键进入第2页功能	[F4]	N: 123.456m E: 34.567m Z: 78.912m 测量　模式　S/A　P1↓ ---- 镜高　仪高　测站　P2↓
②按[F3](测站)键	[F3]	N→: 0.000m E: 0.000m Z: 0.000m 输入　…　…　回车 ---- 1234　5678　90.-[ENT]
③输入N坐标	[F1] 输入数据 [F4]	N 51.456m E→ 0.000m Z: 0.000m 输入　…　…　回车
④按同样方法输入E和Z坐标。输入数据后,显示屏返回坐标测量模式		N: 51.456m E: 34.567m Z: 78.912m 测量　模式　S/A　P1↓

2. 仪器高的设置

仪器高的设置见表 7-10。

表 7-10　　　　　　　　　　　仪器高的设置

操作过程	操作及按键	显　　示
①在坐标测量模式下,按[F4](↓)键,进入第 2 页功能	[F4]	N:　　　　　　　　123.456m E:　　　　　　　　34.567m Z:　　　　　　　　78.912m 测量　　模式　　S/A　　P1↓ -------------------------------- 镜高　　仪高　　测站　　P2↓
②按[F2](仪高)键,显示当前值	[F2]	仪器高 输入 仪高　　　　　　　　0.000m 输入　　…　　…　　回车 -------------------------------- 1234　5678　90.-[ENT]
③输入棱镜高	[F1] 输入仪器高 [F4]	N:　　　　　　　　123.456m E:　　　　　　　　34.567m Z:　　　　　　　　78.912m 测量　　模式　　S/A　　P1↓

快学快用 3 全站仪坐标测量的过程

　　通过输入仪器高和棱镜高后进行坐标测量时,可直接测定未知点的坐标。具体操作见表 7-11。

表 7-11　　　　　　　　　　坐标测量过程

操作过程	操作及按键	显　示
①设置已知点 A 的方向角	设置方向角	V:　　　　　90°10′20″ HR:　　　　120°30′40″ 置零　锁定　置盘　P1↓
②照准目标B	照准目标	N*[r]　　　　　　m E:　　　　　　　m Z:　　　　　　　m 测量　模式　S/A　P1↓
③按 ↙ 键，开始测量显示结果	↙	N:　　　123.456m E:　　　34.567m Z:　　　78.912m 测量　模式　S/A　P1↓

六、放线测量

放线是全站仪的一项最常用的功能，它的目的是将设计的点位落实到地面的具体位置上。全站仪放线有两种方式：极坐标放线和坐标放线。极坐标法是测距测角的逆过程。需要通过其他计算工具计算出待放线点的转角（方位角）和边长。而坐标放线是直接根据设计的坐标来放线待测点的位置，坐标放线之前同样需要设置测站和定向。

快学快用　4　全站仪放线测量的过程

放线测量功能可显示测量的距离与预置距离之差，测量距离－放线距离＝显示值，利用该功能，可进行各种距离测量模式如斜距、平距或高差的放线。具体操作见表 7-12。

表 7-12 放样测量

操作过程	操作及按键	显示		
①在距离测量模式下按[F4](↓)键,进入第2页功能	[F4]	HR: 120°30′40″ HD* 123.456m VD: 5.678m 测量 模式 S/A P1↓ --- 偏心 放样 m/f/i P2↓		
②按[F2](放样)键,显示出上次设置的数据	[F2]	放样 HD: 0.000m 平距 高差 斜距 ……		
③通过按[F1]~[F3]键选择测量模式。例:水平距离	[F1]	放样 HD: 0.000m 输入 … … 回车 1234 5678 90—[ENT]		
④输入放样距离	[F1] 输入数据 [F4] 照准 P	放样 HD: 100.000m 输入 … … 回车		
⑤照准目标(棱镜),测量开始,显示出测量距离与放样距离之差		HR: 120°30′40″ dHD*[r]: m VD: m 测量 模式 S/A P1		
⑥移动目标棱镜,直至距离差等于0m为止		HR: 120°30′40″ dHD*[r]: 23.456m VD: 5.678m 测量 模式 S/A P1↓		

第四节　全站仪使用注意事项

全站仪是集电子经纬仪、电子测距仪和电子记录装置为一体的现代精密测量仪器,其结构复杂且价格昂贵,因此必须严格按操作规程进行操作,并注意维护。

一、一般操作注意事项

全站仪使用时的注意事项主要包括以下几个方面:

(1)使用前应结合仪器,仔细阅读使用说明书。熟悉仪器各功能和实际操作方法。

(2)望远镜的物镜不能直接对准太阳,以避免损坏测距部的发光二极管。

(3)在阳光下作业时,必须打伞,防止阳光直射仪器。

(4)迁站时即使距离很近,也应取下仪器装箱后方可移动。

(5)仪器安置在三脚架上之前,应旋紧三脚架的三个伸缩螺旋。仪器安置在三脚架上时,应旋紧中心连接螺旋。

(6)运输过程中必须注意防震。

(7)仪器和棱镜在温度的突变中会降低测程,影响测量精度。要使仪器和棱镜逐渐适应周围温度后方可使用。

(8)作业前检查电压是否满足工作要求。

二、仪器的维护保养

(1)每次作业后,应用毛刷扫去灰尘,然后用软布轻擦。镜头不能用手擦,可先用毛刷扫去浮尘,再用镜头纸擦净。

(2)无论仪器出现任何现象,切不可拆卸仪器,添加任何润滑剂,而应与厂家或维修部门联系。

(3)电池充电时间不能超过充电器规定的时间。仪器长时间不用,一个月之内应充电一次。电池存储于 $0 \sim \pm 20℃$ 以内。

(4)应定期检校仪器。仪器装箱前要先关闭电源并卸出电池。仪器应存放在清洁、干燥、通风、安全的房间内。仪器存放温度保持在 $-30℃ \sim +60℃$ 以内,并由专人保管。

第八章　施工测量基本方法

第一节　概　　述

一、施工测量的概念及任务

在进行建筑、道路、桥梁和管道等工程建设时,都要经过勘测、设计、施工这三个阶段。前面所讲的地形图的测绘和应用,都是为各种工程进行规划设计提供必要的资料。在设计工作完成后,就要在实地进行施工。在施工阶段所进行的测量工作,称为施工测量,又称测设或放线。施工测量的任务是根据施工需要将设计图纸上的建(构)筑物的平面和高程位置,按一定的精度和设计要求,用测量仪器测设在地面上,作为施工的依据,并在施工过程中进行一系列的测量工作,以衔接和指导各工序间的施工。

二、施工测量的特点

1. 测量精度要求较高

为了满足较高的施工测量精度要求,应使用经过检校的测量仪器和工具进行测量作业,测量作业的工作程序应符合"先整体后局部、先控制后细部"的一般原则,内业计算和外业测量时均应细心操作,注意复核,以防出错,测量方法和精度应符合相关的测量规范和施工规范的要求。

对同类建筑物和构筑物来说,测设整个建筑物和构筑物的主轴线,以便确定其相对其他地物的位置关系时,其测量精度要求可相对低一些;而测设建筑物和构筑物内部有关联的轴线,以及在进行构件安装放线时,精度要求则相对高一些;如要对建筑物和构筑物进行变形观测,为了发现位置和高程的微小变化量,测量精度要求更高。

2. 测量与施工进度关系密切

施工测量直接为工程的施工服务,一般每道工序施工前都要进行放线测量,为了不影响施工的正常进行,应按照施工进度及时完成相应的测量工作。特别是现代工程项目,规模大,机械化程度高,施工进度快,对放线测量的密切配合提出了更高的要求。

在施工现场,各工序经常交叉作业,运输频繁,并有大量土方填挖和材料堆放,使测量作业的场地条件受到影响,视线被遮挡,测量桩点被破坏等。所以,各种测量标志必须埋设稳固,并设在不易破坏和碰动的位置,除此之外还应经常检查,如有损坏,应及时恢复,以满足施工现场测量的需要。

第二节　测设平面点位的方法

点位的测设分为平面位置测设和高程位置测设两方面。其原理是根据已知控制点,在地面上标出这些点的平面位置,使这些点的坐标为绘定的设计坐标。

测设点的平面位置的方法有直角坐标法、极坐标法、角度交会法和距离交会法。

一、直角坐标法

当施工场地有彼此垂直的建筑基线建筑方格网,待测设的建(构)筑物的轴线平行而又靠近基线或方格网边线时,常用直角坐标法测设点位。直角坐标法是按直角坐标原理确定一点的平面位置的方法。

快学快用　1　直角坐标法测设平面点位

如图 8-1 所示,A、O、B 为已知的控制点,其坐标为已知,并且 $AO\perp OB$,P 为设计的点,其坐标为 x、y。欲将 P 点测设在地面上,应先根据 O 点的坐标及 P 点的设计坐标计算出纵、横坐标增量值 Δx、Δy 为

$$\Delta x = x_p - x_0$$
$$\Delta y = y_p - y_0$$

然后在 O 点安置经纬仪,瞄准 B 点,沿视线方向测设长度为 Δy,定出 P' 点;再在 P' 安置经纬仪,瞄准 O 点向右测设 $90°$ 角,沿直角方向测设长度为 Δx,即获得 P 点在地面的位置。

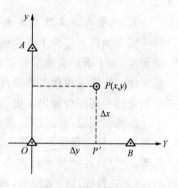

图 8-1　直角坐标法

直角坐标法计算简单,测设方便,又能得出较准确的成果,是较常用的方法。尤其是现场布设建筑方格网并靠近控制网边线的测设点、量距又方便的场地,采用直角坐标法测设最为合适。

【**例 8-1**】　在图 8-1 中,O 点坐标为 $x_O=300.00$m,$y_O=400.00$mm,P 点设计坐标为 $x_p=318.00$m,$y_p=424.00$m。试用直角坐标法将 P 点测设在地面上。

【**解**】　计算测设数据

$\Delta x=x_p-x_O=318.00-300.00=18$m

$\Delta y=y_p-y_O=424.00-400.00=24$m

测设方法:在 O 点安置经纬仪,瞄准 B 点,沿视线方向测设 $OP'=24$m,定出 P' 点;再在 P' 点安置经纬仪,瞄准 O 点向右测设 $90°$ 角,沿直角方向测设 $P'P=18$m,则 P 点即为需测设的点。

二、极坐标法

极坐标法是根据水平角和水平距离测设点的平面位置的方法。它指在控制点上测设一个水平角和一段水平距离。此法适用于测设点离控制点较近且便于量距的情况。

快学快用　2　极坐标法测设平面点位

如图 8-2 中 A、B 点是现场已有的测量控制点,其坐标为已知,P 点为待测设的点,其坐标为已知的设计坐标,测设方法如下。

(1)根据 A、B 点和 P 点来计算测设数据 D_{AP} 和 β,测站为 A 点,其中 D_{AP} 是 A、P 之间的水平距离,β 是 A 点的水平角 $\angle PAB$。根据坐标反算公式,水平距离 D_{AP} 为:

$$D_{AP}=\sqrt{\Delta x_{AP}^2+\Delta y_{AP}^2}$$

式中，$\Delta x_{AP} = x_P - x_A$，$\Delta y_{AP} = y_P - y_A$。

水平角 $\angle PAB$ 为

$$\beta = \alpha_{AP} - \alpha_{AB}$$

式中，α_{AB} 为 AB 的坐标方位角，α_{AP} 为 AP 的坐标方位角，其计算式为：

$$\alpha_{AB} = \arctan \frac{\Delta y_{AB}}{\Delta x_{AB}}$$

$$\alpha_{AP} = \arctan \frac{\Delta y_{AP}}{\Delta x_{AP}}$$

（2）现场测设 P 点。安置经纬仪于 A 点，瞄准 B 点；顺时针方向测设 β 角定出 AP 方向，由 A 点沿 AP 方向用钢尺测设水平距离 D 即得 P 点。

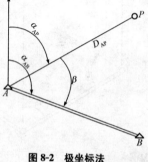

图 8-2 极坐标法

【例 8-2】 如图 8-2 所示。已知 $x_A = 110.00\text{m}$，$y_A = 110.00\text{m}$，$x_B = 70.00\text{m}$，$y_B = 140.00\text{m}$，$x_P = 130.00\text{m}$，$y_P = 140.00\text{m}$。求测设数据 β、D_{AP}。

【解】 将已知数据得

$$\alpha_{AB} = \arctan \frac{y_B - y_A}{x_B - x_A} = \arctan \frac{140.00 - 110.00}{70.00 - 110.00}$$

$$= \arctan \left(-\frac{3}{4} \right) = 143°7'48''$$

$$\alpha_{AP} = \arctan \frac{y_P - y_A}{x_P - x_A} = \arctan \frac{140.00 - 110.00}{130.00 - 110.00}$$

$$= \arctan \frac{3}{2} = 56°18'35''$$

$$\beta = \alpha_{AB} - \alpha_{AP} = 143°7'48'' - 56°18'35'' = 86°49'13''$$

$$D_{AP} = \sqrt{(x_P - x_A)^2 + (y_P - y_A)^2}$$

$$= \sqrt{(130.00 - 110.00)^2 + (140.00 - 110.00)^2}$$

$$= \sqrt{20^2 + 30^2} = 36.06(\text{m})$$

三、角度交会法

角度交会法也称方向交会法，它是根据测设角度所定的方向交会出点的平面位置的一种方法。为提高放线精度,通常用三个控制点三台经纬仪进行交会。此法适用于待测设点离控制点较远或量距较困难的地区。在桥梁等工程中,常采用此法。

快学快用 3　角度交会法测设平面点位

如图 8-3 所示,A、B、C 为控制点,P 为待测设点,其坐标均为已知,测设方法如下。

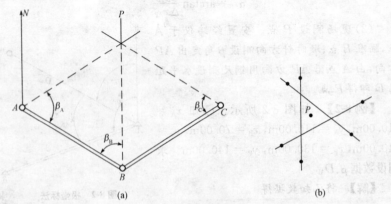

图 8-3　角度交会法

(a)角度交会观测法;(b)示误三角形

(1)根据 A、B 点和 P 点的坐标计算测设数据 β_A 和 β_B,即水平角 $\angle PAB$ 和水平角 $\angle PBA$,其中:

$$\begin{cases} \beta_A = \alpha_{AB} - \alpha_{AP} \\ \beta_B = \alpha_{BP} - \alpha_{BA} \end{cases}$$

(2)现场测设 P 点。在 A 点安置经纬仪,照准 B 点,逆时针测设水平角 β_A,定出一条方向线,在 B 点安置另一台经纬仪,照准 A 点,顺时针测设水平角 β_B,定出另一条方向线,两条方向线的交点的位置就是 P 点。在现场立一根测钎,由两台仪器指挥,前后左右移动,直到两台仪器的纵丝能同时照准测钎,在该点设置标志得到 P 点。

四、距离交会法

距离交会法又称长度交会法,它是根据测设点的距离交会定出点的平面位置的方法。距离交会法适用于场地平坦,量距方便,且控制点离待测设点的距离不超过一整尺长的地区。

快学快用 4 **距离交会法测设平面点位**

如图 8-4 所示,P 是待测设点,其设计坐标已知,附近有 A、B 两个控制点,其坐标也已知,测设方法如下:

(1)根据 A、B 点和 P 点的坐标计算测设数据 D_1、D_2,即 P 点至 A、B 的水平距离,其中:

$$\begin{cases} D_1 = \sqrt{\Delta x_{D_1}^2 + \Delta y_{D_1}^2} \\ D_2 = \sqrt{\Delta x_{D_2}^2 + \Delta y_{D_2}^2} \end{cases}$$

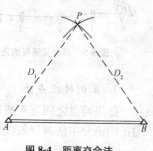

图 8-4 距离交会法

(2)现场测设 P 点。在现场用一把钢尺分别从控制点 A、B 以水平距离 D_1、D_2 为半径画圆弧,其交点即为 P 点的位置。也可用两把钢尺分别从 A、B 取水平距离 D_1、D_2 摆动钢尺,其交点即为 P 点的位置。距离交会法计算简单,不需经纬仪,现场操作简便。

第三节 两点间直线与铅垂线测设

一、两点间测设直线

1. 一般测设法

如果两点之间能通视,且在其中一点上能安置经纬仪,则可用经纬仪定线法进行测设。先在其中一个点上安置经纬仪,照准另一个点,固定照准部,再根据需要,在现场合适的位置立测钎,用经纬仪指挥测钎左右移动,直到恰好与望远镜竖丝重合时定点,该点即位于 AB 直线上,同法依次测设出其他直线点,如图 8-5 所示。如果需要的话,可在每两个相邻直线点之间用拉白线、弹墨线和撒灰线的方法,在现场将此直线标绘出来,作为施工的依据。

如果经纬仪与直线上的部分点不通视,例如图 8-6 中深坑下面的 P_1、

P_2 点,则可先在与 P_1、P_2 点通视的地方(如坑边)测设一个直线点 C,再搬站到 C 点测设 P_1、P_2 点。

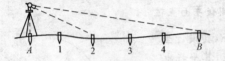 

图 8-5　两点间通视的直线测设　　　图 8-6　两点部分不通视的直线测设

2. 正倒镜投点法

如果两点之间互不通视或者距离较远,在两点都不能安置经纬仪,采用正倒镜分中法难以放线投点,此时采用正倒镜投点法。

快学快用　5　正倒镜投点法测设两点间直线

如图 8-7 所示,M、N 为现场上互不通视的两个点,需在地面上测设以 M、N 为端点的直线,测设方法如下:

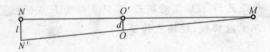

图 8-7　正倒镜投点法测设直线

在 M、N 之间选一个能同时与两端点通视的 O 点处安置经纬仪,尽量使经纬仪中心在 M、N 的连线上,最好是与 M、N 的距离大致相等。盘左(也称为正镜)瞄准 M 点并固定照准部,再倒转望远镜观察 N 点,若望远镜视线与 N 点的水平偏差为 $NN'=l$,则根据距离 MO 与 MN 的比,计算经纬仪中心偏离直线的距离 d:

$$d = l \cdot \frac{MO}{MN}$$

然后将经纬仪从 O 点往直线 MN 方向移动距离 d;重新安置经纬仪并重复上述步骤的操作,使经纬仪中心逐次往直线方向趋近。

最后,当瞄准 M 点,倒转望远镜便正好瞄准 N 点,不过这并不等于仪器一定就在 MN 直线上,这是因为仪器存在误差。因此还需要用盘右(也称为倒镜)瞄准 M 点,再倒转望远镜,看是否也正好瞄准 N 点。

正倒镜投点法的关键是用逐渐趋近法将仪器精确安置在直线上,在实际工作中,为了减少通过搬动脚架来移动经纬仪的次数,提高作业效率,在安置经纬仪时,可按图8-8所示的方式安置脚架,使一个脚架与另外两个脚架中点的连线与所要测设的直线垂直,当

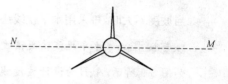

图8-8　安置脚架

经纬仪中心需要往直线方向移动的距离不太大(10~20cm 以内)时,可通过伸缩该脚架来移动经纬仪,而当移动的距离更小(2~3cm 以内)时,只需在脚架头上移动仪器即可。

二、铅垂线测设

在高层建筑的建设中常要测设以铅垂线为标准的点和线,而以铅垂线为标准的点和线就称为铅垂线或垂准线。在用悬挂垂线球对地面点、墙体与柱子进行垂直检验时,因为垂准的精度约为高度的1/1000,所以会产生较大的偏差。在对建设要求较高的传统高层建筑进行垂直检验时,通常采用直径不大于1mm 的细钢丝悬挂 10~50kg 的垂球,垂球要浸入到油桶中,这样的垂准精度在 1/10000 以上。

在开阔的场地且建(构)筑物垂直高度不大时,可以用两架经纬仪,在平面上相互垂直的两个方向上,利用整平后仪器的视准轴上下转动形成铅垂平面,与建(构)筑物垂直相交而得到铅垂线。

目前有专门测设铅垂线用的仪器,称为垂准仪,也称天顶仪,其垂准的相对精度可达到 1/40000。

第四节　测设已知坡度的直线

在道路、管道工程中,常常要将设计坡度线在地面上标定出来,作为施工的依据。坡度线的测设是根据附近水准点的高程、设计坡度和坡度线端点的设计高程,用高程测设法将坡度上各点设计高程标定在地面上的测量工作。测设方法有水平视线法和倾斜视线法两种。

一、水平视线法

当坡度不大时,可采用水平视线法。

快学快用 6　水平视线法测设坡度线

如图 8-9 所示,A、B 为设计坡度线的两个端点,A 点设计高程为 H_A =56.480m,坡度线长度(水平距离)为 $D=110$m,设计坡度为 $i=-1.4\%$,要求在 AB 方向上每隔距离 $d=15$m 打一个木桩,并在木桩上定出一个高程标志,使各相邻标志的连线符合设计坡度。设附近有一水准点 M,其高程为 $H_M=56.125$m,测设方法如下:

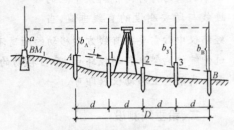

图 8-9　水平视线法测设坡度线

(1)在地面上沿 AB 方向,依次测设间距为 d 的中间点 1、2、3…,在点上打好木桩。

(2)计算各桩点的设计高程:

先计算按坡度 i 每隔距离 d 相应的高差

$$h=id=-1.4\%\times15=-0.21m$$

再计算各桩点的设计高程,其中

第 1 点:　　　$H_1=H_A+h=56.480-0.21=56.270m$

第 2 点:　　　$H_2=H_1+h=56.270-0.21=56.060m$

　　　　　　　　　　……

同法算出其他各点设计高程为 $H_3=55.850$m, $H_4=55.640$m, $H_5=$ 55.430m, $H_6=55.220$m, $H_7=55.010$m,最后根据 H_7 和剩余的距离计算 B 点设计高程

$$H_B=55.010+(-1.4\%)\times(110-105)=54.940m$$

注意,B 点设计高程也可用下式算出:

$$H_B=H_A+iD$$

用来检核上述计算是否正确,例如,这里为 $H_B=56.480-1.4\%\times$ 110=54.940m,说明高程计算正确。

(3)在合适的位置(与各点通视,距离相近)安置水准仪,后视水准点

上的水准尺,设读数 $a=0.866$ m,计算仪器视线高

$$H_视 = H_M + a = 56.125 + 0.866 = 56.991\text{m}$$

再根据各点设计高程,计算测设各点时的应读前视读数,例如 A 点为

$$b_A = H_视 - H_A = 56.991 - 56.480 = 0.511\text{m}$$

1 号点为

$$b_1 = H_视 - H_1 = 56.991 - 56.270 = 0.721\text{m}$$

同理得 $b_2 = 0.931$ m, $b_3 = 1.141$ m, $b_4 = 1.351$ m, $b_5 = 1.561$ m, $b_6 = 1.771$ m, $b_7 = 1.981$ m, $b_8 = 2.051$ m。

(4)水准尺依次贴靠在各木桩的侧面,上下移动尺子,直至尺读数为 b 时,沿尺底在木桩上画一横线,该线即在 AB 坡度线上。也可将水准尺立于桩顶上,读前视读数 b' ,再根据应读读数和实际读数的差 $l=b-b'$,用小钢尺自桩顶往下量取高度 l 画线。

二、倾斜视线法

当坡度较大时,坡度线两端高差太大,不便按水平视线法测设,这里可采用倾斜视线法。

快学快用 7 **倾斜视线法测设坡度线**

如图 8-10 所示, A 、 B 为设计坡度线的两个端点, A 点设计高程为 $H_A = 131.600$ m,坡度线长度(水平距离)为 $D=70$ m,设计坡度为 $i=-10\%$,附近有一水准点 M ,其高程为 $H_M = 131.950$ m,测设方法如下:

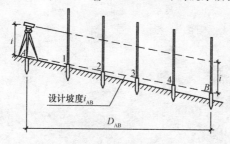

图 8-10　倾斜视线法

(1)根据 A 点设计高程、坡度 i 及坡度线长度 D ,计算 B 点设计高程,即

$$H_B = H_A + iD$$
$$= 131.600 - 10\% \times 70$$
$$= 124.600\text{m}$$

(2)按测设已知高程的一般方法,将 A、B 两点的设计高程测设在地面的木桩上。

(3)在 A 点(或 B 点)上安置水准仪,使基座上的一个脚螺旋在 AB 方向上,其余两个脚螺旋的连线与 AB 方向垂直,如图 8-10 所示,粗略对中并调节与 AB 方向垂直的两个脚螺旋基本水平,量取仪器高 l。通过转动 AB 方向上的脚螺旋和微倾螺旋,使望远镜十字丝横丝对准 B 点(或 A 点)水准尺上等于仪器高处,此时仪器的视线与设计坡度线平行。

(4)在 AB 方向的中间各点 1、2、3、…的木桩侧面立水准尺,上下移动水准尺,直至尺上读数等于仪器高时,沿尺底在木桩上画线,则各桩画线的连线就是设计坡度线。

第九章　市政道路工程测量

第一节　概　述

道路测量是指为交通设施进行的平面定线和竖直定线测量。其中，交通设施包括人员和货物的传输网络，即各等级的公路铁路、快速传输导轨、地上管线、地下管线及其配套工程。道路测量是工程测量重要的组成部分，由于面对的施工对象是公路、铁路、隧道、桥梁等，因而测量方法的处理也有其特点。

道路工程分为城市道路、联系城市之间的公路、工矿企业的专业道路和农业生产服务的农村道路。

一、道路工程测量准备工作

(1)建立满足施工需要的测量管理体系，做到人员落实且分工明确。

(2)建立科学、可行的放线和验线制度。

(3)配备相应的测量仪器，并按规定进行检验和校正。

(4)了解设计意图，学习和校核设计图纸。

(5)核对有关的测设数据及相互关系。

(6)熟悉施工现场，了解地下构筑物的情况。

(7)编制施工测量方案，明确测量精度、测量顺序等的工作要求。

(8)以满足施工测量为前提，建立平面与高程控制体系，对于已建立导线系统的道路工程与管线工程，要在接桩后进行复测并提交复测结果。

此外，对于开工前现场现状地面高程要进行实测，与设计给定的高程有出入者要经业主代表和监理工程师认可。

二、道路工程测量内容

道路工程测量包括路线勘测设计测量和道路施工测量两大部分。

1. 勘测设计阶段

勘测阶段包括踏勘、选线、中线测量、纵横断面测量、绘制线路平面图等主要内容。经过设计阶段的论证,在图纸上选定好线路后,再进行实际的地面上定线测量及施工放样。

在勘测设计阶段时,根据地形情况和道路技术要求的需要,主要分为以下两种。

(1)两阶段勘测。两阶段勘测,就是对线路进行路勘测量(初测)和详细测量(定测)。

(2)一阶段勘测。一阶段勘测是对路线作一次定测。

初测的基本任务是在指定范围内布设导线,测量路线各方案的带状地形图和纵断面图,并收集沿线水文、地质等有关资料,为图上定线、编制比较方案等初步设计提供依据。定测阶段的基本任务是为解决路线的平、纵、横三个面上的位置问题。也就是在指定的区域内或在批准的方案路线上进行中线测量、纵横断面水准测量以及进一步收集有关资料,为路线平面图绘制、纵坡设计、工程量计算等有关施工技术文件的编制提供重要数据,以确定公路路线及其中线线形。

2. 施工阶段

它的主要任务是将道路的设计位置按照设计与施工要求,测设到实地上,为施工提供依据。它又分为道路施工前测量工作和施工过程中测量工作。

它的具体内容是在道路施工前和施工中,恢复中线、测设边坡,以及桥涵、隧道等的位置和高程标志,作为施工的依据,以保证工程按图施工。当工程逐项结束后,还应进行竣工验收测量,以检查施工成果是否符合设计要求,并为工程竣工后的使用、养护提供必要的资料。

第二节　道路中线测量

中线测量的主要内容是在设计基础上,把线路的起点、交点(转角点)、圆曲线及终点等标定在实地,并对里程桩和加桩进行钉位和绘制。

一、道路中线测量的任务及内容

1. 中线测量的任务

(1)设计测量(即勘测):主要为公路设计提供依据。

(2)施工测量(即恢复定线):主要是根据设计资料,把中线位置重新敷设到地面上,供施工之用。

2. 中线测量的工作内容

道路中线测量是道路测量主要内容之一,在测量前应做好组织与准备工作。首先应熟悉设计文件或领会工作内容,施工测量时要对设计文件进行复核,已知偏角及半径计算曲线要素、主点里程桩号、交点间距离、直线长度、曲线组合类型等进行复核,并针对不同的曲线类型及地形采用不同的测设方法;设计测量时应和选定线组取得联系,了解选线意图和线型设计原则,选定半径等做好测设前的准备工作。

路线测量的工作内容:

(1)准确标定路线,即钉设路线起终点桩、交点桩及转点桩,且用小钉标点。

(2)观测路线右角并计算转角,同时填写测角记录本,钉出曲线中点方向桩。

(3)隔一定转角数观测磁方位角,并与计算方位角校核。

(4)观测交点或转点间视距,且与链距校核。

(5)中线丈量,同时设置直线上各种加桩。

(6)设置平曲线以及各种加桩。

(7)填写直线、曲线、转角一览表。

(8)固定路线,并填写路线固定表。

二、交点和转点测量

1. 交点的测量

道路中线改变方向时,两相邻直线延长后相交的点,称为路线交点,通常用符号 JD 表示,它是中线测量的控制点。

(1)穿线定点法。此方法适用于纸上定线时进行的实地放线,地形不太复杂,且纸上路线离开导线不远的地段;实地定线;施工测量时的恢复定线。其程序为放点—穿线—交点。

快学快用 1　穿线定点时放点的方法

放点常用的方法有支距法和极坐标法。如图 9-1 中，P_1、P_2、P_3、P_4 为纸上定线的某直线段欲放的临时点，在图上以附近的导线点 4、5 为依据，用量角器和比例尺分别量出 β_1、l_1、β_2、l_2 等放样数据，并在现场用极坐标法将其标设出。

按支距法放点时，如图 9-2 所示，P_1、P_2、P_3、P_4 为选定的临时点，在图上自导线点 4、5、6、7 作导线边的垂线分别与中线相交得各临时点。用比例尺量取相应的支距 l_1、l_2、l_3、l_4，然后在现场以相应导线点为垂足，用方向架定垂线方向，用钢尺量支距，测设出相应的各临时点。

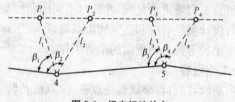

图 9-1　极坐标法放点

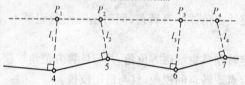

图 9-2　支距法放点

【**例 9-1**】　如图 9-3 所示，将图纸上定出的两段直线 JD_1—JD_2 和 JD_2—JD_3 测设于实地。

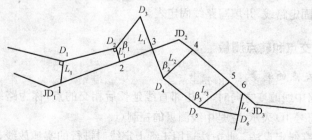

图 9-3　放点

【解】　如图9-3所示,用支距法或者极坐标法在直线上定1、2、3、4、5、6等为临时点即可。

(1)支距法。图9-3中1、2、6三点采用支距法测设。即在图上以导线点 D_1、D_2、D_6 为垂足,作导线边的垂线,交路线中线点1、2、6为临时点,根据比例尺量出相应的距离 L_1、L_2、L_6,在实地用经纬仪或方向架定出垂线方向,再用皮尺量出支距,测设出各点。

(2)极坐标法。图9-3中3、4、5三点采用极坐标法测设。在图纸上用量角器和比例尺分别量出或根据坐标反算方位角计算出 β_3、β_4、β_5 及距离 L_3、L_4、L_5 的数值,在实地放点时,如在导线点 D_4 安置经纬仪,后视 D_3,水平度盘归零,拨角 β_4 定出方向,再用皮尺量出 L_4 定出4点,迁站 D_3、D_5 可测出3点和5点。

由于在地形图上量距时产生的误差,或实地放支距时测量仪器的误差,或其他操作存在的误差,在地形图上同一直线上的各点放于地面后,其位置可能不在同一直线上,此时需要经过大多数点穿出一系列直线。穿线方法可用花杆或经纬仪进行,穿出线位后在适当地点标定转点(小钉标点),使中线的位置准确标定在地面上。

当相邻两直线在地面上标定后,分别延长两直线交会定出交点,如图9-4所示。

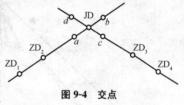

图9-4　交点

<kbd>快学快用 **2**</kbd>　穿线定点时定交点的步骤

(1)如图9-4所示,将经纬仪安置于 ZD_2 瞄准 ZD_1,倒镜,在视线方向上接近交点 JD 的概略位置前后打下两桩(称骑马桩)。

(2)采用正倒镜分中法在该两桩上定出 a、b 两点,并钉以小钉,挂上细线。仪器搬至 ZD_3,同法定出 c、d 点,挂上细线,两细线的相交处打下木桩,并钉以小钉,得到交点 JD。

(2)拨角放线法。此方法适用于纸上定线的实地放线时,导线与设计线距离太远或不太通视;施工测量时的恢复定线。通常先由导线计算出路线起点的方向、位置,再通过坐标计算出设计路线的交点、主要桩点、偏角和交点间距离。依照这些资料沿路线直接拨角并量距定出交点及主要桩点。为了消除拨角量距积累误差,每隔一定距离与导线联系闭合一次。

(3)交会法。本方法适用于放线时地形复杂,导线控制点便于利用的情况,施工测量时从栓桩点恢复交点。先计算或测出两导线点或栓桩点与交点的连线之间的夹角,再用两台经纬仪拨角交会定出交点位置。

2. 转点的测量放线

在路线中线测量时,由于地形起伏或地物阻挡致使相邻交点互不通视时(或者距离较远时),需要在两点间或其延长线加一点或数点,供测角、量距延长直线时瞄准之用,这样的点称为转点,一般用 ZD 表示。

快学快用 3　在两点间设转点的测量方法

如图 9-5 所示,JD_i、JD_{i+1}为两相邻交点互不通视,求在两交点间增设转点 ZD。先用花杆穿出 ZD 的粗略位置 ZD′,将经纬仪置于 ZD′,用直线延伸法延长 JD_i、ZD′到 JD'_{i+1},量取 $JD'_{i+1} \sim JD_{i+1}$ 距离 f,并用视距观测 l_1、l_2,那么 ZD$\sim$ZD′ 的距离为:$d = \dfrac{l_1}{l_1 + l_2} \cdot f$。

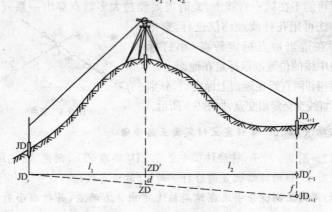

图 9-5　两交点间设转点

移动 ZD′,距离为 d,置仪重新测量 f,直到 $f = 0$ 或在容许误差之内,置仪点即为 ZD 位置,并用小钉标定。最后检测 ZD 右角是否为 180° 或在容许误差之内。

快学快用 4　在两交点延长线上设转点的测量方法

如图 9-6 所示,JD_i、JD_{i+1}为两相邻交点互不通视,欲在两交点间的延长线上增设转点 ZD。即先在两交点的延长线上用花杆穿出转点的粗略位置 ZD′，将经纬仪安置于 ZD′，分别用盘左、盘右后视 JD_i，在 JD_{i+1} 处标出两点分中得 JD'_{i+1}，量取 $JD_{i+1} \sim JD'_{i+1}$ 距离 f，并用视距观测 l_1、l_2，那么 ZD 与 ZD′ 的距离为：$d = \dfrac{l_1}{l_1 + l_2} \cdot f$。

横向移动 ZD′ 距离为 d，并安置仪器重新观测且量取 f，直到 $f = 0$ 或在允许误差之内，置仪点即为 ZD 位置，并用小钉标定。最后检测 ZD 与两交点的夹角是否为 0°或在容许误差之内。

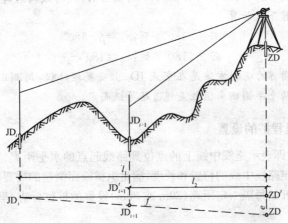

图 9-6　两交点延长线上设转点

三、转角的测量

转角是指路线由一个方向偏转为另一个方向时，偏转后的方向与原方向之间的夹角，通常以 α 表示。

路线的转角，一般采用测定路线前进方向的右角的方法来计算确定。定线测量完成后，在路线的转折处，为了设置曲线，需要测定转角。转角有左转角、右转角之分，沿路线前进方向，偏转后的方向位于原来方向左侧的，称为左转角，通常以 $\alpha_{左}$（或 α_L）表示；偏转后的方向位于原来方向右侧的，称之为右转角，通常以 $\alpha_{右}$（或 α_R）表示。

快学快用 5　路线转角的测量方法

如图 9-7 所示为路线的转角测定示意图，$\alpha_{右}$ 是中线 AB 方向在交点

处（JD₅）转为中线 *BC* 方向的转

角，$\alpha_{左}$ 是中线 *BC* 方向在交点

处（JD₆）转为中线 *CD* 方向的转

角。在路线测量中通常是通过

观测路线的右侧角 β 来计算和

确定转角的。

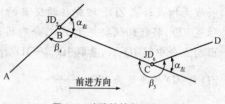

图9-7　路线的转角测定

当右角 β 测定以后，根据 β 值计算路线交点处的转角 α。当 $\beta<180°$ 时为右转角（路线向右转）；当 $\beta>180°$ 时为左转角（路线向左转）。左转角和右转角按下式计算：

$$若\ \beta>180°\quad 则：\alpha_{左}=\beta-180°$$
$$若\ \beta<180°\quad 则：\alpha_{右}=180°-\beta$$

右侧角 β 的观测方法是在交点 JD₅ 上安置经纬仪，用测回法观测一个测回。两个半测回角值之差视道路等级而定。

四、里程桩的设置

里程，即表示路线中线上的点位到路线起点的水平距离。里程桩是指为了确定路线中线的位置和长度，满足纵横断面测量的需要，必须由路线的起点开始每隔一定距离（20m 或 50m）设置的桩位标志，里程桩又称为中桩。

里程桩分为整桩和加桩两种形式，其基本构造如图9-8所示。

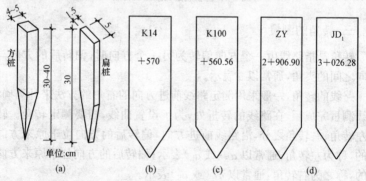

图9-8　里程桩基本构造

1. 整桩

整桩是以整 10m、20m 或 50m 的整倍数桩号而设置的里程桩,百米桩和公里桩均属于整桩。

整桩是从路线的起点开始,沿道路中心线按照规定的桩距而设置的里程桩。其桩距的大小与地形情况有关,曲线段桩距应根据不同的曲线半径来确定。桩距的确定应符合表 9-1 的要求。

表 9-1　　　　　　　　　　　　　　中桩间距　　　　　　　　　　　　　　　m

直　　线　　段		曲　　　线　　　段			
平原微丘区	山岭重丘区	不设超高的曲线	$R>60$	$30<R<60$	$R<30$
≤50	≤25	25	20	10	5

注:表中的 R 为曲线半径,以 m 计。

2. 加桩

加桩又分为地形加桩、地物加桩、曲线加桩、地质加桩、关系加桩、断链加桩、行政区域加桩和改建路桩等。

(1)地形加桩。沿道路中线方向地面坡度变化处,横向地形坡度变化处以及天然河沟处等所应设置的里程桩。

(2)地物加桩。沿中线的人工构筑物,如桥涵处、路线与其他道路交叉处以及土壤地质变化处加设的里程桩。

(3)曲线加桩。曲线上设置的起点、中点、终点桩。

(4)地质加桩,沿路线在土质变形处及地质不良地段的起、终点处要设置的里程桩。

(5)关系加桩,路线上的转点桩和交点桩。

(6)断链加桩。由于局部改线或事后发现距离错误或分段测量中由于假设起点里程等原因,致使路线的实际里程不连续,桩号与路线的里程不一致,这种现象称为"断链",为说明该情况而设置的桩,称为断链加桩。

(7)行政区域加桩。在省(自治区、直辖市)、地(市)、县级行政区分界处应加的里程桩。

(8)改建路加桩。在改建公路的变坡点、构筑物和路面面层类型变化处应加的里程桩。加桩可取位至米,特殊情况下可取位至 0.1m。

快学快用 6 里程桩高程的测量

(1)中桩高程测量可采用水准测量、三角高程测量或 GPS-RTK 方法施测,并应起闭于路线高程控制点。

(2)高程应测至桩志处的地面,读数取位至厘米,其测量的精度指标应符合表 9-2 的规定。

表 9-2 中桩高程测量精度

公路等级	闭合差/mm	两次测量之差/cm
高速公路,一、二级公路	$\leqslant 30\sqrt{L}$	$\leqslant 5$
三级及三级以下公路	$\leqslant 50\sqrt{L}$	$\leqslant 10$

注:L 为高程测量的路线长度(km)。

(3)采用三角高程测定中桩高程时,每一次距离应观测一测回 2 个读数,垂直角应观测一测回。

(4)采用 GPS-RTK 方法时,求解转换参数采用的高程控制点不应少于 4 个,且应涵盖整个中桩高程测量区域,流动站至最近高程控制点的距离不应大于 2km,并应利用另外一个控制点进行检查,检查点的观测高程与理论值之差应小于表 9-2 两次测量之差的 0.7 倍。

(5)沿线中需要特殊控制的建筑物、管线、铁路轨顶等,应按规定测出其高程,其 2 次测量之差应小于 2cm。

3. 里程桩的标注及埋设

(1)所有中桩均应写明桩号和编号。在书写桩号时,除百米桩、公里桩和桥位桩要写明公里数外,其余桩可不写。

(2)对于交点桩、转点桩及曲线基本桩,还应在桩号之前标明桩名(一般标其缩写名称)。目前,我国公路工程上桩名采用汉语拼音的缩写名称,见表 9-3。

表 9-3 路线主要标志桩缩写名称表

标志桩名称	简称	汉语拼音缩写	英文缩写	标志桩名称	简称	汉语拼音缩写	英文缩写
转折点	交点	JD	IP	公切点	—	GQ	CP

（续）

标志桩名称	简称	汉语拼音缩写	英文缩写	标志桩名称	简称	汉语拼音缩写	英文缩写
转点	—	ZD	TP	第一缓和曲线起点	直缓点	ZH	TS
圆曲线起点	直圆点	ZY	BC	第一缓和曲线终点	缓圆点	HY	SC
圆曲线中点	曲中点	QZ	MC	第二缓和曲线起点	圆缓点	YH	CS
圆曲线终点	圆直点	YZ	EC	第二缓和曲线终点	缓直点	HZ	ST

　　桩号常用红色或黑色油漆撰写，并且书写桩号的一面应面向路线的来向。中桩一般应写明名称及桩号[名称如：JD、ZD、ZH（ZY）、HY 等]，对于交点桩可连续编号，转点桩可连续编号或两交点间编号，中线桩应在桩的背面按 0～9 循环编号，以便按顺序找桩。交点桩、转点桩、曲线控制桩、公里桩、百米桩等应写出里程号，不得省略。位于岩石或建筑物上的桩号用红油漆绘成或凿成"⊕"符号（直径 5cm）表示桩位，再在旁边用油漆写明名称、桩号，如图 9-9 所示。

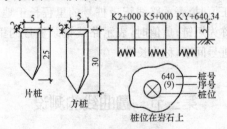

图 9-9　里程桩标注方法

快学快用　7　中线里程桩的钉设

　　（1）新线桩志打桩，不要露出地面太高，一般以 5cm 左右能露出桩号为宜。

（2）钉设时将桩号面向路线起点方向，使编号朝向前进方向，如图9-10所示。

（3）钉桩时，对起控制作用的交点桩、转点桩以及一些重要的地物加桩，如桥位桩、隧道定位桩等均应用方桩。

（4）将方桩钉至与地面齐平，顶面钉一小钉表示点位。

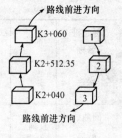

图 9-10　桩号与编号方向

（5）在距方桩20cm左右设置指示桩，上面书写桩的名称和桩号。钉指示桩时，要注意字面应朝向方桩，在直线上应钉设在路线的同一侧，在曲线上则应设在曲线的外侧。

4. 断链处理

在里程桩测设过程中，有时因改线或事后发现量距或计算错误，以及在分段测量中，由于假定起始里程不符而造成的全线或全段路线里程不连续，这种现象称为"断链"。断链处理是指在局部改线或差错的地段改用新桩号，而其他不变地段用原桩号的一种方法。断链应设在直线段的百米桩上，如有困难设在整数桩上，但不应该设在桥涵、立交、隧道及平曲线范围内。

断链分长链和短链，在断链桩上应写明断链等式及断链长度。断链等式前写来向里程，等式后写去向里程。去向里程减来向里程为断链长度，断链长度为正值时，表示路线记录桩号的里程长于地面的实际里程，此时桩号重叠，称为短链；负值时，表示路线记录桩号的里程短于地面的实际里程，此时桩号间断，称为长链。

第三节　圆曲线的测设

圆曲线又称为单曲线，是指具有一定半径的一段圆弧线。圆曲线的测设一般分圆曲线主点的测设及曲线的详细测设两种。

一、圆曲线测设要素的计算

如图9-11所示为圆曲线要素示意图，设线路交点 JD 的转角为 α，圆

曲线半径为 R，则根据几何特性，可以推算出圆曲线测设的要素是：

切线长　$T = R\tan\dfrac{\alpha}{2}$

曲线长　$L = R \cdot \alpha \cdot \dfrac{\pi}{180}$

外矢矩　$E = R\left(\sec\dfrac{\alpha}{2} - 1\right)$

切曲差　$D = 2T - L$

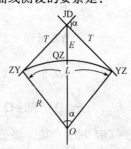

图 9-11　圆曲线要素示意图

其中　JD——路线转角点，称交点；

ZY——圆曲线起点，称直圆点；

YZ——圆曲线终点，称圆直点；

α——路线的转角；

R——圆曲线半径。

ZY、YZ、QZ 三点总称为圆曲线的主点；T、L、E 三者总称为圆曲线的要素。

上式中 R 由设计给出，α 是设计给出或是经实地测出，在实际工作中，曲线要素可直接从曲线测设用表中查得，也可用计算器按上述公式直接计算。

【例 9-2】　已知 $\alpha = 25°30'$，$R = 60\text{m}$，求曲线各要素。

【解】　$T = R \cdot \tan\dfrac{\alpha}{2} = 60 \times \tan\dfrac{25°30'}{2} = 13.58\text{m}$

$L = R \cdot \alpha \cdot \dfrac{\pi}{180} = 60 \times 25°30' \cdot \dfrac{\pi}{180} = 26.70\text{m}$

$E = R\left(\sec\dfrac{a}{2} - 1\right) = 60 \times \left(\sec\dfrac{25°36'}{2} - 1\right) = 1.52\text{m}$

$D = 2T - L = 2 \times 13.58 - 26.70 = 0.46\text{m}$

二、圆曲线的主点测设

交点(JD)的里程由中线丈量中得到，依据交点的里程和计算的曲线测设元素，即可计算出各主点的里程。由图 9-11 可知：

$$ZY 里程 = JD 里程 - T$$

$$YZ 里程 = ZY 里程 + L$$

$$QZ 里程 = YZ 里程 - L/2$$

$$JD 里程 = QZ 里程 + D/2$$

$$\left.\begin{array}{c} \dfrac{JD 里程 - T}{ZY 里程} \\[4pt] \dfrac{+L}{YZ 里程} \\[4pt] \dfrac{-L/2}{QZ 里程} \\[4pt] \dfrac{+D/2}{JD 里程} \end{array}\right\}$$

【例 9-3】 某二级公路路线交点 JD_5 的里程为 K2+212.50，$T=$ 13.58m，$L=26.71$m，$D=0.55$m，计算圆曲线的主点里程。

【解】 直圆点 ZY 里程：ZY 里程 = JD 里程 $-T=$ K2+212.50 - 13.58 = K2+198.92

圆直点 YZ 里程：YZ 里程 = ZY 里程 $+L=$ K2+198.92+26.71 = K2 +225.63

曲中点（QZ）里程：QZ 里程 = YZ 里程 $-L/2=$ K2+225.63 - 26.71/2 = K2+212.275

校核：JD 里程 = QZ 里程 $+D/2=$ K2+212.00+0.55/2 = K2 +212.275

计算无误。

快学快用 8 圆曲线的主点测量步骤

圆曲线的测设元素和主点里程计算后，便可进行主点测设，其主要步骤如下：

(1)直圆点（ZY）的测设。测设曲线起点时，将仪器置于交点 $i(JD_i)$ 上，望远镜照准后一交点 $i-1(JD_{i-1})$ 或此方向上的转点，沿望远镜视线方向量取切线长 T，得曲线起点 ZY，暂时插一测钎标志。然后用钢尺丈量 ZY 至最近一个直线桩的距离，如两桩号之差等于所丈量的距离或相差在容许范围内，即可在测钎处打下 ZY 桩。如超出容许范围，应查明原因，重新测设，以确保桩位的正确性。

(2)圆直点（YZ）的测设。在曲线起点（ZY）的测设完成后，转动望远镜照准前一交点 JD_{i+1} 或此方向上的转点，往返量取切线长 T，得曲线终点（YZ），打下 YZ 桩即可。

(3)曲弧中点（QZ）的测设。测设曲线中点时，可自交点 $i(JD_i)$ 沿分角

线方向量取外距 E，打下 QZ 桩即可。

三、圆曲线的详细测量

1. 圆曲线测设的要求

在公路中线测量中圆曲线测设时，除了设置圆曲线的主点桩及地形、地物等加桩外，当圆曲线较长时，应按圆曲线上中桩桩距的规定（表 9-1）进行加桩，即进行圆曲线的详细测设。

按桩距 L_0 在曲线上设桩，通常有两种方法：

（1）整桩号法。将曲线上靠近起点（ZY）的第一个桩的桩号凑整成为大于 ZY 点桩号的，L_0 的最小倍数的整桩号，然后按桩距 L_0 连续向曲线终点 YZ 设桩。这样设置的桩的桩号均为整数。

（2）整桩距法。从曲线起点 ZY 和终点 YZ 开始，分别以桩距 L_0 连续向曲线中点 QZ 设桩。由于这样设置的桩的桩号一般为破碎桩号，因此，在实测中应注意加设百米桩和公里桩。

中线测量中一般均采用整桩号法。

此外，中桩量距精度及桩位限差应符合表 9-4 规定，曲线测量闭合差也应符合表 9-5 规定。

表 9-4　　　　　　　　　中桩平面桩位精度表

公路等级	中桩位置中误差/cm		桩位检测之差/cm	
	平原微丘区	山岭重丘区	平原微丘区	山岭重丘区
高速、一级、二级	≤±5	≤10	≤10	≤20
三级、四级	≤±10	≤±15	≤20	≤30

表 9-5　　　　　　　　　曲线测量闭合差

公路等级	纵向闭合差		横向闭合差（cm）		曲线偏角闭合差（″）
	平原微丘区	山岭重丘区	平原微丘区	山岭重丘区	
高速、一级、二级	$l/2000$	$1/1000$	10	10	60
三级、四级	$l/1000$	$1/500$	10	15	120

2. 圆曲线详细测设方法

圆曲线详细测设的方法很多,可视地形条件加以选用,现介绍几种常用的方法。

(1)偏角法。偏角法又称为极坐标法,是以曲线起点(ZY)或终点(YZ)至曲线上待测设点 P_i 的弦线与切线之间的弦切角 Δ_i 和弦长 c_i 来确定 P_i 点的位置。

由于经纬仪的水平度盘注记是顺时针方向增加,因此在进行测设曲线时,如果偏角的增加方向与水平度盘一致,也是顺时针方向增加,即经纬仪的照准部顺时针旋转,称为正拨,反之,称为反拨。

1)当路线的转角为右转角(右偏)时,以 ZY 点为测站,测设 ZY~QZ 段曲线时,为正拨;以 YZ 点为测站,测设 YZ~QZ 段曲线时,为反拨。

2)当路线的转角为左转角(左偏)时,以 ZY 点为测站,测设 ZY~QZ 段曲线时,为反拨;以 YZ 点为测站,测设 YZ~QZ 段曲线时,为正拨。

3)正拨时,经纬仪视准轴照准切线方向,此时水平度盘读数归零,则各桩的偏角读数就等于各桩的计算偏角值;反拨时,各桩的偏角读数应等于 $360°$ 减去各桩的计算偏角值。

如使用电子经纬仪进行测设,正拨时,在 HR 模式下用电子经纬仪视准轴照准切线方向,按零设置键,则各桩的偏角读数就等于各桩的计算偏角值;反拨时,在 HL 模式下用电子经纬仪视准轴照准切线方向,按零设置键,各桩的偏角读数亦等于各桩的计算偏角值。

如图 9-12 所示,以 L 表示弧长,c 表示弦长,依据几何原理,偏角 Δ_i 等于相应弧长所对的圆心角 φ_i 的一半,即:$\Delta_i = \varphi_i$

偏角　　　　　$\Delta_i = \dfrac{\varphi_i}{2} = \dfrac{L_i}{2R} \times \dfrac{180°}{\pi}$

弦长　　　　　$c_i = 2R\sin\dfrac{\varphi_i}{2} = 2R\sin\Delta_i$

弧弦差　　　　$\delta_i = L_i - c_i = \dfrac{L_i^3}{24R^2}$

如果曲线上各辅点间的弧长 L 均相等时,则各辅点的偏角都为第一辅点的整数倍,即

$$\Delta_2 = \Delta_1$$

$$\Delta_3 = 2\Delta_i$$

$$......$$

$$\Delta_n = n\Delta_i$$

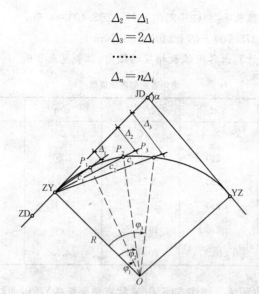

图 9-12　偏角法详细测设圆曲线

快学快用　9　偏角法详细测设圆曲线的步骤

以图 9-12 为例,偏角法的测设步骤如下:

(1)安置经纬仪(或全站仪)于曲线起点(ZY)上,盘左瞄准交点(JD),将水平盘读数设置为 0°。

(2)水平转动照准部,使水平度盘读数为偏角值 Δ_1,然后,从 ZY 点开始,沿望远镜视线方向量测出弦长 c_1,定出 P_1 点。

(3)再继续水平转动照准部,使水平度盘读数为偏角值 Δ_2,从 ZY 点开始,沿望远镜视线方向量测长弦 c_2,定出 P_2 点。以此类推,测设 P_3、P_4、…,直到 YZ 点。

4)测设至曲线终点(YZ)作为检核,继续水平转动照准部。使水平度盘读数为 ΔYZ,从 ZY 点开始,沿望远镜视线方向量测出长弦 C_{YZ},定出一点。

【例 9-4】 已知圆曲线 $R=50\text{m}$,转角 $\alpha = 80°36'$,JD 的里程为 $2+247.80$,ZY 的里程为 $2+205.40$,YZ 的里程为 $2+275.70$,QZ 的里程为 $2+240.55$,用偏角法计算圆曲线的详细测设(细部点整桩为 10m 间隔)。

【解】 由于起点桩号为 $2+247.80$,其前面最近整数里程应为 $2+210$,而终点里程为 $2+275.70$,其后面最近的整数里程应为 $2+240$。

则其首段弧长 $L_A=(2+210)-(2+205.40)=4.6m$

$L_B=(2+275.70)-(2+240)=35.70m$

应用公式计算出各段弧长相应的偏角、弦长见表9-6。

表9-6　　　　　　　　　　　　偏角法细部放样成果

桩号	里程	$\delta/(°''')$	s/m	备注
ZY	2+205.40	0	0	
	+210	2 38 08	4.60	
	+220	8 21 55	14.55	
	+230	14 05 41	24.31	
	+240	19 49 28	19.49	
QZ	+240.57	20 09 03	34.55	检核点

(2)切线支距法。切线支距法(又称直角坐标法)是以曲线的起点 ZY (对于前半曲线)或终点 YZ(对于后半曲线)为坐标原点,以过曲线的起点 ZY 或终点 YZ 的切线为 x 轴,过原点的半径为 y 轴,按曲线上各点坐标 x、y 设置曲线上各点的位置。

如图9-13所示,设 P_i 为曲线上欲测设的点位,该点至 ZY 点或 YZ 点的弧长为 L_i,φ_i 为 L_i 所对的圆心角,R 为圆曲线半径,则 P_i 点的坐标按下式计算:

$$\begin{cases} X_i=R\sin\varphi_i \\ Y_i=R-R\cos\varphi_i \end{cases}$$

其中 $i=1,2,3,\cdots,n$。

$$\varphi_i=\frac{180°}{\pi R}L_i$$

快学快用 10　切线支距法详细测设圆曲线的步骤

切线支距法详细测设圆曲线,为了避免支距过长,一般是由 ZY 点和 YZ 点分别向 QZ 点施测,测设步骤如下:

(1)从 ZY 点(或 YZ 点)用钢尺或皮尺沿切线方向量取 P_i 点的横坐标 x_i,得垂足点 N_i。

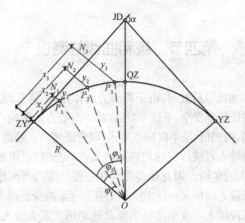

图 9-13 切线支距法详细测设圆曲线

(2)在垂足点 N_i 上,用方向架或经纬仪定出切线的垂直方向,沿垂直方向量出 y_i,即得到待测定点 P_i。

(3)曲线上各点测设完毕后,应量取相邻各桩之间的距离,并与相应的桩号之差作比较,若较差均在限差之内,则曲线测设合格;否则应查明原因,予以纠正。

【例 9-5】 已知曲线半径为 80m,曲线每隔 10m 桩钉,试求其中两点的坐标值。

【解】 $\varphi = \dfrac{l}{R} = \dfrac{180°}{\pi} = \dfrac{180}{\pi} \cdot \dfrac{10}{80} = 7°09'43''$

$x_1 = R \cdot \sin\varphi = 80 \times \sin 7°09'43'' = 80 \times 0.1246742 = 9.97\text{m}$

$y_1 = 2R\sin^2 \dfrac{\varphi}{2} = 2 \times 80 \times \sin^2 3°34'52'' = 2 \times 80 \times (0.062459)^2$

$\qquad = 0.62\text{m}$

$x_2 = R \cdot \sin 2\varphi = 80 \times \sin(2 \times 7°09'43'') = 80 \times \sin 14°19'26'' = 80 \times$

$0.247403 = 17.79\text{m}$

$y_2 = 2R \cdot \sin^2\varphi = 2 \times 80 \times \sin^2 7°09'43'' = 2 \times 80 \times (0.1246742)^2$

$\qquad = 2.49\text{m}$

第四节　缓和曲线的测设

当车辆在圆曲线段行驶时,由于离心力的作用,车辆有向曲线外侧倾倒的趋势。为了保证行车安全、平稳和舒适,减小离心力的影响,曲线段的路面需要做成外侧高、内侧低、呈单向横坡形式,即弯道超高。超高不能在直线进入曲线段或曲线进入直线段突然出现或消失,以免使路面出现台阶,引起车辆震动,产生更大的危险。因此超高必须在一段长度内逐渐增加或减少,在直线段与圆曲线段之间插入一段半径由无穷大逐渐减少至圆曲线半径 R(或在圆曲线与直线段插入一段圆曲线半径 R 逐渐增大至无穷大)的曲线,这种曲线称为缓和曲线。带有缓和曲线的平曲线如图 9-14 所示,主点有直缓点(ZH)、缓圆点(HY)、曲中点(QZ)、圆缓点(YH)和缓直点(HZ)。

缓和曲线的线型主要有回旋曲线(亦称辐射螺旋线)、三次抛物线、双纽线等。目前,国内外公路和铁路部门中,多采用回旋曲线作为缓和曲线。

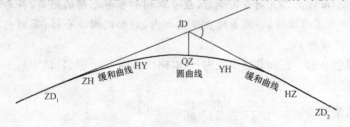

图 9-14　带有缓和曲线的平曲线

一、缓和曲线测设计算公式

1. 基本公式

如图 9-15 所示,回旋线是曲率半径 ρ 随曲线长度 L 的增大而成反比地均匀减小的曲线,即在回旋线上任一点的曲率半径 ρ 计算如下:

$$\rho = \frac{c}{L}$$

或

$$\rho L = c$$

式中　c——回旋线的参数,表征回旋线曲率变化的缓急程度,目前我国公路采用 $c = 0.035v^3$,v 为计算行车速度,以 km/h 为单位。

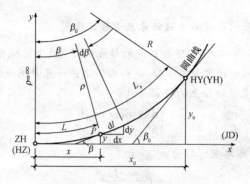

图 9-15　回旋线要素示意图

此外，c 值还可按以下方法确定：

在第一缓和曲线终点即 HY 点（或第二缓和曲线起点 YH 点）的曲率半径等于圆曲线半径 R，即 $\rho=R$，该点的曲线长度即是缓和曲线的全长 L_s，可得 $c=RL_s$。

而 $c=0.035v^3$，故有缓和曲线的全长为：

$$L_s=\frac{0.035v^2}{R}$$

2. 切线角公式

如图 9-15 所示，回旋曲线上任一点 P 处的切线与起点 ZH（或 HZ）切线的交角为 β，称为切线角。其计算公式为

$$\beta=\frac{l^2}{2c}=\frac{l^2}{2RL_s}$$

当 $L=L_s$ 时，缓和曲线全长 L_s 所对的中心角即为切线角 β_0，其计算公式为

$$\beta_0=\frac{L_s^2}{2RL_s}=\frac{L_s}{2R}$$

称为缓和曲线角。

设置缓和曲线的条件为：

$$\alpha\geqslant 2\beta$$

当 $\alpha<2\beta$ 时，即 $L<L_s$（L 为未设缓和曲线时的圆曲线长），不能设置缓和曲线，需调整 L 或 L_s。

快学快用 11 **缓和曲线的参数方程的确定**

如图 9-15 所示,设以缓和曲线的起点(ZH 点)为坐标原点,过 ZH 点的切线为 x 轴,半径方向为 y 轴,缓和曲线上任一点 P 的坐标为(x,y),则微分弧段 dL 在坐标轴上的投影为:

$$\begin{cases} \mathrm{d}x = \mathrm{d}L \cdot \cos\beta \\ \mathrm{d}y = \mathrm{d}L \cdot \sin\beta \end{cases}$$

则缓和曲线参数方程为:

$$\begin{cases} x = L - \dfrac{L^5}{40R^2 L_s^2} \\ y = \dfrac{L^3}{6RL_s} - \dfrac{L^7}{336R^3 L_s^3} \end{cases}$$

当 $i = L_s$ 时,则第一缓和曲线的终点(HY)的直角坐标为

$$\begin{cases} x_0 = L_s - \dfrac{L_s^3}{40R^2} \\ y_0 = \dfrac{L_s^2}{6R} - \dfrac{L_s^4}{336R^3} \end{cases}$$

二、带有缓和曲线的圆曲线主点测设

1. 内移值 p、切线增值 q 计算

如图 9-16 所示,当圆曲线加设缓和曲线段后,为使缓和曲线起点与直线段的终点相衔接,必须将圆曲线向内移动一段距离 p(称为内移值),这时曲线发生变化,使切线增长距离 q。

圆曲线内移的方法主要有圆心不动而半径减小的平行移动方法与半径不变而圆心移动两种方法。目前道路工程中,一般采用圆心不动,半径相应减小的平行移动方法。如图 9-16 所示,在 xOy 坐标系下,设 O 点的坐标为(x_0, y_0),未设缓和曲线时的圆曲线如图 9-16 中虚线所示,其半径为$(p+R)$,插入缓和曲线后,圆曲线内移,半径为 R,该段所对应的圆心角为$(\alpha - 2\beta_0)$,则由图 9-16 中的几何关系可知

$$\begin{cases} p + R = y_0 + R\cos\beta_0 \\ q + R \cdot \sin\beta_0 = x_0 \end{cases}$$

将 $\cos\beta_0$、$\sin\beta_0$ 展开成级数,略去高次项,再将式中 β_0、y_0、x_0 代入:

$$\begin{cases} p=\dfrac{L_s^2}{24R} \\ q=\dfrac{L_s}{2}-\dfrac{L_s^3}{240R^2} \end{cases}$$

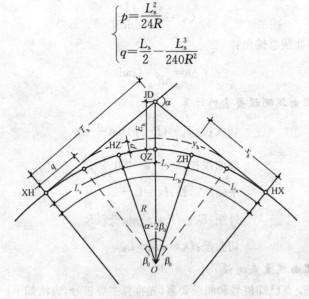

图 9-16　带有缓和曲线的圆曲线测设示意图

2. 缓和曲线常数计算

切线角：
$$\beta=\frac{L_s}{2R}(\text{rad})=\frac{L_s}{2R}\cdot\frac{180}{\pi}(°)$$

缓和曲线终点的直角坐标：
$$\begin{cases} X_h=L_s-\dfrac{L_s^3}{40R^2} \\ Y_h=\dfrac{L_s^2}{6R}-\dfrac{L_s^4}{336R^3} \end{cases}$$

缓和曲线起、终点切线的交点 Q 到缓和曲线起、终点的距离，即缓和曲线的长、短切线长：

$$T_d=\frac{2}{3}L_s+\frac{L_s^3}{360R^2}$$

$$T_k=\frac{1}{3}L_s+\frac{L_s^3}{126R^2}$$

缓和曲线弦长：

$$C_h = L_s - \frac{L_s^2}{90R^2}$$

缓和曲线总偏角:

$$\Delta h = \frac{L_s}{6R} \quad (\text{rad})$$

3. 圆曲线测设要素的计算

$$\text{切线长:} T_h = (R+p)\tan\frac{\alpha}{2} + q$$

$$\text{圆曲线长:} L_y = (\alpha - 2\beta)\frac{\pi}{180}R$$

$$\text{平曲线总长:} L_h = L_y + 2L_s$$

$$\text{外距:} E_h = (R+p)\sec\frac{\alpha}{2} - R$$

$$\text{切曲差:} D_h = 2T_h - L_h$$

4. 圆曲线主点测设

根据交点已知桩号和曲线要素,先推算主点桩号,方法如下:

直缓点　　　　ZH＝JD－T_H

缓圆点　　　　HY＝ZH＋L_s

曲中点　　　　QZ＝ZH＋$\dfrac{L_H}{2}$

圆缓点　　　　YH＝HY＋L_Y＝ZH＋L_H－L_s

缓直点　　　　HZ＝YH＋L_s

交点　　　　　JD＝QZ＋$\dfrac{D_H}{2}$(校核)

测设时,ZH、HZ 及 QZ 的测设与前一节圆曲线主点测设方法相同。HY 与 YH 点可根据缓和曲线终点坐标 x_0、y_0 用切线支距法测设。

【例 9-6】 JD_{10} 桩号 K8＋762.40,转角 $\alpha = 20°23'05''$,$R = 200$m,拟用 $L_s = 50$m,试计算主点里程桩并设置基本桩。

【解】　(1)判别能否设置缓和曲线。

$$\beta = \frac{L_s}{2R} \cdot \frac{180°}{\pi} = \frac{50}{2 \times 200} \times \frac{180°}{\pi} = 7°9'43''$$

因为 $\alpha = 20°23'05'' > 2\beta = 14°19'26''$,所以能设置缓和曲线。

(2)缓和曲线常数计算。

$$p = \frac{L_s^2}{24R} = \frac{50^2}{24 \times 200} = 0.52 \text{m}$$

$$q = \frac{L_s}{2} - \frac{L_s^3}{240R^2} = \frac{50}{2} - \frac{50^3}{240 \times 200^2} = 24.99 \text{m}$$

$$X_h = L_s - \frac{L_s^3}{40R^2} = 50 - \frac{50^3}{40 \times 200^2} = 49.92 \text{m}$$

$$Y_h = \frac{L_s^2}{6R} - \frac{L_s^4}{336R^3} = \frac{50^2}{6 \times 200} - \frac{50^4}{336 \times 200^3} = 2.08 \text{m}$$

(3)曲线要素计算。

$$T_h = (R+p)\tan\frac{\alpha}{2} + q = (200+0.52)\tan\frac{20°23'05''}{2} + 24.99 = 61.04 \text{m}$$

$$L_y = (\alpha - 2\beta)\frac{\pi}{180}R = (20°23'05'' - 2 \times 7°9'43'') \times \frac{\pi}{180} \times 200 = 21.15 \text{m}$$

$$L_h = L_y + 2L_s = 21.15 + 2 \times 50 = 121.15 \text{m}$$

$$E_h = (R+p)\sec\frac{\alpha}{2} - R = (200+0.52)\sec\frac{20°23'05''}{2} - 200 = 3.74 \text{m}$$

$$D_h = 2T_h - L_h = 2 \times 61.04 - 121.15 = 0.93 \text{m}$$

(4)基本桩号计算。

JD_{10}	K8+762.40
$-)T_h$	61.04
ZH	+701.36
$+)L_s$	50
HY	+751.36
$+)L_y$	21.15
YH	+772.51
$+)L_s$	50
HZ	+822.51
$-)L_h/2$	121.15/2
QZ	+761.935
$+)D_h/2$	0.93/2
JD_{10}	K8+762.40(校核无误)

快学快用 12 带有缓和曲线的圆曲线主点测设方法

(1)从 JD 向切线方向分别量取 T_h，可得 XH、HX 点。

（2）从 XH、HX 点分别向 JD 方向及垂向，量取 x_h、y_h 可得 HZ、ZH 点。

（3）从 JD 向分角线方向量取 E_h，可得 QX 点。

三、带有缓和曲线的圆曲线详细测量放线

1. 切线支距法

切线支距法是以 ZH 点（对于前半曲线）或 HZ 点（对于后半曲线）为坐标原点，以过原点的切线为 x 轴，过原点的半径为 y 轴，利用缓和曲线段和圆曲线段上的各点的坐标 (x, y) 测设曲线。

（1）缓和曲线范围内曲线上各点坐标计算。在缓和曲线段上各点坐标 (x, y) 可按以下缓和曲线的参数方程式求得。

$$\begin{cases} x = L - \dfrac{L^5}{40R^2 L_s^2} \\[2mm] y = \dfrac{L^2}{6RL_s} - \dfrac{L^7}{336R^3 L_s^3} \end{cases}$$

（2）圆曲线范围内曲线上各点坐标计算。在圆曲线段上各点的坐标可由图 9-17 按几何关系求得，即：

$$\begin{cases} x = R\sin\varphi + q \\ y = R(1 - \cos\varphi) + p \end{cases}$$

式中　$\varphi = \dfrac{L - L_s}{R} \times \dfrac{180}{\pi} + \beta_0$；$L$ 为该点至 ZH 点或 HZ 点的曲线长。

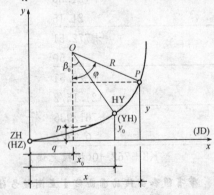

图 9-17　切线支距法示意图

在算出缓和曲线和圆曲线上各点的坐标(x,y)后,即可按圆曲线切线支距法的测设方法进行测设。

快学快用 13 **切线支距法详细测设带有缓和曲线的圆曲线计算示例**

【例 9-7】 设圆曲线半径 $R=600$m,偏角 $a_左=15°55'$,缓和曲线长度 $L_0=60$m,交点 JD_{75} 的里程为 K112+446.92,曲线点间隔 $C=20$m,试以切线支距法放样曲线细部。

【解】 根据 R、L_0、a 及 JD_{75} 里程,计算曲线元素及主要点里程,根据主要点里程及曲线点间隔 $C=20$m,得放样数据(表 9-7)。

表 9-7 放样数据表

点号	里程桩号	L_i	L_i-X_i	Y_i	曲线计算资料
ZH	K112+333.01	00	0.00	0.00	$R=600$m
1	353.01	20	0.00	0.04	$\alpha_左=15°55'$
2	373.01	40	0.00	0.30	$L_0=60$m
HY(3)	393.01	60	0.02	1.00	$T=113.91$m
4	400.00	66.99	0.03	1.41	$L=226.68$m
5	413.01	80	0.06	2.33	$E=6.08$m
6	433.01	100	0.16	4.33	$q=1.14$m
QZ	446.35	113.34	0.27	6.05	JD_{75} K112+446.92

附图

ZH K112+333.01
HY K112+393.01
QZ K112+446.35
YH K112+499.69
HZ K112+559.69

2. 偏角法

缓和曲线上各点,可将经纬仪置于 ZH 或 HZ 点进行测设。测设带有缓和曲线的平曲线时,其可分缓和曲线上的偏角和圆曲线上的偏角两部分进行计算。

(1)缓和曲线段上的偏差值的计算。对于测设缓和曲线段上的各点，可将经纬仪安置于缓和曲线的 ZH 点（或 HZ 点）上进行测设，如图 9-18 所示，设缓和曲线上任一点 P 的偏角值为 δ，可得：

$$\tan\delta = \frac{y}{x}$$

式中的 x、y 为 P 点的直角坐标，可由曲线参数方程式求得，由此求得

$$\delta = \arctan\frac{y}{x}$$

在实测中，因偏角 δ 较小，一般取

$$\delta \approx \tan\delta = \frac{y}{x}$$

将曲线参数方程式中 x、y 代入上式得

$$\delta = \frac{L^2}{6RL_s} \tag{a}$$

HY 或 YH 点的偏差，δ_0 为缓和曲线总偏角，将 $L = L_s$ 代入式中得

$$\delta_0 = \frac{L_s}{6R} \tag{b}$$

由于 $\beta_0 = \dfrac{L_s}{2R}$，则：

$$\delta_0 = \frac{1}{3}\beta_0$$

将式(a)、式(b)相比得

$$\delta = \left(\frac{L}{L_s}\right)^2 \delta_0 = \frac{1}{3}\left(\frac{L}{L_s}\right)^2 \beta_0$$

由于缓和曲线上弦长 $d = L - \dfrac{L^5}{90R^2 L_s^2}$ 近似地等于相应的弧长，因而在测设时，弦长一般就取弧长值。

(2)圆曲线段上的偏差值的计算。将仪器安置于 HY 或 YH 点上进行。此时定出 HY 或 YH 点的切线方向，可按无缓和曲线的圆曲线的测设方法进行。如图 9-18 所示，b_0 的计算公式如下：

$$b_0 = \beta_0 - \delta_0 = \frac{2}{3}\beta_0$$

测设时，将仪器置于 HY 点上，瞄准 ZH 点，水平度盘配置在 b_0（当曲线右转时，配置在 $360° - b_0$），旋转照准部使水平度盘读数为 $0°00'00''$ 并倒

镜,此时视线方向即为 HY 点的切线方向。

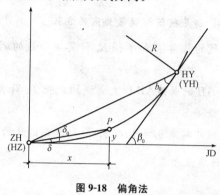

图 9-18　偏角法

第五节　复曲线、回头曲线的测设

一、复曲线的测设

复曲线是由两个或两个以上不同半径的同向圆曲线相互衔接而成的曲线,一般多用于地形条件比较复杂、一个单曲线不能适合地形的地区。

测设复曲线时,必须选定其中一个圆曲线的半径,则该被选定半径的曲线称主曲线,余下曲线为副曲线,副曲线半径须由主轴线半径及有关测量数据来计算。复曲线测设与单曲线测设的主要区别是曲线主点确定方法略有不同,其余与单曲线测设相同。复曲线测设常用方法主要有切基线与弦基线法两种。

1. 切基线法

切基线法是虚交切基线,只是两个圆曲线的半径不相等。如图9-19所示,主、副曲线的交点为 A、B,两曲线相接于公切点 GQ 点。将经纬仪分别安置于 A、B 两点,测算出转角 α_1、α_2,用测距仪或钢尺往返丈量 A、B 两点的距离 $\overline{AB}$,

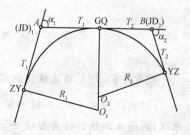

图 9-19　切基线法测设复曲线

在选定主曲线的半径 R_1 后,计算副曲线的半径 R_2 及测设元素。

快学快用 14　切基线法测设复曲线的方法

(1)根据主曲线的转角 α_1 和半径 R_1 计算主曲线的测设元素 T_1、L_1、E_1、D_1。

(2)根据基线 AB 的长度 $\overline{AB}$ 和主曲线切线长 T_1 计算副曲线的切线长 T_2,$T_2 = \overline{AB} - T$。

(3)根据副曲线的转角 α_2 和切线长 T_2 计算副曲线的半径 R_2:

$$R_2 = \frac{T_2}{\tan \dfrac{\alpha_2}{2}}(计算至厘米)$$

(4)根据副曲线的转角 α_2 和半径 R_2 计算副曲线的测设元素 T_2、L_2、E_2、D_2。

(5)主点里程计算采用前述圆曲线主点计算方法。

2. 弦基线法

如图 9-20 所示,设定 A(ZY)为曲线的起点,C(GQ)为公切点,JD_1、JD_2 为两交点,最终确定曲线的终点 B,并计算出两曲线的半径和转角。

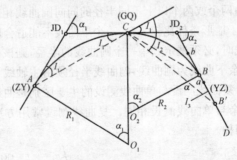

图 9-20　弦基线法测设复曲线

快学快用 15　弦基线法测设圆曲线的方法

(1)在 A 点安置仪器,观测弦切角 I_1,根据同弧段两端弦切角相等的原理,则得主曲线的转角为:$\alpha_1 = 2I_1$。

(2)设 B' 点为曲线终点 B 的初测位置,在 B' 点放置仪器观测出弦切

角 I_3，同时在切线上 B 点的估计位置前后打下骑马桩 a、b。

（3）在 C 点安置仪器，观测出 I_2。由图 9-20 可知，复曲线的转角 $\alpha_2 = I_2 - I_1 + I_3$。旋转照准部照准 A 点，将水平度盘读数配置为：$0°00'00''$ 后倒镜，顺时针拨水平角 $\dfrac{\alpha_1 + \alpha_2}{2} = \dfrac{I_1 + I_2 + I_3}{2}$，此时，望远镜的视线方向即为弦 CB 的方向，交骑马桩 a、b 的连线于 B 点，即确定了曲线的终点。

（4）用测距仪（全站仪）或钢尺往返丈量得到 AC 和 CB 的长度 $\overline{AB}$、$\overline{CB}$，并由此计算主、副曲线的半径 R_1、R_2，得

$$\begin{cases} R_1 = \dfrac{\overline{AC}}{2\sin\dfrac{\alpha_1}{2}} \\[4mm] R_2 = \dfrac{\overline{CB}}{2\sin\dfrac{\alpha_2}{2}} \end{cases}$$

（5）由求得的主、副曲线半径 R_1、R_2 和测算的转角 α_1、α_2 分别计算主、副曲线的测设元素，然后仍按前述方法计算主点里程并进行测设。

二、回头曲线的测设

回头曲线是一种半径小、转弯急、线型标准低的曲线形式。在路线跨越山岭时，为了克服距离短、高差大的展线困难，往往还需要设置回头曲线。回头曲线一般由主曲线和两个副曲线组成；主曲线为一转角大于或等于 $180°$（或略小于 $180°$）的圆曲线，副曲线在路线的上、下线各设置一个，为一般圆曲线。在主、副曲线之间一般以直线连接。

1. 切基线法

如图 9-21 所示，路线的转角接近于 $180°$，应设置回头曲线，设 DF、EG 分别为曲线的上线和下线，D、E 两点分别为副曲线的交点，主曲线的交点甚远，无法在现场得到。但在选线时，可确定出交点方向的定向点 F、G 点。此时，只要能确定出曲线顶点（QZ 点）的切线

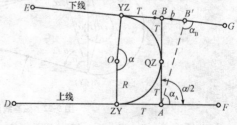

图 9-21　切基线法

AB(AB 线称为顶点切基线),问题便能迎刃而解了。

快学快用 16 切基线法测设回头曲线的方法

(1)根据现场的具体情况,在 DF、EG 两切线上选取顶点切基线 AB 的初定位置 AB',其中 A 为定点,B' 为初定点。

(2)将仪器安置于初定点 B' 上,观测出角 α_B,并在 EG 线上 B 点的估计位置前后设置 a、b 两个骑马桩。

(3)将仪器安置于 A 点,观测出角 α_A,则路线的转角 $\alpha = \alpha_A + \alpha_B$。后视定向点 F,反拨角值 $\alpha/2$,由此得到视线与骑马桩 a、b 连线的交点,即为 B 点的点位。

(4)量测出顶点切基线 AB 的长度 $\overline{AB}$,并取 $T = \overline{AB}/2$,从 A 点沿 AD、AB 方向分别量测出长度 T,便定出 ZY 点和 QZ 点;从 B 点沿 BE 方向量测出长度 T,便定出 YZ 点。

(5)计算主曲线的半径 $R = T/\tan\dfrac{\alpha}{4}$,再由半径 R 和转角 α 求出曲线的长度 L,并根据 A 点的里程,计算出曲线的主点里程。

此外,主点测设完成后,可用前述的方法进行详细测设。

2. 弦基线法

如图 9-22 所示,设 EF、HG 分别为曲线的上、下线,E、H 为两副曲线的交点,F、G 为定向点,E、H、F、G 点均在选线时确定,此时只要能确定曲线起点(ZY)和终点(YZ)的连线 AB 的长度(AB 线称为弦基线),则问题便能迎刃而解了。

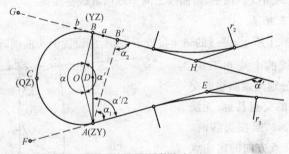

图 9-22 弦基线法

快学快用 17 **弦基线法测设回头曲线的方法**

(1)根据现场的情况,在 EF、HG 两切线上选取弦基线 AB 的初定位置 AB',其中,A(ZY)点为定点,B' 为初定点。

(2)将仪器安置于初定点 B' 上,观测出角 α_2,并在 HG 线上 B 点的概略位置前后,设置 a、b 两骑马桩。

(3)将仪器安置于 A 点,观测出角 α_1,则 $\alpha'=\alpha_1+\alpha_2$。以 AE 为起始方向,反拨角值 $\alpha'/2$,由此可得到视线与骑马桩 a、b 连线的交点,即为 B(YZ)点的点位。

(4)量测出弦基线 AB 的长度 $\overline{AB}$,并计算曲线的半径 R。

(5)由图 9-22 可知,主曲线所对应的圆心角为 $\alpha=360°-\alpha'$。根据 R 和 α 便可求得主曲线长度 L,并由 A 点的里程计算主点里程。

(6)曲线的中点(QZ)可按弦线支距法设置。

支距长为

$$DC=R\cdot\left(1+\cos\frac{\alpha'}{2}\right)=2R\cdot\cos^2\frac{\alpha'}{4}$$

测设时从 AB 的中点 D 向圆心所作垂线,量测出 DC 的长度,即可求得曲线的中点 C(QZ)。

此外,主点测设完成后,可用前述的方法进行详细测设。

第六节　困难地段曲线测设

一、虚交

虚交指交点处不能设桩或安置仪器(如 JD 在陡壁、深谷、河流等处),有时道路转角过大,JD 远离曲线或遇地形障碍(如建筑物)不易到达 JD 处,一般用虚交方法处置,虚交方法如下:

1. 圆外基线法

如图 9-23 所示,在曲线两切线上分别选定 A、B 点,得基线 AB,实测 α_A、α_B 及基线 AB 长,则有

$$\alpha=\alpha_A+\alpha_B$$

$$\begin{cases} a = AB\,\dfrac{\sin\alpha_B}{\sin\alpha} \\[2mm] b = AB\,\dfrac{\sin\alpha_A}{\sin\alpha} \end{cases}$$

根据转角 α 和选定的半径 R，即可算得切线长 T 和曲线长 L。再由 a、b、T，计算辅助点 A、B 至曲线 ZY 点和 YZ 的距离 t_1 和 t_2，则：

$$\begin{cases} t_1 = T - a \\ t_2 = T - b \end{cases}$$

如果计算出的 t_1、t_2 出现负值，说明曲线的 ZY 点、YZ 点位于辅助点与虚交点之间。根据 t_1、t_2 即可定出曲线的 ZY 点和 YZ 点。A 点的里程量出后，曲线主点的里程亦可算出。

QZ 点的测设，如图 9-23 所示，设 MN 为 QZ 点的切线，则：

$$T' = R\tan\frac{\alpha}{4}$$

测设时由 ZY 和 YZ 点分别沿切线量出 T' 得 M 点和 N 点，再由 M 点和 N 点沿 MN 或 NM 方向量 T' 即得 QZ 点。

此外，曲线主点定出后，即可根据现场情况，选用前述方法进行曲线详细测设。

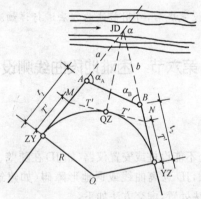

图 9-23　圆外基限法测设曲线

2. 切基线法

切基线法又称旁边圆切基线法，如图 9-24 所示，圆曲线有 ZY、YZ 和

GQ 三个切点（GQ 为公切点），曲线被分为两个同半径的圆曲线，切线长分别为 T_1 与 T_2，切线 AB 称为切基线。

施测时，设两个同半径曲线的半径为 R，切线长分别为 T_1、T_2，则观测 α_1、α_2，丈量 AB 的长度。即：

$$AB = T_1 + T_2 = R\tan\frac{\alpha_A}{2} + R\tan\frac{\alpha_B}{2}$$

$$= R\left(\tan\frac{\alpha_A}{2} + \tan\frac{\alpha_B}{2}\right)$$

则

$$R = \frac{AB}{\tan\frac{\alpha_A}{2} + \tan\frac{\alpha_B}{2}}$$

R 算得后，根据 R、α_A、α_B，即可算出两个同半径曲线的测设元素 T_1、L_1 和 T_2、L_2，将 L_1 与 L_2 相加即得圆曲线总长 L。

测设时，由 A 沿切线方向向后量 T_1 得 ZY 点，由 A 沿 AB 向前量 Y_1 得 GQ 点，由 B 沿切线方向向前量 T_2 得 YZ 点。

QZ 点的测设也可按圆外基线中讲述的方法测设，或以 GQ 点为坐标原点，用切线支距法设置。

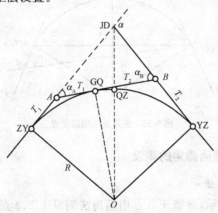

图 9-24　切基线法测设曲线

3. 弦基线法

当曲线交点无法测定，若给定了曲线起点（或终点）位置，在测设圆曲线时,可运用"同一圆弧段两端点弦切角相等"的原理,来确定曲线起点(或终点)。连接曲线起点和终点的线,构成弦基线。

如图9-25所示,A点为已确定的曲线起点,E点为后视切线方向线上的一点,B'点为曲线终点的初定位置,F点为其前视切线方向线上的一点。测设终点B的步骤如下:

将经纬仪置于B'点观测α_B,并在FB'延线上估计B点位置的前后标出a、b点;然后置经纬仪于$A(ZY)$点观测α_A,则$\alpha=\alpha_A+\alpha_B$。仪器在A点,后视E点(或转点),倒镜拨出弦切角$\dfrac{\alpha}{2}$,得弦基线方向,该方向线与ab的交点B即是$B(YZ)$点。丈量AB,曲线半径R按下式计算:

$$R=\frac{AB}{2\sin\dfrac{\alpha}{2}}$$

CD按下式计算:

$$CD=2R\sin^2\frac{\alpha}{4}$$

从弦基线AB的中点C量垂距CD,即可定出QZ点。

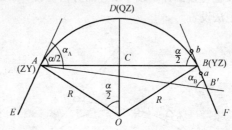

图9-25　弦基线法测设主点

二、曲线上遭遇障碍的测设

1. 等量偏角法

如图9-26所示,置镜于0点用偏角法测设1、2、3点后,测点4不通视,其测设方法如下:

(1)因圆曲线上同一弧段的正偏角等于反偏角,而且弧长每增加等长的一段,偏角也就增加,可置镜于点3,使读数对准180°后去照准0点,则读数为0°时视线即在0~3方向上,读数为δ_3时视线在点3的切线方向上,读数为 δ_4、δ_5、……时,视线就在点 4、5、……各点的方向上,即用原来从点 0 测设各点的偏角继续向前测设。

(2)当从点 3 测设第 6 点时视线又被阻,则可置镜于点 5。若以读数为 180°照准 0 点,则照准点 3 时读数应为 $180°+\delta_3$。由于 0 点方向被阻,故可以 $180°+\delta_3$ 照准点 3。当读数为 0 时视线为 0~5 方向,读数为 δ_5 时,视线在点 5 的切线方向上;读数为 δ_6、δ_7、……时,视线就在点 5 到 6、7、……各点方向。

(3)无论仪器置于何点,当后视某一点时,应把度盘读数先拨到 180°,加(曲线向左转时为减)该后视点的偏角(即原来从 0 点测设该点的偏角)去照准后视点,然后拨到原来计算好的各点偏角值,向前继续测设相应的点。由此可利用原来计算好的偏角值,无须重新计算。

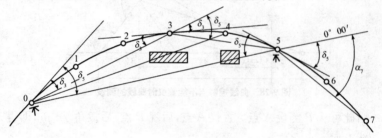

图 9-26　等量偏角法测设曲线

2. 矩形法

如图 9-27 所示先选定 F 点,算出 AF 弦长和偏角 δ_F,后视已知点 B,按 δ_B 求出 A 点的切线方向,从切线方向转 $90°-\delta_F$ 角,选一适宜的距离定出 C 点,然后从 C 点转 90°并量 $CD=AF$ 定出 D 点,再从 D 点转 90°量 $DF=AC$ 定出 F 点。在 F 点按 $90°-\delta_F$ 定出切线方向,便可继续向前测设。

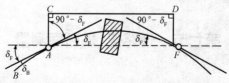

图 9-27　矩阵法测设曲线

三、曲线控制点上不能安置仪器的测设

如图 9-28 所示,曲线的起点 ZH 位于河中。在此情况下,可在曲线上取一适当点 A,预先选定其里程,并计算出坐标(x_A,y_A)。另在切线上选一适宜于测设的点 P,量取 P 到 JD 的距离,可得 P 至 ZH 点的距离 x_p,则

$$\gamma=\arctan\left(\frac{y_A}{x_p-x_A}\right)$$

$$AP=\sqrt{y_A^2+(x_p-x_A)^2}$$

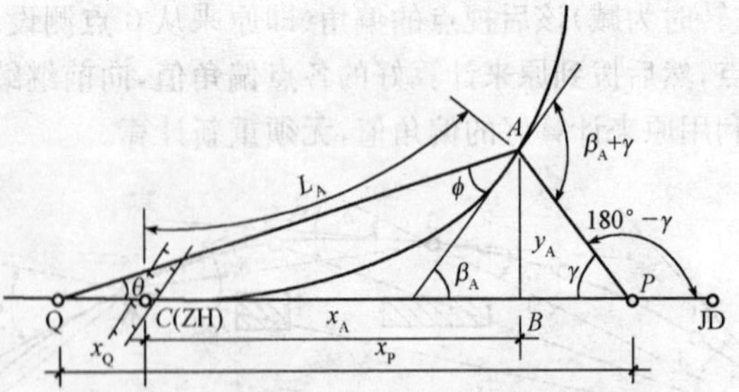

图 9-28 曲线控制点不能置仪时曲线的测设

由此可从 P 测设 A 点。置仪 A 点,后视 P 点,后拨角 $\gamma+\beta_A$,即得 A 点切线方向。

(1)当 A 点位于缓和曲线上时,则

$$\beta_A=\frac{l_A^2}{2Rl}$$

(2)当 A 点位于圆曲线上时,则:

$$\beta_A=\frac{l}{2R}+\frac{l_A-l}{R}$$

当测设的曲线点不多时,也可用切点支距法或任意点置镜极坐标法来测设。

第七节　道路纵、横断面测量

道路的中线(中桩)测设之后,道路的平面线形现场标定下来,基本走向实际形成。路线断面测量是在中线测量之后,对中线沿地貌状况进行

直接的详细测量,包括纵断面测量和横断面测量。

道路纵断面测量又称中线水准测量,其是指测绘道路中心线方向和垂直于中心线方向的地面高低起伏,在道路勘测设计阶段里完成中线测量后实施。

一、纵、横断面测量的任务及步骤

1. 纵、横断面测量的任务

纵、横断面图测量的主要任务是根据水准点的高程,测量中线上各桩的地面高程,然后根据测得的高程及相应的各桩号绘制纵断面图,用以表示线路纵向地形的变化(可依实际情况定纵横比例),并为线路的竖向设计及土石方量计算提供依据。

2. 纵、横断面测量步骤

为了保证测量精度和检验测量成果,根据"从整体到局部"、"先控制后碎部"的测量工作原则,纵断面测量一般分为两步进行:一是沿路线方向设置水准点,并测量其高程建立路线的高程控制,称为基平测量,俗称"基平";二是根据水准点的高程,分段进行中桩的水准测量,称为中平测量。

二、路线纵断面测量

(一)基平测量

基平测量工作主要是沿线设置水准点,并测定其高程,建立路线高程控制网,作为中平测量、施工放样及竣工验收的依据。

1. 路线水准点的设置

水准点是道路工程高程测量的控制点,在勘测和施工以及竣工运行阶段,都要使用。应根据需要和用途,在布设水准点时,可设置永久性水准点和临时性水准点,路线起点、终点和需要长期观测的重点工程附近,宜设置永久性水准点。永久水准点需埋设标石,也可设置在永久性建筑物的基础上或用金属标志嵌在基岩上,水准点要统一编号,一般以"BM"表示,并绘点之记。水准点应埋设在不受施工影响,使用方便和易保存之处,若发现原有 BM 点损坏或不当应及时补测,同时在实测中要注明各水准点对应中线里程桩的大约距离。

2. 基平测量方法

基平测量方法是按水准测量的方法进行。通常采用一台水准仪往返测或两台水准仪同向施测,测量出各水准点的高程。

快学快用 18　水准点的高程测量

水准点高程测量时,应将起始水准点与附近国家水准点进行联测,以获得绝对高程。如果线路附近没有国家水准点,可以采用假定高程。

根据水准测量的精度要求,往返观测或两个单程观测的高差不符值应满足:

$$\begin{cases} f_{h容} = \pm 30\sqrt{L}\,(mm) \\ f_{h容} = \pm 9\sqrt{n}\,(mm) \end{cases}$$

式中　L——单程水准路线长度(km);

　　　　n——测站数。

此外,高差闭合差在容许范围内时,取平均值作为两水准点间高差,否则需重测。最后由起始水准点高程和调整后高差,计算出各水准点的高程。

【例 9-8】　基平测量 BM_3 到 BM_4 一段,往测的高差 $h_{往} = +21.455m$,返测高差 $h_{返} = -21.430m$,该段长度为 1500m,水准点 1 的高程为 40.223m,试检核该段基平测量是否合格,如合格,计算出水准点 2 的高程。

【解】　$f_{h测} = h_{往} + h_{返} = 21.455 - 21.430 = 0.025 = 25mm$

$f_{h容} = \pm 30\sqrt{L} = \pm 30\sqrt{1.5} = \pm 37mm$

因 $f_{h测} < f_{h容}$

故该段基平测量合格。

取平均值　$h_{平均} = \dfrac{21.455 + 21.430}{2} = 21.442m$

水准点 2 的高程　$H_2 = H_1 + h_{平均} = 40.223 + 21.442 = 61.665m$

(二)中平测量

中平测量主要是利用基平测量布设的水准点及高程,引测出各中桩的地面高程,作为绘制路线断面地面线的依据。

1. 中平测量的一般方法

中平测量又称中桩水平测量,一般采用单程法,即以相邻两个水准点为一测段,从一个水准点出发,逐个施测中桩地面高程,闭合在下一个水准点上。一测段测量闭合后,再测下一个测段。所谓某一测段闭合,就是指从一个水准点开始,测得到下一个水准点的高程应等于它的已知高程或在容许误差之内。测段的闭合差不得超过下列容许值:

$$f_{h容} = \pm 50\sqrt{L} \quad (\text{mm})$$

式中　L——测段长度(km)。

观测时,可先读取后视点及前视点的读数,这些前后视点称为转点,再读取后、前视点之间中桩尺子上的读数。相邻两转点间所观测的中桩点,称为间视点。观测转点时读数至毫米,视线长不应大于 150m。中间点尺子应立在桩号边的地面上,读数至厘米即可。

【例 9-9】　如图 9-29 所示为中平测量示意图,试列出中平测量的计算步骤及测量记录。

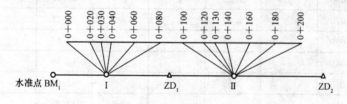

图 9-29　中平测量示意图

【解】　(1)将水准仪置于 Ⅰ 站,调平后,后视水准点 BM_1,读数为 2.384,前视转点 ZD_1,读数为 0.444,并将其读数记入表 9-9 中后视与前视栏内。

(2)沿路线中线桩 0+000、0+020、…、0+080 等逐点立尺并依次观测读数为 1.02、1.40、…、0.62,将其读数记入 9-9 中的中视栏内。

(3)仪器搬至 Ⅱ 站,先观测转点 ZD_1 为后视读数 3.876,再观测转点 ZD_2 为前视读数 1.021,分别记入表 9-9 中后视与前视栏内。

(4)沿路线中线桩 0+100、0+120、…、0+200 等逐点立尺并依次观测读数为 0.50、0.55、…、1.04,并将其读数记入表 9-9 中的中视栏内。

(5)继续按上述步骤向前观测,直至闭合到水准点 BM_2 上,完成了一个测段的观测工作。

(6)计算测段的闭合差,即中平测段高差与该测段两水准点高差之差。如果在容许误差的范围内,可按下式计算高程,否则重测。

视线高程＝后视点的高程＋后视读数

转点高程＝视线高程－前视读数

中桩高程＝视线高程－中视读数

(7)将计算成果分别记入表9-8相应的栏内。

表9-8　　　　　　　　　中平测量记录

工程名称:BM$_1$～BM$_2$　　　日　期:20××.×.×　　　观　测:××

仪器型号:DS3-012　　　天　气:　阴　　　记　录:××

测点	水准尺读数/m			视线高/m	高程/m	备　注
	后视	中视	前视			
BM$_1$	2.384			42.507	40.123	绝对高程
0+000		1.02			41.49	
0+020		1.40			41.11	
0+030		0.35			42.16	
0+040		1.91			40.60	
0+060		0.88			41.63	
0+080		0.62			41.89	
ZD$_1$	3.876		0.444	45.939	42.063	
0+100		0.50			45.44	
0+120		0.55			45.39	
0+130		0.68			45.26	
0+140		0.74			45.20	
0+160		0.86			45.08	
0+180		0.92			45.02	
0+200		1.04			44.90	
ZD$_2$			1.021		44.918	

2. 用全站仪进行中平测量的方法

全站仪中平测量,一般可在任意控制点安置全站仪,首先利用坐标法或切线支距法放样中桩点。然后利用全站仪高程测量功能和控制点的高程,可直接测得中桩点的地面高程。

如图 9-30 所示为全站仪中平测量示意图,设 A 点为已知控制点,B 点为待测高程的中桩点。将全站仪安置在已知高程的 A 点上,棱镜立于待测高程的中桩点 B 点上,量取仪器高 i 和棱镜高 L,全站仪照准棱镜测出竖直角 α,则 B 点的高程 H_B 为:

$$H_B = H_A + S \cdot \sin\alpha + i - l$$

式中　　H_A——已知控制点 A 点高程;

　　　　H_B——待测高程的中桩点 B 点高程;

　　　　i——仪器高度;

　　　　l——棱镜高度;

　　　　S——仪器至棱镜的倾斜距离;

　　　　α——竖直角。

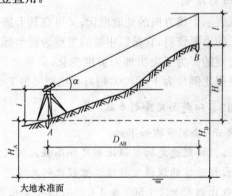

图 9-30　全站仪中平测量示意图

(三)纵断面测绘

纵断面图表示沿道路中心线方向的地面高低起伏的变化状态,是设计纵坡的线状图。它反映出各路段纵坡的设计大小和中线位置处的挖填深度,也是道路设计和施工中的重要技术资料。

1. 纵断面图绘制内容

(1)中桩桩号。按照规定的距离比例尺注明各中桩的桩号。

(2)地面高程。注明对应于各中桩桩号的地面高程。

(3)设计高程。对应中桩处的地面设计高程。

(4)挖填深度。挖填深度应分栏填写。中桩处地面高程与设计高程之差,正数为挖深,负数为填高。

(5)坡度与距离。坡度与距离一般用斜线或水平线表示路段中线设计的坡度大小。沿里程方向向上斜的直线表示上坡(正坡),下斜的表示下坡(负坡),水平的表示平坡。斜线或水平线上面的数字是表示的坡度的大小(百分比),下面的数字表示坡长。

(6)直线与曲线。直线与曲线是沿里程桩号表明路线的直线部分和曲线部分的示意图。路线的直线部分用直线表示;曲线部分用折线表示,上凸表示路线右转,下凸表示路线左转,并注明交点编号和圆曲线元素;带有缓和曲线的平曲线还应注明缓和路段的长度,且用梯形折线表示。

2. 纵断面图的绘制

纵断面图既表示中线方向的地面埋伏,又可在其上进行纵坡设计,是路线设计和施工的重要资料,它是以中桩的里程为横坐标,以中桩的地面高程为纵坐标绘制的。为了突出地面坡度变化,高程比例尺比里程比例尺大十倍。如里程比例尺为 1:1000,则高程比例尺为 1:100。

快学快用 19　纵断面的绘制步骤

如图 9-31 所示,绘制步骤如下:

(1)打制表格。按照选定的里程比例尺和高程比例尺,在毫米方格纸上打制表格,标出相适宜的纵横坐标值。里程比例尺常用 1:5000 或 1:2000,相应的高程比例尺为 1:500 或 1:200;山岭重丘区里程比例尺常用 1:2000 或 1:1000,相应的高程比例尺为 1:200 或 1:100。

(2)填写表格。在坐标系下方绘表,填写里程桩号、地面高程、直线与曲线等相关资料。

(3)绘出地面线。首先在图上选定纵坐标的起始高程,使绘出的地面线位于图上的适当位置。为了便于阅图和绘图,一般将以 10m 整数倍的高程定在 5cm 方格的粗线上,然后根据中桩的里程和高程,在图上按纵横比例尺依次点出各中桩地面位置,再用直线将相邻点连接起来,就得到地面线的纵剖面形状。如果绘制高差变化较大的纵断面图,如山区等,部分里程高程超出图幅,则可在适当里程变更图上的高程起算位置,这时,地面线的剖面将构成台阶形式。

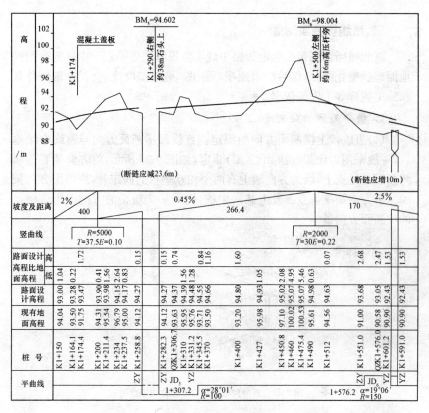

图 9-31　道路纵断面图

$$H_B = H_A + iD_{AB}$$

式中，H_A 为一段坡度线的起点，H_B 为该段坡度线终点，升坡时 i 为正，降坡时 i 为负。

（4）计算各中桩处的填挖尺寸。同一桩号的地面高程与设计高程之差即为该桩号处的挖填深度，正号为挖方深度，负号为填方深度。在图上分栏注明填挖尺寸。

（5）在图上标记有关资料。在图上注记有关资料，如水准点、断链、竖曲线等。

三、路线横断面测量

路线横断面测量是测定线路中线上各里程桩处垂直于中线方向上的地面起伏变化情况,然后绘制成横断面图,是路基设计、土石方量的计算和施工放样等工作的依据。

1. 横断面方向的测定

(1)直线段上横断面方向的测定。直线段横断面方向与路线中线垂直,一般采用方向架(也叫十字架)测定,如图 9-32 所示,将方向架置于所测断面的桩点上,因为方向架上有两个相互垂直的固定片,所以用方向架的一个方向瞄准该直线段上某一中桩,则另一个所指的方向即为该桩点的横断面方向。

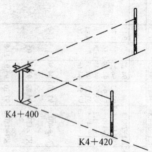

图 9-32　方向架法测定横断面方向示意图

(2)圆曲线横断面方向的测定。圆曲线上一点的横断面方向即是该点的半径方向。测定时一般采用求心方向架,即在方向架上安装一个可以旋转活动的方向板,并有一固定螺旋可将其固定,如图 9-33 所示为求心方向架示意图。

如图 9-34 所示欲测圆曲线上桩点的横断面方向,将求心方向架置于 ZY(或 YZ)点上,用固定片 ab 瞄准切线方向(如交点),则另一固定片 cd 所指方向即为 ZY(或 YZ)点的横断面方向。保持方向架不动,转动活动片 ef 瞄准 1 点并将其固定。然后将方向架搬至 1 点,

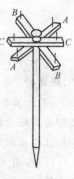

图 9-33　求心方向架示意图

用固定片 cd 瞄准 ZY(YZ)点，则活动片 ef 所指方向即为 1 点的横断面方向。

在测定 2 点的横断面方向时，可在 1 点的横断面方向上插一花杆，以固定片 cd 瞄准它，ab 片的方向即为切线方向。此后的操作与测定 1 点横断面方向时完全相同，保持方向架不动，用活动片 ef 瞄准 2 点并固定之。将方向架搬至 2 点，用固定片 cdz 瞄准 1 点，活动片 ef 的方向即为 2 点的横断方向。如果

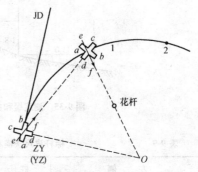

图 9-34　曲线段横断面方向的测定示意图

圆曲线上桩距相同，在定出 1 点横断面方向后，保持活动片 ef 原来位置，将其搬至 2 点上，用固定片 cd 瞄准 1 点，活动片 ef 即为 2 点的横断面方向。圆曲线上其他各点亦可按照上述方法进行。

2. 横断面的测量方法

横断面的施测方法很多，主要应根据地形条件来选用施测工具和方法。由于横断面图一般用于路基的断面设计和土方计算，对地面点距离和高差的测定，只需精确至 0.1m 即可。因此，横断面测量常采用简易的测量工具和方法进行。常用的方法有标杆皮尺法、水准仪法、经纬仪法、坐标法。

快学快用 20　标杆皮尺法进行横断面测量

标杆皮尺法是用标杆和皮尺测定横断面方向上的两相邻坡度变化点之间的水平距离和高差，该法简便，精度低，适合用于比较平坦地区或路填筑过程中。如图 9-35 所示，1、2、3、……为横断面方向上选定的变坡点，首先将标杆竖立于 1 点上，从中桩将尺拉平量出至 1 点的距离，而皮尺在标杆上截取的红白格数（每格为 0.2m）即为两点间的高差。同法测出各段的距离和高差。测量时，按路线前进方向分左、右侧进行。记录格式见表 9-9，通常以分数形式表示各测段的高差和距离，分子表示高差，分母表示距离，高差正号为升高，负号为降低，自中桩由近及远逐段测量与记录。

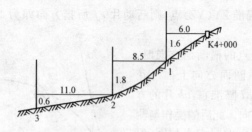

图 9-35　测定缓和曲线的横断面方向

表 9-9				标杆皮尺法横断面测量记录				
左　　侧			桩　号	右　　侧				
...				...				
$\dfrac{-0.6}{11.0}$	$\dfrac{-1.8}{8.5}$	$\dfrac{-1.6}{6.0}$	K4+000	$\dfrac{+1.5}{4.6}$	$\dfrac{+0.9}{4.4}$	$\dfrac{+1.6}{7.0}$	$\dfrac{+0.5}{10.0}$
平 $\dfrac{-0.5}{7.8}$	$\dfrac{-1.2}{4.2}$	$\dfrac{-0.8}{6.0}$	K3+980	$\dfrac{+0.7}{7.2}$	$\dfrac{+1.1}{4.8}$	$\dfrac{-0.4}{7.0}$	$\dfrac{+0.9}{6.5}$

快学快用 21　水准仪法进行横断面测量

当横断面宽度较宽、精度要求较高时,可采用水准仪测出各横断面上各点之高程,如图 9-36 所示。先后视里程桩 0+000 读取后视读数,然后将各横断面各点作为前视点观测,读取前视读数,最后计算出各种横断面上各点的高程。

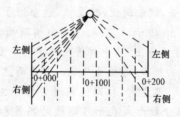

图 9-36　水准仪法

快学快用 22 **经纬仪法进行横断面测量**

在地形复杂、横坡大的地段均采用此法。测量时,将经纬仪安置于中桩处,利用视距法测量横断面至各变坡点至中桩的水平距离和高差,记录格式见表9-10。

表9-10　　　　　　　横断面(经纬仪法)测量记录表

测站	仪高	目标	中丝	上丝 下丝	尺间 隔L	竖盘读数	竖直角α	平距/m	高差/m	备注
I	1.45	1	1.870	1.962 1.783	0.179	87°20′15″	2°39′45″	17.86	0.41	
		2	1.664	1.703 1.634	0.069	88°30′12″	1°29′48″	6.89	−0.03	

快学快用 23 **坐标法进行横断面测量**

在平坦地区和路基填筑(路基相对平整)过程中,可以采用坐标法进行测设横断面边桩位置。根据路线中桩的已知数据计算整桩的中心桩点坐标和边桩坐标。可以采用编程计算器自行编制程序,计算中桩各点坐标和各边桩坐标,将中桩和横断面边桩坐标计算完成后,利用已知导线网中的导线点,或加密导线点,导线点和测设中桩和横断面边桩要尽量相互通视,再根据坐标反算,计算坐标方位角和距离,然后按极坐标法进行测设,之后按标杆皮尺法测量表格进行记录。坐标法可同时测设中桩和横断面桩位,节省时间,提高工作效率,特别是随着电子全站仪的普及,该法在高速公路和市政道路中得到广泛的应用。

3. 横断面图的绘制

横断面图一般采用现场边测边绘的方法,以便及时对横断面进行核对。但也可在现场记录,回到室内绘图。绘图比例尺一般采用1∶200或1∶100。绘图一般在毫米方格纸上,以中线地面点为原点,以水平距为横轴,高程为纵轴,绘制的比例尺及格式应按设计要求确定。

快学快用 24 **横断面的绘制方法**

绘图时,首先以一条纵向粗线为中线,一纵线、横线相交点为中桩位置,向左右两侧绘制,先标注中桩的桩号,再用铅笔根据水平距离和高差,按比例尺将各变坡点点在图纸上,然后用格尺将这些点连接起来,即得到横断面的地面线。

在一幅图上可绘制多个断面图,各断面图在图中的位置,一般要求绘图顺序是从图纸左下方起自下而上,由左向右,依次按桩号绘制。如图9-37所示为横断面图绘制的图样,图中粗实线为半填半挖的路基断面。根据横断面的填挖面积及相邻中桩的桩号,算出施工的土石方量。

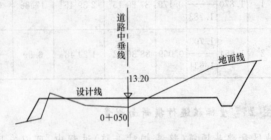

图 9-37　横断面图与设计路基图

第八节　道路施工测量

道路施工测量就是利用测量仪器,根据设计图纸,通过测设道路中线、边桩、高程、宽度等项工作,将道路测设于实地,指导施工作业,完成设计意图。道路施工测量贯穿于施工的始末,每种工序对应的测量精度是不一样的,有的绝对精度要求高,有的则是相对精度要求高。表9-11为路面面层放样精度限差要求。

表 9-11　　　　　　　　　　路面面层放样精度限差

序号	检查项目	水泥混凝土面层		沥青混凝土面层	
		高速或一级	其他公路	高速或一级	其他公路
1	中线平面偏位/mm	±20		±20	

（续）

序号	检查项目		水泥混凝土面层		沥青混凝土面层	
			高速或一级	其他公路	高速或一级	其他公路
2	纵断高程/mm		±10	±15	±10	±20
3	宽度/mm	有侧石	±20		±20	±20
		无侧石			不小于设计值	
4	横坡(%)		±0.15	±0.25	±0.3	±0.5

注：表中数据为规定值或允许偏差。

道路施工测量的主要任务是根据工程进度的需要，按照设计的要求，及时恢复道路中线和测设高程标志以及细部测设和放线等，作为施工人员掌握道路平面位置和高程的依据，以保证按图施工。其内容有施工前的测量工作和施工过程中的测量工作。

一、施工前测量工作

施工前的测量工作内容有熟悉设计图纸和现场情况，导线点、水准点的复测、恢复和加密，恢复路线中桩的测量，横断面的检查和补测。

1. 熟悉图纸和现场情况

在恢复道路路线前，测量人员需要熟悉设计图纸，了解设计意图，了解设计图纸招标文件及施工规范对施工测量精度的要求。并同原勘测人员一起到实地交桩，找出各导线点桩或各交点桩（转点桩）及主要的里程桩及水准点位，了解移动、丢失、破坏情况，商量解决办法。

2. 导线点、水准点的复测、恢复和加密

路线经过勘测设计后，往往要经过一段时间才施工，部分导线点或水准点可能造成移动或丢失。所以，施工前必须对导线点、水准点进行复测。对于检查中发生丢失和复测中发现移动的导线点和水准点，根据施工要求可以补测恢复或进行加密，满足施工测量需要。加密选点时，可根据地形及施工要求确定。

3. 恢复路线中桩的测量

施工现场实地察看后，根据设计图纸及已知导线点或交点资料，需要对路线中线进行测设，并与勘测阶段的中线进行比较和复核。发现相差

较大时,及时上报建设单位并协商解决方法。同时将桥梁、涵洞等主要构筑物的位置在实地标定出来,对比设计图纸和设计意图,以免出现差错。

4. 横断面的检查和补测

路基施工前,应详细检查、校对横断面、发现错误或怀疑时,应进行复测。其目的一是复查填、挖工程量;二是复核设置构造物处地形是否与设计相符。

二、施工过程中测量工作

施工过程中的测量工作又俗称施工测量放线,它的主要内容有路基放线、施工边桩的测设、竖曲线的测设、路面放线和道牙与人行道的测量放线等。

(一)路基放线

路基的形式基本上可分为路堤和路堑两种。路堤如图 9-38 所示,路堑如图 9-40 所示。路基放线是根据设计横断面图和各桩的填、挖高度,测设出坡脚、坡顶和路中心等,构成路基的轮廓,作为填土或挖土的依据。

如图 9-38(a)所示为平坦地面路堤放线情况。路基上口 b 和边坡 $1:m$ 均为设计数值,填方高度 h 可从纵断面图上查得,由图中可得出:

$$B=b+2mh$$

或

$$B/2=b/2+mh$$

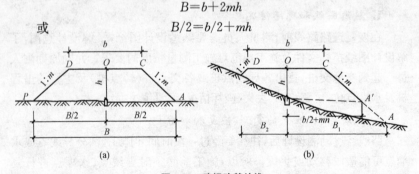

图 9-38　路堤路基放线

式中 B 为路基下口宽度,即坡脚 A、P 之距;$B/2$ 为路基下口半宽,即坡脚 A、P 的半距。

快学快用 25 **路堤放线方法**

放线方法是由该断面中心桩沿横断面方向向两侧各量 $B/2$ 钉桩,即

得出坡脚 A 和 P。在中心桩及距中心桩 $b/2$ 处立小木杆(或竹杆),用水准仪在杆上测设出该断面的设计高程线,即得坡顶 C、D 及路中心 O 三点,最后用小线将 A、C、D、O、P 点连起,即得到路基的轮廓。施工时,在相邻断面坡脚的连线上撒出白灰线作为填方的边界。

图 9-38(b)所示为地面坡度较大时路堤放线情况。由于坡脚 A、P 距中心桩的距离与 A、P 地面高低有关,故不能直接用上述公式算出,通常采用坡度尺定点法和横断面图解法。

坡度尺定点法是先做一个符合设计边坡 $1:m$ 的坡度尺,如图 9-39 所示,当竖向转动坡度尺使直立边平行于垂球线时,其斜边即为设计坡度。用坡度尺测设坡脚的方法是先用前一方法测出坡顶 C 和 D,然后将坡度尺的顶点 IV 分别对在 C 和 D,用小线顺着坡度尺斜边延长至地面,即分别得到坡脚 A 和 P。当填方高度 h 较大时,由 C 点测设 A 点有困难,可用前一方法测设出与中桩在同一水平线上的边坡点 A',再在 A' 点用坡度尺测设出坡脚 A。

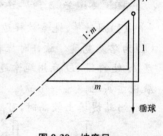

图 9-39　坡度尺

横断面图解法是用比例尺在已设计好的横断面上(俗称已戴好帽子的横断面),量得坡脚距中心的水平距离,即可在实地相应的断面上测设出坡脚位置。

快学快用 26　路堑放线方法

如图 9-40(a)所示为平坦地面上路堑放样情况。其原理与路堤放线基本相同,但计算坡顶宽度 B 时,应考虑排水边沟的宽度 b_0,即

$$B=b+2(b_0+mh)$$
$$B/2=b/2+b_0+mh$$

图 9-40(b)所示为地面坡度较大时的路堑放线情况。其关键是找出坡顶 A 和 P,按前法或横断面图解法找出 P、A(或 A_1)。当挖深较大时,为方便施工,可制作坡度尺或测设坡度板,作为施工时掌握边坡的依据。

(二)路堤边坡放样

当边桩位置确定后,为了保证填、挖的边坡达到设计要求,还应把设计边坡在实地标定出来,以便施工。

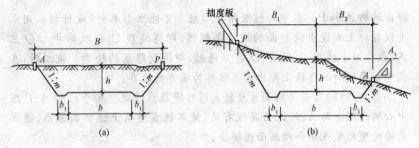

图9-40　路堑路基放线

快学快用 27 路堤边坡放样方法

(1)用竹竿、绳索放样边坡。如图9-41所示,O为中桩,A、B为边桩,CD为路基宽度。放样时应在C、D处竖立竹竿,于高度等于中桩填土高度H处的C'、D'点用绳索连接,同时连接到边桩A、B上。则设计边坡就展现于实地。

当路堤填土较高时,可随路基分层填筑分层挂线,如图9-42所示。

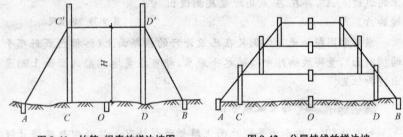

图9-41　竹竿、绳索放样边坡图　　　　图9-42　分层挂线放样边坡

(2)用边坡样板放样边坡。施工前按照设计边坡坡度做好边坡样板,施工时,用边坡样板进行放样。

用活动边坡尺放样边坡:做法如图9-43所示,当水准气泡居中时,边坡尺的斜边所指的坡度正好为设计坡度。

用固定边坡样板放样边坡:做法如图9-44所示,在开挖路堑时,于坡顶桩按设计坡度设立固定样板,施工时可随时指示并检核开挖和整修情况。

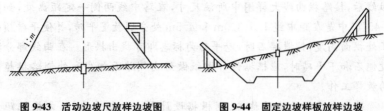

图9-43　活动边坡尺放样边坡图　　　　　**图9-44　固定边坡样板放样边坡**

(三)路面放样

路面放线的任务是根据路肩上测设的施工边桩上的高程钉和路拱曲线大样图[图9-45(a)]、路面结构大样图[图9-45(b)],测设侧石(即道牙)位置,并给出控制路拱的标志。

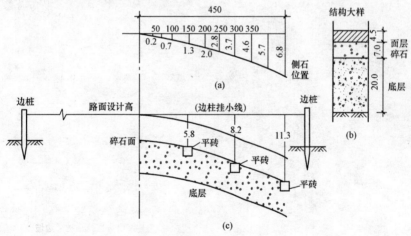

图9-45　路面放线

快学快用 28　路面放样方法

放线时,由路两侧的施工边桩线向中线量出至侧石的距离,钉小木桩并将相邻木桩用小线连接,即得侧石的内侧边线。侧石的高程为:在边桩上按路中心高程拉上水平线后,自水平线下返路拱高度(即路面半宽×横坡)得到,如图9-45(a)中为6.8cm。

施工时可采用"平砖"法控制路拱形状,即在边桩上依路中心高程挂拉线后,按路拱曲线大样图中所注尺寸,在路中线两侧一定距离处,如图 9-45(c)中是在距中线 1.5、3.0m 和 4.5m 处分别放置平砖,并使平砖顶面正处拱面高度,铺撒碎石时,以平砖为标志即可找出拱形。在曲线部分测设侧石和下平砖时,应根据设计图纸做好内侧路面加宽和外侧路拱超高的放样工作。

路口或广场的路面施工,则根据设计图先加钉方格桩,方格桩距为 5～20m,再于各桩上测设设计高程,一边分块施工和验收。

第十章　管道工程测量

第一节　概　述

一、管道工程测量的任务及要求

在城镇和工矿企业中要敷设给水、排水、热力、燃气、输电和输油等各种管道,管道工程测量就是为各种管道的设计和施工服务的,为管道工程的设计提供地形图和断面图以及按设计要求将管道位置敷设于实地。

管道工程测量多属地下构筑物,在较大的城镇街道及厂矿地区,管道互相上下穿插,纵横交错。在测量、设计或施工中如果出现差错,往往会造成很大损失,所以,测量工作必须采用城镇或厂矿的统一坐标和高程系统,按照"从整体到局部,先控制后碎部"的工作程序和步步有校核的工作方法进行,为设计和施工提供可靠的测量资料的标志,由此应严格按设计要求进行测量工作。

二、管道工程测量的主要内容

管道工程测量主要包括管道中线测量、管道纵横断面测量、管道施工测量、管道竣工测量等内容。

(1)管道中线测量。管道中线测量是指根据设计要求,在实地标定管道中线位置。

(2)管道纵横断面测量。纵横断面测量是指测绘管道中线方向和垂直于中线方向的地面高低起伏状况。

(3)管道施工测量。管道施工测量是指根据设计要求,将管道敷设于实地所需进行的测量工作。

(4)管道竣工测量。管道竣工测量是将施工后的管道位置测绘成图，以反映施工质量和作为使用期间维修、管理及今后管道改建、扩建的依据。

第二节　管道中线测量

一、管线主点测设

管道中线测量就是将已确定的管道位置测设于实地，并用木桩标定。其主要工作内容是测设管道的主点（起点、终点和转折点）、钉设里程桩和加桩等。

1. 解析法

解析法是根据各主点的设计坐标及周围相关控制点的坐标计算出各放样数据进行放样。常用的测设方法有极坐标法、角度交会法、全站仪法等。

在管道中线精度要求较高不能满足管线主点的放样需要的情况下，可采用解析法测设主点。当管道规划设计图上已给出管道主点的坐标，而且主点附近又有控制点时，可用解析法来采集测设数据。图 10-1 为某设计管线示例，图

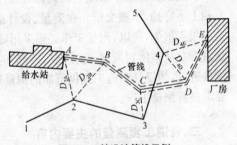

图 10-1　某设计管线示例

A、B、C、D、E 点为管线转点，1、2、3、4 为已有导线点，则可根据 1、2 和 B 点坐标，极坐标法计算出测设数据 $\angle 12B$ 和距离 D_{2B} 测设时，安置经纬仪于 2 点，后视 1 点，转 $\angle 12B$，得出 $2B$ 方向，在此方向上用钢尺测设距离 D_{2B}，即得 B 点。其他主点均可按上述方法进行测设。

快学快用　1　管道主点测设的检核方法

(1)用主点设计坐标计算出相邻主点间的间距及管线总长，并实地量测所测设的主点的间距，两者进行对比，计算相对误差进行检核。

（2）如果主点附近有固定地物，可量出主点与地物间的距离进行检核。

2. 图解法

在城镇中，管线一般与道路中心线或永久建筑物的轴线平行或垂直。主点测设数据可由设计时给定或根据给定坐标计算。当管道规划设计图的比例尺较大，管线是直接在大比例尺地形图上设计时，往往不给出坐标值，可根据与现场已有的地物（如道路、建筑物）之间的关系采用图解法来求得测设数据。

快学快用 2 **图解法进行管线主点的测设**

如图 10-2 所示，AB 是原有管道，1、2 点是设计管道主点。欲在实地定出 1、2 等主点，可根据比例尺在图上量取长度 D、a、b，即得测设数据，然后用直角坐标法测设 2 点。

主点测设好以后，应丈量主点间距离和测量管线的转折角，并与附近的测量控制点联测，以检查中线测量的成果。

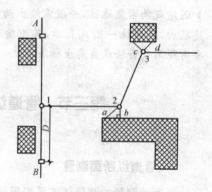

图 10-2 根据已有建筑物测设主点

二、钉(设)里程桩和加桩

为了测定管线长度和测绘纵、横断面图，沿管道中心线自起点每 50m 钉一里程桩。在 50m 之间地势变化处要钉加桩，在新建管线与旧管线、道路、桥梁、房屋等交叉处也要钉加桩。

里程桩和加桩的里程桩号以该桩到管线起点的中线距离来确定。管线的起点，给水管道以水源作为起点；排水管道以下游出水口作为起点；煤气、热力管道以供气方向作为起点。

中线定好后应将中线展绘到现状地形图上。图上应反映出点的位置和桩号，管线与主要地物、地下管线交叉的位置和桩号，各主点的坐标、转折角等。如果敷设管道的地区没有大比例尺地形图，或在沿线地形变化较大的情况下，还需测出管道两侧各 20m 的带状地形图；如通过建筑物密

集地区,需测绘至两侧建筑物处,并用统一的
图式表示。

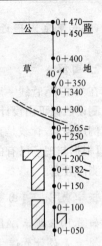

快学快用　3 *管道里程桩手簿的绘制*

里程桩手簿一般是绘制在毫米方格纸上,
如图 10-3 所示。绘制时,应绘制出管道的主点
及管道中心线。其转折后的管线(如 0＋350
处)应仍按原直线绘出,但要用箭头表示管线
转折的方向,并注明转折角值(图中 $\alpha_{右}＝40°$)。

里程桩手簿一般测绘至管线两侧 20m 处,
如遇建筑物密集地区,一般需绘出两侧第一排
建筑物,并用统一图式表示,其测绘的方法主
要有距离交会法或直角坐标法。

图 10-3　里程桩手簿的绘制

第三节　管道纵、横断面测量

一、管道纵断面测量

纵断面测量的测量任务是根据管线附近的水准点,用水准测量方法
测出管道中线上各里程桩和加桩点的高程,绘制纵断面图,为设计管道埋
深、坡度和计算土方量提供资料。

为了保证管道全线各桩点高程测量精度,应沿管道中线方向上每隔
1～2km 设一固定的水准点,300m 左右设置一临时水准点,作为纵断面水
准测量分段闭合和施工引测高程的依据。

纵断面水准测量可从一个水准点出发,逐段施测中线上各里程桩和
加桩的地面高程,然后附合到邻近的水准点上,以便校核,允许高差闭合
差为 $\pm 12\sqrt{n}$ mm。

快学快用　4 *管道纵断面的测量方法*

管道纵断面图的绘制方法可参考道路工程的相关内容。其不同点如
图 10-4 所示。

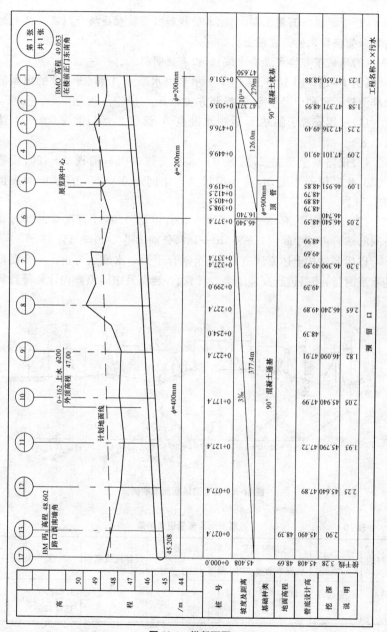

图 10-4　纵断面图

(1)管道纵断面图上部,要把本管线和旧管线相连接处以及交叉处的高程和管径按比例画在图上。

(2)图的下部格式没有中线栏,但有说明栏。

【例 10-1】 图 10-5、表 10-1 所示是由水准点 A 到 0+500 的纵断面水准测量示意和记录手簿,其施测方法如下:

(1)仪器安置于测站 1,后视水准点 A,读数 2.204,前视 0+000,读数 1.895。

(2)仪器搬至测站 2,后视 0+000,读数 2.054,前视 0+100,读数 1.766,此时仪器不搬动,将水准尺立于中间点 0+050 上,读中间视读数 1.51。

(3)仪器搬至测站 3,后视 0+100,读数 1.970,前视 0+200,读 1.848,然后再读中间视 0+150,0+182,分别读得 2.20,1.35。

以后各站按上述方法进行,直至附合于另一水准点为止。一个测段的水准测量,还需进行高差闭合差计算、各转点及中间点高程计算等计算工作。

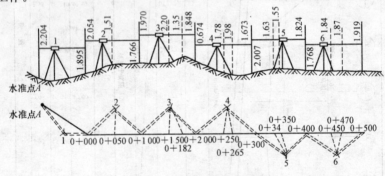

图 10-5　某管线纵断面水准测量

表 10-1　　　　　　　　　　纵断面水准测量记录手簿

测站	桩　号	水准尺读值			高差		仪器视线高程	高程
		后视	前视	中间视	+	−		
1	水准点 A	2.204						156.800
	0+000		1.895		0.309			157.109

(续)

测站	桩 号	水准尺读值			高差		仪器视线高程	高 程
		后视	前视	中间视	+	−		
2	0+000	2.054					159.163	157.109
	0+050			1.51	0.288			157.65
	0+100		1.766					157.397
3	0+100	1.970					159.367	157.397
	0+150			2.20				157.17
	0+182			1.35				158.02
	0+200		1.848		0.122			157.519
4	0+200	0.674					158.193	157.519
	0+250			1.78				156.41
	0+265			1.98				156.21
	0+300		1.673			0.999		156.520
⋮	⋮	⋮	⋮	⋮	⋮	⋮	⋮	⋮

二、管道横断面测量

管道横断面测量的任务是在中线各桩处,作垂直于中线的方向线,测出该方向上各特征点中线的距离和高程,根据这些数据绘制横断面图。横断面图表示管线两侧的地面起伏情况,供管线设计时计算土石方量和施工时确定开挖边界之用。横断面测量施测的宽度由管道的直径和埋深来确定,一般每侧为 10~20m。

快学快用 5 管道横断面的测量方法

横断面测量方法与道路横断面测量相同。

当横断面方向较宽、地面起伏变化较大时,可用经纬仪视距测量的方法测得距离和高程并绘制横断面图。如果管道两侧平坦、工程面窄、管径较小、埋深较浅时,一般不做横断面测量,可根据纵断面图和开槽的宽度来估算土(石)方量。

第四节　管道施工测量

管道施工测量的主要任务是根据工程进度要求,为施工测设各种标志,使施工技术人员便于随时掌握中线方向及高程位置。施工测量的主要内容为施工前的测量工作和施工过程中的测量工作。

一、施工前测量工作

1. 熟悉图纸和现场情况

管道施工测量前应熟悉施工图纸、精度要求、现场情况,找出各主要点桩、里程桩和水准点的位置并加以检测。拟定测设方案,计算并校核有关测设数据,注意对设计图纸的校核。

2. 校核中线

如果设计阶段在地面上所标定的管道中线位置,与管道施工时所需要的管道中线位置一致,而且主点各桩在地面上完好无损,则只需进行检核,不必重设。否则就需要重新测设管道的主点。

在管道中线方向上,根据检查井的设计数据,用钢尺标定其位置,并钉木桩。

3. 施工控制桩的测设

在施工时,管道中线上各桩将被挖掉,为了恢复管道中线位置应在管道主点处的中线延长线上设置中线控制桩,在每个检查井处大致垂直于中线方向上设置检查井位控制桩,这些控制桩应设置在不易被破坏的地方。一般说来,为了施工方便,检查井控制桩离中线的距离最好是一个整数米。

快学快用　6　管道施工控制桩的测设方法

施工控制桩分中线控制桩和位置控制桩。

(1)中线控制桩的测设。一般是在中线的延长线上钉设木桩并做好标记,如图 10-6 所示。

(2)附属构筑物位置控制桩的测设。一般是在垂直于中线方向上钉两个木桩。控制桩要钉在槽口外 0.5m 左右,与中线的距离最好是整分米数。恢复构筑物时,将两桩用小线连起,则小线与中线的交点即为其中心位置。

当管道直线较长时,可在中线一侧测设一条与其平行的轴线,利用该轴线表示恢复中线和构筑物的位置。

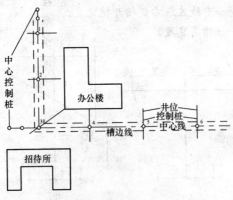

图 10-6　中线控制桩

4. 加密水准点

为了在施工中引测高程方便,应在原有水准点之间每 100~150m 增设临时施工水准点。

5. 槽口放线

槽口放线的任务是根据管径大小、埋置深度以及土质情况决定开槽宽度,并在地面上定出槽边线的位置,作为开槽边界的依据。

快学快用 7　不同情况下管槽槽口宽度的计算

(1)当地面平坦时[图 10-7(a)],槽口宽度 B 的计算方法为:
$$B=b+2mh$$

(2)当地面坡度较大,管槽深在 2.5m 以内时中线两侧槽口宽度不相等[图 10-7(b)]。
$$B_1=b/2+m \cdot h_1$$
$$B_2=b/2+m \cdot h_2$$

(3)当槽深在 2.5m 以上时[图 10-7(c)]。

$$B_1 = b/2 + m_1 h_1 + m_3 h_3 + C$$
$$B_2 = b/2 + m_2 h_2 + m_3 h_3 + C$$

以上三式中，b——管槽开挖宽度；

m_1——槽壁坡度系数（由设计或规范给定）；

h_1——管槽左或右侧开挖深度；

B_1——中线左或右侧槽开挖宽度；

C——槽肩宽度。

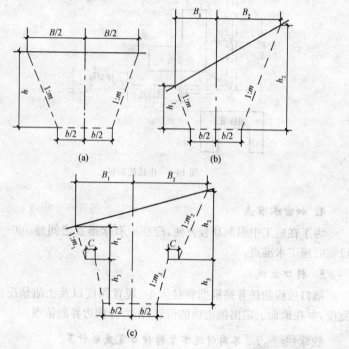

图 10-7　槽口放线

二、施工过程中测量工作

管道施工过程中的测量工作，主要是控制管道中线和高程。一般采用龙门板法和平行轴腰桩法。

1. 龙门板法

龙门板法又称为坡度板法，由坡度板和高程板组成，如图 10-8 所示。

沿中线每隔 10～20m 和检查井处皆应设置龙门板。

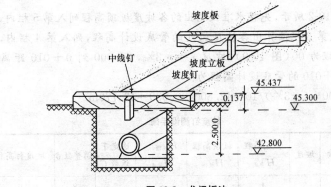

图 10-8　龙门板法

　　龙门板应根据工程进度要求及时埋设，其间距一般为 10～15m，如遇检查井、支线等构筑物时应增设坡度板。当槽深在 2.5m 以上时，应待挖至距槽底 2.0m 左右时，再在槽内埋设坡度板。坡度板要埋设牢固，不得露出地面，应使其顶面近于水平。用机械开挖时，坡度板应在机械挖完土方后及时埋设。

快学快用 8　龙门板法测设中线及坡度钉的方法

　　(1)测设中线。中线测设时，根据中线控制桩，将经纬仪安置在中线控制桩上，将管道中心线投测在坡度板上并钉中线钉，中线钉的连线即为管道中线，挂垂线将中线投测到槽底定出管道平面位置。

　　(2)测设坡度钉。为了控制管槽开挖深度，应根据附近水准点，用水准仪测出各坡度板顶高程，在各坡度板上中线钉的一侧钉一坡度立板，在坡度立板侧面钉一个无头钉或扁头钉，称为坡度钉，使各坡度钉的连线平行管道设计坡度线，并距管底设计高程为一整分米数，称为下返数。利用这条线来控制管道的坡度、高程和管槽深度。为此按下式计算出每一坡度板顶向上或向下量的调整数，使下返数为预先确定的一个整数。

　　调整数＝预先确定的下返数－(板顶高程－管底设计高程)

　　调整数为负值时，坡度板顶向下量；反之则向上量。

快学快用 9 坡度钉设置示例

如表 10-2 所示,先将水准仪测出的各坡度板顶高程列入第 5 栏内,根据第 2 栏、第 3 栏计算出各坡度板处的管底设计高程,列入第 4 栏内,如 0+000 高程为 00(图 10-9),坡度 $i=-3‰$,0+000 到 0+010 距离为 10m,则 0+010 的管底设计高程为:

$$42.800+(-3‰)/10=42.800-0.030=42.770m$$

表 10-2　　　　　　　　　　　　　　坡度钉测设手簿

板号	距离	坡度	管底高程 $H_{管底}$	板顶高程 $H_{板顶}$	$H_{板顶}-H_{管底}$	选定下返数 C	调整数 δ	坡度钉高程
1	2	3	4	5	6	7	8	9
0+000			42.800	45.437	2.637		−0.137	45.300
0+010	10		42.770	45.383	2.613		−0.113	45.270
0+020	10		42.740	45.364	2.624		−0.124	45.240
+0030	10	−3‰	42.710	45.315	2.605	2.500	−0.105	45.210
0+040	10		42.680	45.310	2.630		−0.130	45.180
0+050	10		42.650	45.246	2.596		−0.096	45.150
0+060	10		42.620	45.263	2.648		−0.148	45.120
⋮	⋮		⋮	⋮	⋮		⋮	⋮

同法可以计算出其他各处管底设计高程。第 6 栏为坡度板顶高程减去管底设计高程,例如 0+000 为:

$$H_{板顶}-H_{管底}=45.437-42.800=2.637m$$

其余类推,为了施工检查方便,选定下返数 C 为 2.500m,列在第 7 栏内。第 8 栏是每个坡度板顶向下量(负数)或向上量(正数)的调整数 δ,如 0+000 调整数为:

$$\delta=2.500-2.637=-0.137m$$

图 10-9 就是 0+000 处管道高程施工测量的示意图。

(1)坡度钉是控制高程的标志,在坡度钉钉好后,应重新进行水准测量,检查是否有误。

(2)施工中容易碰动龙门板,尤其在雨后,龙门板还可能有下沉现象,因此要定期进行检查。

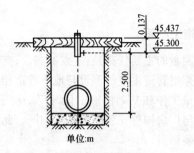

图 10-9　坡度钉设置示意

2. 平行轴腰桩法

当现场条件不便采用龙门板时,对精度要求较低或现场不便采用坡度板法时可用平行轴腰桩法测设施工控制标志。

快学快用 10　平行轴腰桩法测设中线及高程的方法

开工之前,在管道中线一侧或两侧设置一排或两排平行于管道中线的轴线桩,桩位应落在开挖槽边线以外,如图 10-10 所示。平行轴线离管道中线为 a,各桩间距以 $15\sim20\mathrm{m}$ 为宜,在检查井处的轴线桩应与井位相对应。

为了控制管底高程,在槽沟坡上(距槽底约 1m 左右),打一排与平行轴线相对应的桩,这排桩称为腰桩(图 10-11)。在腰桩上钉一小钉,并用水准仪测出各腰桩上小钉的高程。小钉高程与该处管底设计高程之差 h,即为下返数,施工时只需要用水准尺量取小钉到槽底的距离与下返数相比,便可检查槽底是否挖到管底设计高程。

图 10-10　设置轴线桩
1—平行轴线;2—槽边线;3—管道中心线

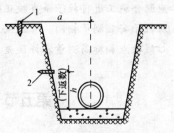

图 10-11　平行轴腰桩法
1—平行轴线桩;2—腰桩

三、架空管道施工测量

架空管道施工测量的主要任务是：主点的测设、支架基础开挖测量和支架安装测量等。架空管道主点的测设与地下管道相同。架空管道的支架基础开挖中的测量工作和基础模板定位与厂房柱子基础的测设相同，架空管道安装测量与厂房构件安装测量基本相同。此处只介绍管架基础施工测量和支架安装测量。

快学快用 11　管架基础施工测量

架空管道基础各工序的施工测量方法与桥梁明挖基础相同，不同点主要是架空管道有支架（或立杆）及其相应基础的测量工作。管架基础控制桩应根据中心桩测定。管线上每个支架的中心桩在开挖基础时将被挖掉，需将其位置引测到互相垂直的四个控

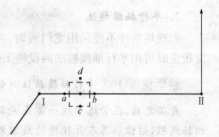

图 10-12　管架基础测量

制桩上，如图 10-12 所示。引测时，将经纬仪安置在主点上，在Ⅰ—Ⅱ方向上钉出 a、b 两控制桩，然后将经纬仪安置在支架中心点上，在垂直于管线方向上标定 c、d 两控制桩。

快学快用 12　支架安装测量

架空管道系安装在钢筋混凝土支架或钢支架上。安装管道支架时，应配合施工进行柱子垂直校正等测量工作，其测量方法、精度要求均与厂房柱子安装测量相同。管道安装前，应在支架上测设中心线和标高。中心线投点和标高测量容许误差均不得超过±3mm。

第五节　顶管施工测量

在管道穿越铁路、公路或重要建筑时，由于不能或不允许开槽施工，常采用顶管施工方法。另外，为了克服雨季和严冬对施工的影响，减轻劳

动强度和改善劳动条件等也常采用顶管方法施工。这种方法，随着机械化施工程度的提高，已经被广泛的采用。

采用顶管施工时，应事先挖好工作坑，在工作坑内安放导轨（铁轨或方木），并将管材放在导轨上，用顶镐的办法，将管材沿着所要求的方向顶进土中，然后在管内将土方挖出来。顶管施工中测量工作的主要任务是掌握管道中线方向、高程和坡度。

一、顶管施工测量准备工作

顶管施工前的测量准备工作包括临时水准点的测设、中线桩的测设及导轨的安装。

1. 临时水准点及中线桩的测设

为了控制管道按设计高程和坡度顶进，需要在工作坑内设置临时水准点。一般要求设置两个，以便相互检核。在工作坑的前后钉两个桩，标为中线控制桩。中线桩是工作坑放线和测设坡度板中线钉的依据。

快学快用 13 中线桩的测设方法

测设时应根据设计图纸的要求，根据管道中线控制桩，用经纬仪将顶管中线桩分别引测到工作坑的前后，并钉以大铁钉或木桩，以标定顶管的中线位置（图 10-13）。中线桩钉好后，即可根据它定出工作坑的开挖边界，工作坑的底部尺寸一般为 4m×6m。

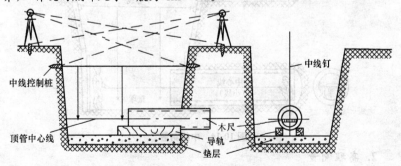

中线控制桩
中线钉
顶管中心线
木尺
导轨
垫层

图 10-13 中线桩的测设

2. 导轨的安装

导轨一般安装在方木基础或混凝土基础上。垫层顶面的高程及纵坡都应当符合设计要求（中线高程应稍低，以利于排水和防止摩擦管壁），根据导轨宽度安装导轨,根据顶管中线桩及临时水准点检查中心线和高程,无误后将导轨固定。

二、顶进过程中测量工作

顶进过程中测量工作内容包括中线测量和高程测量。

1. 中线测量

如图 10-14 所示,通过顶管中线桩拉一条细线,并在细线上挂两垂球,两垂球的连线即为管道方向。为了保证中线测量的精度,两垂球间的距离尽可能远些。这时在管内前端横放一水平尺,其上有刻划和中心钉,尺长等于或略小于管径。顶管时用水准器将尺找平。通过拉入管内的小线与水平尺上的中心钉比较,可知管中心是否有偏差,将尺子在管内放平,如果两垂球的方向线与木尺上的零分划线重合,则说明管子中心在设计管线方向上;如不重合,则管子有偏差。为了及时发现顶进时中线是否有偏差,中线测量以每顶进 0.5~1.0m 量一次为宜。其偏差值可直接在水平尺上读出,若左右偏差超过 1.5cm,则需要进行中线校正。

如图 10-14 所示这种方法在短距离顶管是可行的,当距离超过 50m 时,应分段施工,可在管线上每隔 100m 设一工作坑,采用对顶施工方法。这种方法适用于短距离的顶管,当距离超过 50m 时,则应该分段施工,可在管线上每隔 100m 设一工作坑,采用对顶施工方法。

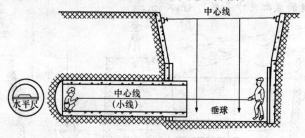

图 10-14　中线测量

2. 高程测量

顶进过程中的高程测量使用水准仪,在测量过程中将水准仪安置在工作坑内后视临时水准点,前视顶管内待测点,在管内使用一根小于管径的标尺,即可测得待测点高程,如图 10-15 所示。

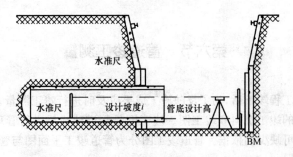

图 10-15 高程测量

顶管施工测量手簿是反映顶进过程中的中线与高程情况,分析施工质量的重要依据,见表 10-3。

表 10-3 顶管施工测量手簿

高计高程(管内壁)	桩 号	中心偏差/m	水准点读数(后视)	待测点实际读数(前视)	待测点应有读值	高程误差/m	备 注
1	2	3	4	5	6	7	8
42.564	0+390.0	0.000	0.742	0.735	0.736	−0.001	
42.566	0+390.5	左0.004	0.864	0.850	0.856	−0.006	水准点高程
42.569	0+391.0	左0.003	0.769	0.757	0.758	−0.001	为:42.558m
42.571	0+391.5	右0.001	0.840	0.823	0.827	−0.004	$i=+5‰$
⋮	⋮	⋮	⋮	⋮	⋮	⋮	0+390
							管底高程
42.664	0+410.0	右0.005	0.785	0.681	0.679	+0.002	为:42.564m
⋮	⋮	⋮	⋮	⋮	⋮	⋮	

在顶进过程中,每 0.5m 进行一次中线和高程测量,以保证施工质量。表 10-3 所示的手簿是以 0+390 桩号开始进行顶管施工测量的观测数据。第 1 栏是根据 0+390 的管底设计高程和设计坡度推算出来的;第 4 栏是每顶进一段(0.5m)观测的管子中线偏差值;第 1 栏、第 5 栏分别为水准测量后视读数和前视读数;第 6 栏是待测点的应有的前视读数。待测点实际读数与应有读数之差,为高程误差。表中此项误差均未超过限差。

第六节　管道竣工测量

管道工程竣工后,为了反映施工成果应及时进行竣工测量,应整理并编绘全面的竣工资料和竣工图。竣工图是管道建成后进行管理、维修和扩建时不可缺少的依据。管道竣工图分为管道竣工平面图与管道竣工断面图两种。

一、管道竣工纵断面图

管道竣工纵断面图应能全面地反映管道及其附属构筑物的高程。一定要在回填土以前测定检查井口和管顶的高程。管底高程由管顶高程和管径、管壁厚度计算求得,井间距离用钢尺丈量。如果管道互相穿越,在断面图上应表示出管道的相互位置,并注明尺寸。如图 10-16 所示为管道竣工断面图。

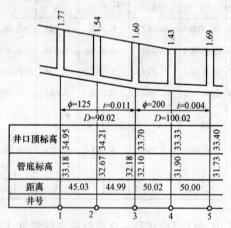

	$\phi=125$	$i=0.011$	$\phi=200$	$i=0.004$	
	$D=90.02$		$D=100.02$		
井口顶标高	34.95	34.21	33.70	33.33	33.40
管底标高	33.18	32.67 32.18	32.10	31.90	31.73
距离	45.03	44.99	50.02	50.00	
井号	1	2	3	4	5

图 10-16　竣工断面图

二、管道竣工平面图

竣工平面图应能全面地反映管道及其附属构筑物的平面位置。测绘的主要内容有:管道的主点、检查井位置以及附属构筑物施工后的实际平面位置和高程。图上还应标有：检查井编号、井口顶高程和管底高程，以及井间的距离、管径等。对于给水管道中的阀门、消火栓、排气装置等，应用符号标明。如图 10-17 所示为管道竣工平面图。管道竣工平面图的测绘，可利用施工控制网测绘竣工平面图。当已有实测详细的平面图时，可以利用已测定的永久性的建筑物来测绘管道及其构筑物的位置。

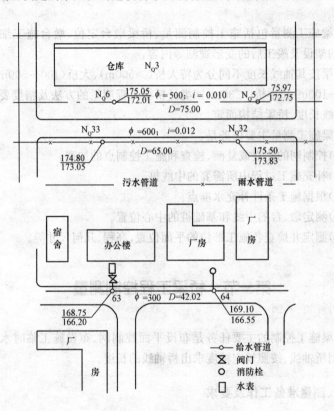

图 10-17　管道竣工平面图

第十一章　桥涵工程测量

　　桥梁施工测量包括施工控制测量、桥梁墩台定位、墩台施工细部放线、梁的架设及竣工后的变形观测等内容。

　　桥梁按其轴线长度不同分为特大桥(>500m)、大桥(100~500m)、中桥(30~100m)和小桥(<30m)四类。桥梁工程测量的方法及精度要求随桥梁轴线长度、桥梁结构而定。

　　桥梁施工测量主要任务是：

　　(1)控制网的建立或复测、检查和施工控制点的加密。

　　(2)补充施工过程中所需要的中线桩。

　　(3)根据施工条件补充水准点。

　　(4)测定墩、台的中线和基础桩的中心位置。

　　(5)测定并检查各施工部位的平面位置、高程、几何尺寸等。

第一节　桥梁工程控制测量

　　桥梁施工控制的主要任务是布设平面控制网、布设施工临时水准点网、控制桥轴线、按照规定精度求出桥轴线的长度。

一、测量准备工作及要求

　　(1)施工测量开始前应完成下列工作：

　　1)学习设计文件和相应的技术标准，掌握设计要求。

　　2)办理桩点交接手续。桩点应包括：各种基准点、基准线的数据及依据、精度等级。施工单位应进行现场踏勘、复核。

　　3)根据桥梁的形式、跨径及设计要求的施工精度、施工方案，编制工程测量方案，确定在利用原设计网基础上加密或重新布设控制网。补充施工需要的水准点、桥涵轴线、墩台控制桩。

4)对测量仪器、设备、工具等进行符合性检查,确认符合要求。严禁使用未经计量检定或超过检定有效期的仪器、设备、工具。

(2)开工前应对基准点、基准线和高程进行内业、外业复核。复核过程中发现不符或与相邻工程矛盾时,应向建设单位提出,进行查询,并取得准确结果。

(3)施工单位应在合同规定的时间期限内,向建设单位提供施工测量复测报告,经监理工程师批准后方可根据工程测量方案建立施工测量控制网,进行工程测量。

(4)供施工测量用的控制桩,应注意保护,经常校测,保持准确。雨后、春融期或受到碰撞、遭遇损害,应及时校测。

(5)开工前应结合设计文件、施工组织文件,提前做好工程施工过程中各个阶段工程测量的各项内业计算准备工作,并依内业准备进行施工测量。

(6)应建立测量复核制度。从事工程测量的作业人员,应经专业培训,考核合格,持证上岗。

(7)应做好桥梁工程平面控制网与相接道路工程控制网的衔接工作。

(8)测量记录应按规定填写并按编号顺序保存。测量记录应字迹清楚、规整,严禁擦改,并不得转抄。

二、平面控制测量

1. 平面控制测量的布设

桥梁控制网多采用较为简单的三角网、边角网或混合网,也可布设成电磁波测距导线,或用 GPS 定位技术建立桥梁控制网。

图 11-1 为三角网、边角网的基本图形,图中 AB 为桥轴线,图 11-1(a)为双三角锁。图 11-1(b)为大地四边形,它图形简单,强度较低,适用于桥轴线较短,需要在水中交会桥墩桥台位置的中小型桥梁。图11-1(c)为双大地四边形,它图形条件好,强度高,控制点多,可以方便地从各个方向放样桥墩桥台,以提高放样精度。

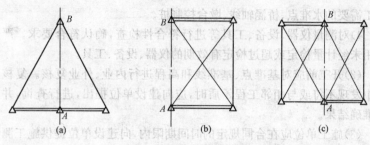

图 11-1 桥梁控制网网形

图 11-2 及图 11-3 分别为用电磁波测距导线和 GPS 定位方法建立桥梁施工控制网的情形。布网时各控制点宜相互通视。点位要选在易于保存处,桥轴线点 A、B 应与桥台相距较近。为减少精度损失,应尽量采用一级布网,一般不作二级加密。

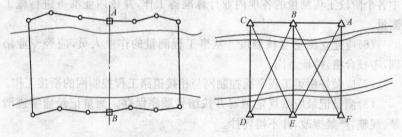

图 11-2 电磁波测距导线桥梁控制网　　　　**图 11-3 GPS 桥梁控制网**

桥梁平面控制测量精度和等级,应按表 11-1 要求确定,同时还应满足表 11-2 所示桥轴线相对中误差的要求。对特殊结构的桥梁,应根据其施工允许误差,确定控制测量的精度和等级。

表 11-1　　　　　　　　桥梁施工控制网等级的选择

桥长 L/m	跨越的宽度 l/m	平面控制网的等级	高程控制网的等级
$L>5000$	$l>1000$	二等或三等	二等
$2000{\leqslant}L{\leqslant}5000$	$500{\leqslant}l{\leqslant}1000$	三等或四等	三等
$500<L<2000$	$200<l<500$	四等或一级	四等
$L{\leqslant}500$	$l{\leqslant}200$	一级	四等或五等

注:1. L 为桥的总长。

　　2.l 为跨越的宽度指桥梁所跨越的江、河、峡谷的宽度。

表 11-2　　　　　　　　　桥轴线相对中误差

测量等级	桥轴线相对中误差	测量等级	桥轴线相对中误差
二等	≤1/150000	一级	≤1/40000
三等	≤1/100000	二级	≤1/20000
四等	≤1/60000		

2. 平面控制测量方法

平面控制测量控制方法主要有直接丈量法和间接丈量法两种。

(1)直接丈量法。当桥跨较小、河流水浅时,可采用直接丈量法测定桥梁轴线长度。直接丈量法可用测距仪或经过检定的钢尺按精密量距法进行,并且桥轴线丈量的精度要求应不低于表 11-3 的规定。

表 11-3　　　　　　　桥轴线丈量精度要求

桥轴线长度/m	<200	200~500	>500
精度不应低于	1/5000	1/10000	1/20000

快学快用　1　直接丈量法进行桥轴线长度的测量放线的步骤

(1)清理桥轴线范围内场地。

(2)经纬仪置于桥轴线一控制桩上,定出轴线方向,每隔一整尺距离钉设一个木桩,木桩要钉牢,不能有晃动。在桩顶钉设一白铁皮,并在其上画十字,十字中心应在桥轴线上,作为量距的标志。

(3)用水准仪测出相邻桩顶间的高差,计算倾斜改正。为了检核,通常应测量两次。第二次可放在丈量结束后进行,以检查丈量过程中木桩是否有变动。

(4)应使用检定过的钢尺。丈量时用重锤或弹簧秤施以标准拉力。每一尺段可连续测量三次,每次读数时应稍微变更钢尺的位置。读数读至 0.1mm。三次测量的结果,其较差不得大于限差要求,取其平均值。

(5)在丈量距离的同时应测量一次温度。

(6)计算每一尺段的尺长、温度及倾斜改正,求得改正后的尺段长度。然后将各尺段长度取和,得到桥轴线测量一次的长度。

(7)一般应往返丈量至少各一次,称为一测回。依据丈量精度要求,可测数测回。桥轴线长度取数测回的平均值。

(8)计算桥轴线长度中误差:

$$M=\pm\sqrt{\frac{[vv]}{n(n-1)}}$$

相对中误差:

$$K=\frac{M}{L}=\frac{1}{\dfrac{L}{M}}$$

式中 v——桥轴线平均长度与每次丈量结果之差;

$\quad n$——丈量次数;

$\quad L$——桥轴线平均长度。

【例 11-1】 某桥桥位放样,采用直接丈量,丈量总长度时,第一次丈量 $L_1 = 233.556\text{m}$,第二次丈量 $L_2 = 233.538\text{m}$,问丈量是否满足精度要求?

【解】
$$L = \frac{233.556 + 233.538}{2} = 233.547\text{m}$$

$$\sum v^2 = (233.556 - 233.547)^2 + (233.538 - 233.547)^2 = 0.000162$$

$$M = \sqrt{\frac{0.000162}{2 \times (2-1)}} = 0.009$$

精度 $K = \dfrac{M}{L} = \dfrac{0.009}{233.547} = 0.00004 = \dfrac{1}{25000} < \dfrac{1}{10000}$

满足精度要求。

(2)间接丈量法。当桥跨较大、水深流急而无法直接丈量时,可采用三角网法间接丈量桥轴线长。例如,桥梁三角网测量时,用检定过的钢尺按精密量距法丈量,如图 11-4 所示的基线 BA、BC 长度,并使其满足桥梁三角网的布设要求。

桥梁三角网布设要求:

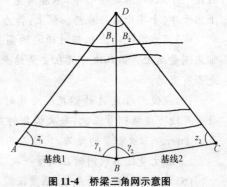

图 11-4 桥梁三角网示意图

1)各三角点应相互通视、不受施工干扰和易于永久保存处。

2)基线不少于2条,基线一端应与桥轴线连接,并尽量近于垂直,其长度宜为桥轴线长度的0.7~1.0倍。

3)三角网中所有角度应布设在30°~120°之间。

快学快用　2　桥梁三角网的测量方法

如图11-4所示,用检定过的钢尺按精密量距法丈量基线 BA 和 BC 长度,并使其满足丈量基线精度要求,用经纬仪精确测出两三角形的内角 α_1、α_2、β_1、β_2、γ_1、γ_2 并调整闭合差,以调整后的角度与基线正弦定理计算 BD。

$$S_{1BD}=\frac{BA \cdot \sin\alpha_1}{\sin\beta_1}$$

$$S_{2BD}=\frac{BC \cdot \sin\alpha_2}{\sin\beta_2}$$

$$S_{BD}=\frac{S_{1BD}+S_{2BD}}{2}$$

$$K=\frac{\Delta S}{S_{BD}}=\frac{S_{1BD}-S_{2BD}}{\dfrac{S_{1BD}+S_{2BD}}{2}}$$

式中　ΔS——距离的变化量(m);

S_{BD}——平均值;

K——精度。

【例11-2】　如图11-4所示,桥梁三角网示意图 BA、BC 的长度分别为156.104m、170.137m,试计算 BD 的距离。

【解】　(1)观测 α_1、α_2、β_1、β_2 值,即得:

$\alpha_1=52°33'06''$　　$\alpha_2=48°23'20''$

$\beta_1=40°55'36''$　　$\beta_2=42°15'10''$

$\gamma_1=86°31'11''$　　$\gamma_2=89°21'37''$

(2)角度闭合差的计算与调整,见表11-4。

表 11-4 角度闭合差调整表

三角内角	观测值	改正值	调整值	三角形内角	观测值	改正值	调整值
α_1	52°33′06″	+3″	52°33′09″	α_2	48°23′20″	−3″	48°23′17″
β_1	40°55′36″	+1″	40°55′37″	β_2	42°15′10″	−2″	42°15′08″
γ_1	86°31′11″	+3″	86°31′14″	γ_2	89°21′37″	−2″	89°21′35″
$\sum$	179°59′53″	+7″	180°00′00″	$\sum$	180°00′07″	−7″	180°00′00″

(3)BD 的长度计算,即:

$$S_{1BD}=\frac{BA \cdot \sin\alpha_1}{\sin\beta_1}=\frac{156.104\times\sin52°33′06″}{\sin40°55′36″}=189.181$$

$$S_{2BD}=\frac{BC \cdot \sin\alpha_2}{\sin\beta_2}=\frac{170.137\times\sin48°23′20″}{\sin42°15′10″}=189.182$$

(4)ΔS 计算,即:

$$\Delta S=|S_{1BD}-S_{2BD}|=0.001$$

(5)K 计算,即:

$$K=\frac{\Delta S}{S_{BD}}=\frac{\Delta S}{\frac{S_{1BD}+S_{2BD}}{2}}=\frac{0.001}{189.1815}=\frac{1}{189181.5}<\frac{1}{10000}(合格)$$

三、高程控制测量

桥梁施工需在两岸布设若干个水准点,桥长在 200m 以上时,每岸至少设两个;桥长在 200m 以下时,每岸至少设一个;小桥可只设一个。水准点应设在地基稳固、使用方便、不受水淹且不易破坏处,根据地形条件、使用期限和精度要求,可分别埋设混凝土标石、钢管标石、管柱标石或钻孔标石。并尽可能接近施工场地,以便只安置一次仪器就可将高程传递到所需要的部位上去。

布设水准点可由国家水准点引入,经复测后使用。其容许误差不得超过$\pm20\sqrt{K}$;对跨径大于 40m 的 T 形刚构、连续梁和斜张桥等不得超过$\pm10\sqrt{K}$。式中 K 为两水准点间距离,以 km 计。其施测精度一般采用四等水准测量精度。

若跨河视线长度超过 200m 时,应根据跨河宽度和设备等情况,选用相应等级的光电测距三角高程测量或跨河水准测量方法进行观测。下面只介绍跨河水准测量的观测方法。

1. 跨河水准测量的场地布设

当水准测量路线通过宽度为各等级水准测量的标准视线长度两倍以上的河面、山谷等障碍物时,则应按跨河水准测量要求进行。图 11-5 为跨河水准测量的三种布设形式。

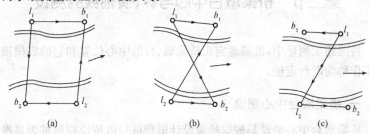

图 11-5 跨河水准测量布设形式
(a)平行四边形;(b)等腰梯形;(c)Z 字形

图中 l_1、l_2 和 b_1、b_2 分别为两岸置镜点和置尺点。视线 l_1b_2 和 l_2b_1 应接近相等,且视线应高出水面 2~3m。岸上视线 l_1b_1、l_2b_2 不应短于 10m,且彼此等长,两岸置镜点亦接近等高。

图 11-5(c)中,l_1、l_2 均为置镜点或置尺点,而 b_1、b_2 仍为置尺点。b_1、b_2 两测点间上下半测回的高差,应分别由两岸所测 b_1l_2、b_2l_1 的高差加上对岸的两置尺点间联测时所测高差求得。各等级跨河水准测量时,置尺点均应设置木桩。木桩不短于 0.3m,桩顶应与地面齐平,并钉以圆帽钉。

2. 跨河水准测量的读数

若由于跨河水准测量视线较长,读数困难,可在水准尺上安装一块可以沿尺上下移动的觇板。如图 11-6 所示,觇板用铝或其他金属或有机玻璃制造,背面设有夹具,可沿水准标尺面滑动,并能用固定螺丝控制,将觇板固定于标尺任一位置;觇板中央开一小窗,小窗中央安一水平指

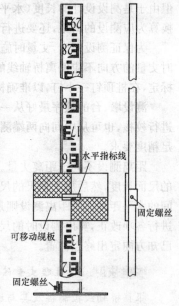

水平指标线

固定螺丝

可移动觇板

固定螺丝

图 11-6 跨河水准测量观测觇板

标线。由观测者指挥立尺员上下移动觇板,使觇板上的水平指标线落在水准仪十字丝横丝上,然后由立尺员在水准尺上读取标尺读数。

第二节　桥梁墩台中心与纵、横轴线的测设

桥梁施工测量中,准确地定出桥梁墩、台的中心位置和它的纵横轴线的工作称为墩台定位。

一、桥梁墩台中心测设

桥梁墩台中心测设是根据桥梁设计里程桩号以桥位控制桩为基准进行的。采用的方法有直接丈量法、方向交会法和光电测距法。

1. 直接丈量法

当桥梁墩、台位于无水河滩上,或水面较窄,用钢尺可以跨越丈量时,丈量所使用的钢尺必须经过检定,丈量的方法与测定桥轴线的方法相同,但由于是测设设计的长度(水平距离),所以应根据现场的地形情况将其换算为应测设的斜距,还要进行尺长改正和温度改正。

为保证测设精度,丈量时施加的拉力应与检定钢尺时的拉力相同,同时丈量的方向不应偏离桥轴线的方向。在设出的点位上要用大木桩进行标定,在桩顶钉一小钉,以准确标出点位。

测设墩、台的顺序最好从一端到另一端,并在终端与桥轴线的控制桩进行校核,也可从中间向两端测设。按照这种顺序,容易保证每一跨都满足精度要求。

距离测设不同于距离丈量。距离丈量是先用钢尺量出两固定点之间的尺面长度,然后加上钢尺的尺长、温度及倾斜等项改正,最后求得两点间的水平距离。而距离测设则是根据给定的水平距离,结合现场情况,先进行各项改正,算出测设时的尺面长度,然后按这一长度从起点开始,沿已知方向定出终点位置。

快学快用　3　**直接丈量法进行桥梁墩台定位的方法**

根据桥轴线控制桩及其与墩台之间的设计长度,用测距仪或经检定过的钢尺精密测设出各墩台的中心位置并桩钉出点位,在桩顶钉一小钉

精确标志其点位。然后在墩台的中心位置上安置经纬仪,以桥梁主轴线为基准放出墩台的纵、横轴线。并测设出桥台和桥墩控制桩位,每侧要有两个控制桩,以便在桥梁施工中恢复其墩台中心位置。

2. 方向交会法

对于大中型桥墩及其基础的中心位置测设,采用方向交会法。这时由于水中桥墩基础一般采用浮运法施工,目标处于浮动中的不稳定状态,在其上无法使测量仪器稳定。可根据已建立的桥梁三角网,在三个三角点上(其中一个为桥轴线控制点)安置经纬仪,以三个方向交会定出。

快学快用 4 方向交会法进行桥梁墩台定位的方法

使用角度交会测设桥墩中心的方法如图 11-7 所示。控制点 A、C、D 的坐标为已知,桥墩中心 P_i 为设计坐标也已知,所以可计算出用于测设的角度 α_i、β_i:

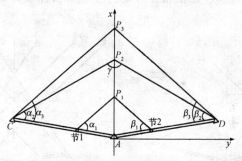

图 11-7 用角度交会测设桥墩中心

$$\alpha_i = \arctan \frac{x_A - x_C}{y_A - y_C} - \arctan \frac{x_{P_i} - x_C}{y_{P_i} - y_C}$$

$$\beta_i = \arctan \frac{x_{P_i} - x_D}{y_{P_i} - y_D} - \arctan \frac{x_A - x_D}{y_A - y_D}$$

将经纬仪分别置于 C 点和 D 点上,在设出 α_i、β_i 后,两个方向的交点即为桥墩中心位置。

为了保证墩位的精度,交会角应接近于 $90°$,但由于各个桥墩位置有远有近,因此交会时不能将仪器始终固定在两个控制点上,而有必要对控制点进行选择。如图 11-7 中桥墩 P_1 宜在节点 1、节点 2 上进行交会。为了获得较好的交会角,不一定要在同岸交会,应充分利用两岸的控制点,选择最为有利的观测条件。必要时也可在控制网上增设插点,以达到测设要求。

两个方向即可交会出桥墩中心的位置,但为了防止发生错误和检查交会的精度,实际测量中都是用三个方向交会。并且为了保证桥墩中心位于桥轴线方向上,其中一个方向应是桥轴线方向。

由于测量误差的存在,三个方向交会形成示误三角形,如图 11-8 所示。如果示误三角形在桥轴线方向上的边长 c_2c_3 小于或等于限差,则取 c_1 在桥轴线上的投影位置 c 作为桥墩中心的位置。

在桥墩的施工过程中,随着工程的进展,需要反复多次的交会桥墩中心的位置。为方便起见,可把交会的方向延长到对岸,并用觇牌进行固定,如图 11-9 所示。在以后的交会中,就不必重新测设角度,可用仪器直接瞄准对岸的觇牌。应在相应的觇牌上表示出桥墩的编号,如图 11-9 所示。

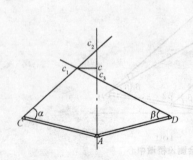

图 11-8　方向交会示误三角形

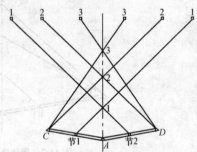

图 11-9　应用觇牌交会桥墩中心

【例 11-3】　如图 11-10 所示,若已知 $d_2 = 32.021\text{m}$,$\gamma = 87°31'08''$,$\gamma' = 89°41'34''$,$S = 48.683\text{m}$,$S' = 52.310\text{m}$,试计算交会角 α_2 和 α_2'。

【解】

$$
\begin{aligned}
\alpha_2 &= \arctan\frac{d_2 \cdot \sin\gamma}{S - d_2 \cdot \cos\gamma} \\
&= \arctan\frac{32.021 \times \sin87°31'08''}{48.638 - 32.021 \times \cos87°31'08''} \\
&= \arctan\frac{31.991}{48.638 - 1.386} = 34°5'57''
\end{aligned}
$$

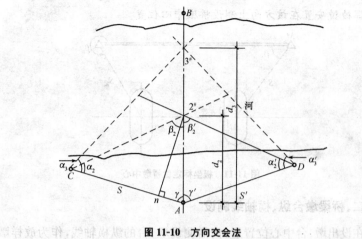

图 11-10 方向交会法

$$\alpha_2' = \arctan \frac{d_2 \cdot \sin\gamma'}{S' - d_2 \cdot \cos\gamma'}$$

$$= \arctan \frac{32.021 \times \sin89°41'34''}{52.310 - 32.021 \times \cos89°41'34''}$$

$$= \arctan \frac{32.020}{52.310 - 0.172} = 31°33'21''$$

为校核 α_2、α_2' 计算结果,同上法可计算出 β_2 和 β_2'。

则检核式为

$$\alpha_2 + \beta_2 + \gamma = 180°$$

$$\alpha_2' + \beta_2' + \gamma' = 180°$$

3. 光电测距法

光电测距一般采用全站仪,用全站仪进行直线桥梁墩、台定位,简便、快速、精确,只要墩、台中心处可以安置反射棱镜,并且仪器与棱镜能够通视,即使其间有水流障碍亦可采用。

快学快用 5 **光电测距法进行桥梁墩台定位的方法**

若用全站仪放样桥墩中心位置,则更为精确和方便。如图 11-11 所示,在控制点 M 或 N 安置仪器,测设 β_A、S_A 或 β_B、S_B,可确定墩中心 A 和 B 的位置。A 和 B 位置确定后,可量测两墩间中心距 S_{AB},与设计值比较。也可以将仪器安置于桥轴线点 A 或 B 上,瞄准另一轴线点作为定向,然后指挥棱镜安置在该方向上测设桥墩中心位置。

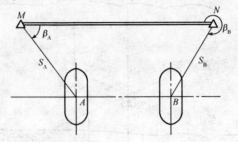

图 11-11　极坐标定位桥墩中心

二、桥梁墩台纵、横轴线测设

在设出墩、台中心位置后,尚需测设墩、台的纵横轴线,作为放样墩、台细部的依据。墩、台的纵横线是指过墩、台中心垂直于路线方向的轴线;墩、台的横轴线是指过墩、台中心与路线方向相一致的轴线。这一部分中分为直线桥墩、台纵横轴线的测设和曲线桥墩纵横轴线的测设。

快学快用　6　直线桥墩台纵、横轴线的测设方法

墩、台的纵轴线与横轴线垂直,测设纵轴线时,将经纬仪安置在墩、台中心点上,以桥轴线方向为准测设 90°角,即为纵轴线方向。由于在施工过程中经常需要恢复墩、台的纵、横轴线的位置,所以需要用桩志将其准确标定在地面上,这些标志桩称为护桩,如图 11-12 所示。

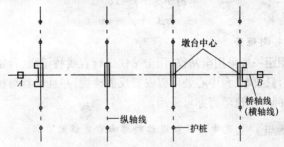

图 11-12　用护桩标定墩、台纵、横轴线位置

为了消除仪器轴系误差的影响,应用盘左、盘右测设两次而取其平均位置。在设出的轴线方向上,在桥轴线两侧各设置 2~3 个护桩。这样如

果在个别护桩丢失、损坏后也能及时恢复,并在墩、台施工到一定高度会影响到两侧护桩的通视时,也能利用同一侧的护桩恢复轴线。护桩的位置应选在离开施工场地一定距离,通视良好,地质稳定的地方。桩志可采用木桩、水泥包桩或混凝土桩。

位于水中的桥墩,不能安置仪器,也不能设护桩,可在初步定出的墩位处筑岛或建围堰,然后用交会或其他方法精确测设墩位并设置轴线。如在深水大河上修建桥墩,一般采用沉井、围囹管柱基础,此时往往采用前方交会进行定位,在沉井、围囹落入河床之前,要不断地进行观测,以确保沉井、围囹位于设计位置上。当采用光电测距仪进行测设时,可采用极坐标法进行定位。

快学快用 7　曲线桥墩台纵、横轴线的测设方法

在曲线桥上,墩、台的纵轴线位于相邻墩、台工作线的分角线上,而横轴线与纵轴线垂直,如图 11-13 所示。

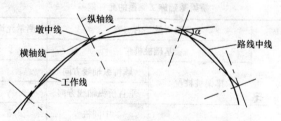

图 11-13　曲线桥墩、台的纵、横轴线

测设时,在墩、台的中心点上安置仪器,自相邻的墩、台中心方向测设 $\frac{1}{2}(180°-\alpha)$ 1/2 角(α 为该墩、台的工作线偏角),得纵轴线方向。自纵轴线方向测设 $90°$ 角得横轴线方向。在每一条轴线方向上,在墩、台两侧同样各设 2~3 个护桩。由于曲线桥上各墩、台的轴线护桩容易发生混淆,在护桩上标明墩、台的编号,以防施工时用错。如果墩、台的纵、横轴线有一条恰位于水中,无法设护桩,同样也可只设置一条。

第三节　桥梁施工测量

桥梁施工放线就是将图纸上的结构尺寸和高测设到实地上,其内容包括桥梁工程施工放线要求、明挖基础的施工放线、管柱基础的施工放线、柱基础的施工放线和沉井基础的施工放线等。

一、桥梁工程施工放线要求

(1)桥梁施工放线前,应熟悉施工设计图纸,并根据桥梁设计和施工的特点,确定放线方法。平面位置放线宜采用极坐标法、多点交会法等,高程放线宜采用水准测量方法。

(2)桥梁基础施工测量的偏差,不应超过表 11-5 的规定。

表 11-5　　　　　　　　桥梁基础施工测量的允许偏差

类　别	测　量　内　容		测量允许偏差/mm
灌注桩	基础桩桩位		40
	排架桩桩位	顺桥纵轴线方向	20
		垂直桥纵轴线方向	40
沉桩	群桩桩位	中间桩	$d/5$,且$\leqslant 100$
		外缘桩	$d/10$
	排架桩桩位	顺桥纵轴线方向	16
		垂直桥纵轴线方向	20
沉井	顶面中心、底面中心	一般	$h/125$
		浮式	$h/125+100$
垫层	轴线位置		20
	顶面高程		$0 \sim -8$

注:1. d 为桩径(mm)。

2. h 为沉井高度(mm)。

(3)桥梁下部构造施工测量的偏差,不应超过表 11-6 的规定。

表 11-6   桥梁下部构造施工测量的允许偏差

类　别	测　量　内　容		测量允许偏差/mm
承台	轴线位置		6
	顶面高程		±8
墩台身	轴线位置		4
	顶面高程		±4
墩、台帽或盖梁	轴线位置		4
	支座位置		2
	支座处顶面高程	简支梁	±4
		连续梁	±2

(4)桥梁上部构造施工测量的偏差,不应超过表 11-7 的规定。

表 11-7   桥梁上部构造施工测量的允许偏差

类　别	测　量　内　容		测量允许偏差/mm
梁、板安装	支座中心位置	梁	2
		板	4
	梁板顶面纵向高程		±2
悬臂施工梁	轴线位置	跨距小于或等于 100m 的	4
		跨距大于 100m 的	L/25000
	顶面高程	跨距小于或等于 100m 的	±8
		跨距大于 100m 的	±L/12500
		相邻节段差	4
主拱圈安装	轴线横向位置	跨距小于或等于 60m 的	4
		跨距大于 60m 的	L/15000
	拱圈高程	跨距小于或等于 60m 的	±8
		跨距大于 60m 的	±L/7500
腹拱安装	轴线横向位置		4
	起拱线高程		±8
	相邻块件高差		2

（续）

类　别	测　量　内　容	测量允许偏差/mm
钢筋混凝土索塔	塔柱底水平位置	4
	倾斜度	$H/7500$，且≤12
	系梁高程	±4
钢梁安装	钢梁中线位置	4
	墩台处梁底程高	±4
	固定支座顺桥向位置	8

注：1. L 为跨径(mm)。

　　2. H 为索塔高度(mm)。

二、桥梁基础施工测量

1. 明挖基础施工放线

明挖基础多在地面无水的地基上施工，先挖基坑，再在坑内砌筑基础或浇筑混凝土基础。如系浅基础，则可连同承台一次砌筑或浇筑，如图11-14所示。如果在水上明挖基础，则须先建立围堰，将水排出后进行。

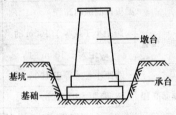

图 11-14　桥梁的明挖基础

明挖基础根据桥台和桥墩的中心线定出基坑开挖边界线、基础坑上口尺寸在基础开挖之前，应根据墩、台的中心点及纵、横轴线按设计的平面形状设出基础轮廓线的控制点。

如图11-15所示，如果基础形状为方形或矩形，基础轮廓线的控制点为四个角点及四条边与纵、横轴线的交点；如果是圆形基础，为基础轮廓线与纵、横轴线的交点，必要时尚可加设轮廓线与纵、横轴线成45°线的交点。控制点距墩中心点或纵、横轴线的距离应略大于基础设计的底面尺寸,一般可大 0.3~0.5m,以保证安装基础模板为原则。如地基土质稳定,不易坍塌,坑壁可垂直开挖,不设模板,可贴靠坑壁直接砌筑基础和浇筑基础混凝土。此时可不增大开挖尺寸,但是应保证基础尺寸偏差在规定容许偏差范围之内。

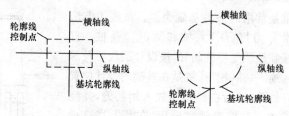

图 11-15　明挖基础轮廓线的测设

快学快用 8　明挖基础施工测量放线的方法

明挖基础施测方法与路堑放线基本相同,当基坑开挖到一定深度后,应根据水准点高程在坑壁上测设距基底设计面为一定高差的水平桩。当基坑开挖到设计标高以后,应进行基底平整或基底处理,再在基底上放出墩台中心及其纵横轴线。

基础完工后,应根据桥位控制桩和墩台控制桩用经纬仪在基础面上测设出桥台、桥墩中心线。

基础或承台模板中心偏离墩台中心不得大于±2cm,墩身模板中线偏离不得大于±1cm;墩台模板限差为±2cm,模板上同一高程的限差为±1cm。

根据地基土质情况,开挖基坑时坑壁具有一定的坡度,应测设基坑的开挖边界线。此时可先在基坑开挖范围测量地面高程,然后根据地面高程与坑底设计高程之差以及坑壁坡度,计算出边坡桩至墩、台中心的距离。

如图 11-16 所示,边坡桩至墩、台中心的水平距离 d 为:

$$d=\frac{b}{2}+hm$$

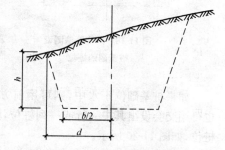

图 11-16　基坑边坡桩的测设

式中　b——坑底的长度或宽度；

　　　h——地面高程与坑底设计高程之差，即基坑开挖深度；

　　　m——坑壁坡度（以 $1 : m$ 表示）的分母。

2. 桩基础施工放样

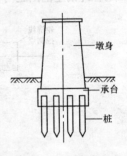

桩基础是常用的一种基础类型。按施工方法的不同通常分为打（压）入桩和钻（挖）孔桩。打（压）入桩基础是预先将桩制好，按设计的位置及深度打（压）入地下；钻（挖）孔桩是在基础的设计位置上钻（挖）好桩孔，然后在桩孔内放入钢筋笼，并浇注混凝土成桩。在桩基础完成后，在其上浇筑承台，使桩与承台成为一个整体，再在承台上修筑墩身，如图 11-17 所示。

图 11-17　桥梁桩基础

在无水的情况下，各桩中心位置的放样是以基础的纵横轴线为坐标轴，用支距法进行测设，如图 11-18 所示。如果桩为圆周形布置，各桩也可以与墩、台纵轴线的偏角和到墩、台中心点的距离，用极坐标法进行测设，如图 11-19 所示。一个墩、台的全部桩位宜在场地平整后一次设出，并以木桩标定，以方便桩基础施工。

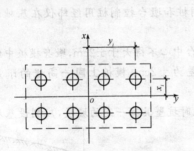

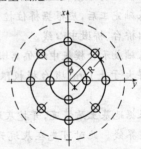

图 11-18　用支距法测设
桩基础的桩位

图 11-19　用极坐标法测
设桩基础的桩位

如果桩基础位于水中，则可用前方交会法直接将每一个桩位定出。也可用交会设出其中一行或一列桩位，然后用大型三角尺设出其他所有桩位，如图 11-20 所示。

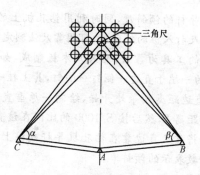

**图 11-20　用前方交会和
大型三角尺测设桩基础的桩位**

快学快用 9　桩位测设

桩位的测设同样也可采用设置专用测量平台的方法,即在桥墩附近打支撑桩,其上搭设测量平台(图 11-21),先在平台上测定两条与桥梁中心线平行的直线 AB、$A'B'$,然后按各桩之间的设计尺寸定出各桩位线,如 $1-1'$、$2-2'$、$3-3'$…,沿此方向测距可设出各桩的中心位置。

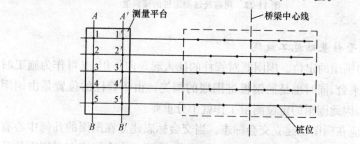

图 11-21　用专用测量平台测设桩基础的桩位

在各桩的中心位置测设后,应对其进行检核,与设计的中心位置偏差应小于(或等于)限差要求。在钻(挖)孔桩浇注完成后,修筑承台以前,应对各桩的中心位置再进行一次测定,作为竣工资料使用。

每个钻(挖)孔的深度可用线绳吊以重锤测定,打(压)入深度则可根据桩的长度推算。桩的倾斜度也应测定,由于在钻孔时为了防止孔壁坍塌,孔内灌满了泥浆,因而倾斜度的测定无法在孔内直接进行,只能在钻孔过程中测定钻孔导杆的倾斜度,同时利用钻孔机上的调整设备进行校正。钻孔机导杆以及打入桩的倾斜度,可用靠尺法测定。

靠尺法所使用的工具为靠尺,靠尺用木板制成,如图 11-22 所示,它有一个直边,在尺的一端于直边一侧钉一小钉,其上挂一垂球。在尺的另一端,自与小钉至直边距离相等处开始,绘制一原垂直于直边的直线,量出该直线至小钉的距离 S,然后按 $S/1000$ 的比例在该直线上刻出分划并标注注记。使用时将靠尺直边靠在钻孔机导杆或桩上,垂球线在刻划上的读数则为以千分数表示的倾斜率。

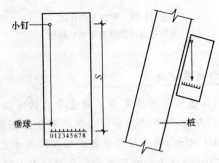

图 11-22　用靠尺法测定桩的倾斜度

3. 管柱基础施工放线

(1)围图的定位。围图既对管柱的插入起导向作用,又可作为施工时的工作平台,同时也是插钢板桩围堰的围笼。由于管柱的位置是由围图决定的,因此围图的定位测量工作就十分重要。

1)应在围图上建立交会标志。当交会标志建立在围图的几何中心有困难时,也可建立在围图的杆件上。此时,应测出交会标志在以围图的几何轴线为坐标轴的坐标值,用以求得交会标志在交会坐标系中的设计坐标值。

2)交会时,将经纬仪安置在各控制点上同时瞄准围图上的交会标志,测出与已知方向之间的角值,将其与设计角值进行比较,求得角差,据以得出围图应移动的方向和距离,逐步调整围图,使之与设计角值相吻合,完成围图定位。

3)交会底图如图 11-23 所示。在毫米方格纸上,以墩、台基础中心点

S 作为坐标原点,桥轴线方向为纵轴,根据基础中心点至各个测站方向的方位角将其方向线 SC、SA、SD 绘出,即为交会底图。当收到各测站报来的垂直于各交会方向的位移值及偏离的方向时,由于位移值 d 相对于交会距离 SC、SA、SD 要小得多,所以可根据各自的位移值绘出各方向线 SC、SA、SD 的平行线即为各交会方向线 $S_{CC'}$、$S_{AA'}$ 和 $S_{DD'}$。三条交会方向线的交点,为交会时围图中心所在的位置 S'。由于误差的存在,三条交会方向线往往不会交于一点,而出现一个示误三角形,这时可取示误三角形的重心作为 S' 的位置。对比设计位置 S 和实际位置 S',在图上可确定围图在桥轴线方向和上、下游方向应移动的距离。

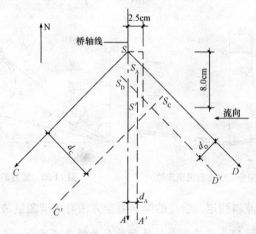

图 11-23　交会底图

快学快用 10　管柱定位放线

管柱的定位放线是在稳固的围图平台上进行,首先测设出桥墩中心点和纵、横轴线,然后将仪器置于桥墩中心点上,用极坐标法放线管柱上位置。因为管柱的直径一般较大,未填充混凝土时管柱内是空的,因此不便直接测定管柱的中心位置,所以在放线时,可观测管柱外切点的角度和距离,借以求得管柱中心点位,而对管柱进行调整、定位(图 11-24)。

如图 11-25 所示,仪器安置在墩中心点 O 上,观测两管柱外壁切线与纵轴线之夹角 α_1、α_2,并测量两管柱外壁切点至墩中心点 O 的距离 d_1、d_2,

设管柱外壁的半径为 r,可计算出管柱中心的方向线与纵轴线的夹角 α 和管柱中心至墩中心的距离 d:

$$\alpha=\frac{\alpha_1+\alpha_2}{2}$$

$$d=\frac{d_1}{\cos\left(\frac{\alpha_2-\alpha_1}{2}\right)}=\frac{d_2}{\cos\left(\frac{\alpha_2-\alpha_1}{2}\right)}$$

或者:

$$d=\frac{r}{\sin\left(\frac{\alpha_2-\alpha_1}{2}\right)}$$

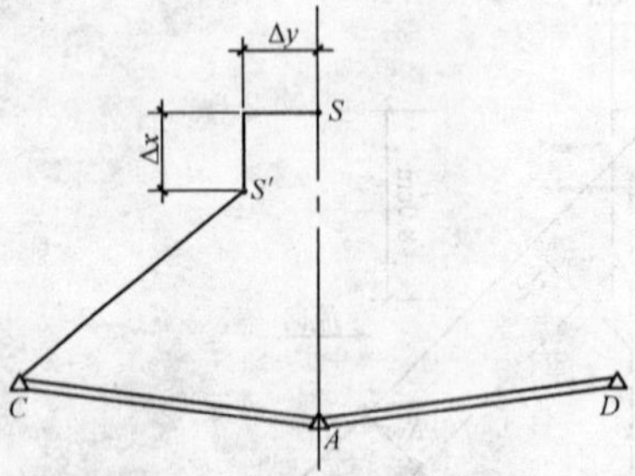

图 11-24　用全站仪进行围图定位 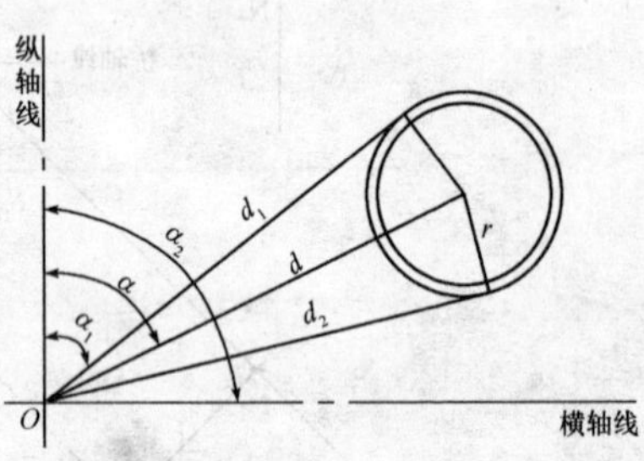　　　　图 11-25　管柱的定位

(2)管柱倾斜测定。管柱的倾斜测定方法有水准测量法和测斜器法。

快学快用 11　**水准测量法进行管柱的倾斜测定**

由于管柱的倾斜,必然使得它在顶部也产生倾斜,用水准测量方法测出管柱顶部直径两端的高差,即可推算出管柱的斜率。测定时要在管柱顶部平行和垂直于桥轴线方向的两条直径上进行观测。

如图 11-26 所示,在管柱顶部直径两端竖立水准尺,测得高差为 h,设管柱的直径为 d,则:

$$\sin\alpha=\frac{h}{d}$$

又设管柱任一截面上的中心点相对于顶面中心点的水平位移为 Δ,该截面至顶面的间距为 l,则:

$$\sin\alpha=\frac{\Delta}{l}$$

于是
$$\Delta = \frac{h}{d}l$$

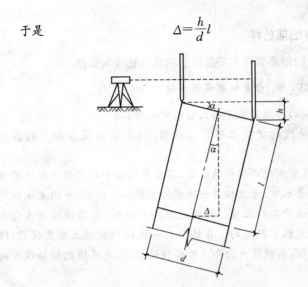

图11-26　水准测量定位管柱倾斜

快学快用 12　测斜器法进行管柱的倾斜测定

测斜器由一个十字架和一个浮标组成。测斜时,十字架位于管柱内欲测的截面上,用以确定该截面中心的位置;浮标浮在管柱内水面上,它标明截面中心在水面上的垂直投影位置。

测量之前,先在管柱顶端平行和垂直于桥轴线方向的两直径上,于管壁标出四个标记,将相对两标记相连即可作为以管柱中心为原点的坐标轴。

测量时,将测斜器放入管柱内,浮标漂浮于水面,十字架四端拴上四根带有长度标记的测绳,然后将十字架在管柱内吊起,根据测绳上的标记,即可知道十字架所在的截面位置。适当拉紧浮标的线绳使线绳位于铅垂位置,这时浮标就会稳定地漂浮于一点。这点即是十字架所在截面的管柱中心点的平面位置。为便于量测,可在浮标上面吊一垂球,使其对准浮标上面的中心标志。此时可测出垂球线在管柱坐标系两个方向上的位移值 x,y,据此调整管柱。

三、墩、台身细部放样

墩身和台身的细部放样主要是以它的纵横轴线为依据。

快学快用 13　墩、台身细部放样步骤

(1)在立模板的外面需预先画出它的中心线。

(2)在纵横轴线的护桩上架设经纬仪,照准该轴线方向上的另一护桩。

(3)根据轴线方向校正模板的位置,调整至模板中心线位于视线的方向上。若桥墩位于水中,无法标示出桥墩的纵横轴线时,便可用光电测距仪或交会法恢复墩中心的位置。在用光电测距仪时,墩的横轴线方向是利用桥轴线的控制桩来确定的。在桥轴线一端的控制桩上安置仪器,照准另一端的控制桩,则视线方向即为桥轴线的方向,也是墩的横轴线方向(直线桥)。

如图 11-27 所示,为利用光电测距仪测定墩中心位置示意图,AB 点连接起来的直线称为墩的横轴线方向,在此横轴线方向上,在墩中心附近前后分别划出 a_1 点和 a_2 点,并安置反光镜,并由此测出各点至控制桩 B 点的距离分别为 d_1、d_2,然后在两点间用钢尺测定出墩中心的位置。

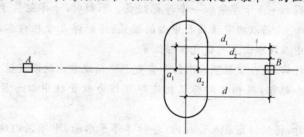

图 11-27　利用光电测距仪定出墩中心位置示意图

利用交会法测设墩中心时应至少选三个以上的方向进行交会。误差三角形最大边:在墩的下部不超过 25mm,在墩的上部不超过 15mm,取三角形的重心作为墩中心的位置。

此外,在墩台帽模板安装到位后应再一次进行复测,确保墩台帽位置符合设计要求。模板位置中心的偏差不得大于 1cm,并在模板上标出墩顶标高,以便控制灌注混凝土的标高。当混凝土灌注至墩帽顶部时,在墩的纵横轴线及墩的中心处,可埋设中心标志,在纵轴线两侧的上下游埋设两个水准点,并测定出中心标志的坐标和水准点的高程,作为大致安置支撑垫石的参考依据。

四、墩台锥坡放样

桥台完工后应进行锥形护坡的放样与施工,其应根据锥体的高度(H),桥头道路边坡率(M)和桥台河坡边坡率(N),计算出锥坡底面椭圆的长轴(A)和短轴(B),并以此作为锥坡底椭圆曲线的平面坐标轴。

1. 墩台锥坡放样的步骤

(1)将坡脚椭圆形曲线放出,在锥坡顶的交点处,用木桩钉上铁钉固定,系上一组麻线或 22 号钢丝,使其与椭圆形曲线上的各点相联系,并拉紧。

(2)浆砌或干砌锥坡石料时,沿拉紧的各斜线,自下向上,层层砌筑。

2. 墩台锥坡放样的方法

锥体护坡及护脚通常为椭圆形曲线,常见的方法有双圆垂直投影图解法、锥坡支距放样法、纵横等分图解法。

快学快用 14　双圆垂直投影图解法进行墩台锥坡放样的方法

双圆垂直投影图解法适用于当桥头锥坡处无堆积物的情况下。如图 11-28 所示,以 A 和 B 作半径,画出同心四分之一圆,将圆周分成 7 等分点,由等分点 1、2、3、4、5、6、7 分别和圆心相连,得到若干条径向直线。从各条径向线与两个圆周的交点互作垂线交于 I、II、III、IV、V、VI、VII,并将这些点连接成椭圆曲线。

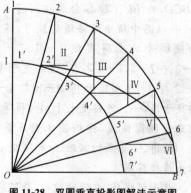

图 11-28　双圆垂直投影图解法示意图

快学快用 15　锥坡支距进行墩台锥坡放样的方法

锥坡支距放样法主要适用于锥坡不高,底脚地形平坦,桥位中线和水流正交的情况。如图 11-29 所示，将 b 分为 8 等份。

则 i 点对应的支距计算

$$a_i = \frac{a}{b}\sqrt{b^2 - (il)^2}$$

$$= a\sqrt{1 - \frac{i^2}{n^2}}$$

式中　a_i——a 方向的分量。

最后根据 i 点在 b 方向的分量 (il) 和在 a 方向的分量 (il)，在现场放出 i 点。

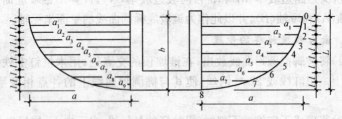

图 11-29　支距放样示意图

快学快用 16　纵横等分图解法进行墩台锥坡放样的方法

纵横等分图解法的做法是：如图 11-30 所示为纵横等分图解法示意

图，按 a 和 b 的长度引一平行四边形 $ABCD$，将 BC、CD 各分成相同的 7 等份，并以图中所示方法进行编号，连接相应编号的点得直线 $1-1$、$2-2$、$3-3$、…$7-7$，$1-1$ 与 $2-2$ 相交于 Ⅰ，$2-2$ 与 $3-3$ 相交于 Ⅱ，$3-3$ 与 $4-4$ 相交于 Ⅲ，…。连接交点 Ⅰ、Ⅱ、Ⅲ 等的曲线为椭圆曲线，按绘图比例尺量取 Ⅰ、Ⅱ、Ⅲ、…各点的纵距 x_i 和横距 y_i，作为放样数据。

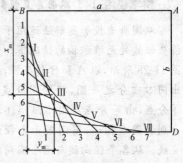

图 11-30　纵横等分图解法示意图

放出样线后，在锥坡挖基、修筑基础及砌筑坡面时，应悬挂准绳，使铺砌式样尺寸符合标准。在施工过程中应随时防止样线走动或脱开样线铺砌，并进行必要的检查复核工作。

五、墩、台顶部施工测量

桥墩、桥台砌筑至一定高度时,应根据施工水准点在墩身、台身每侧测设一条距顶部为一定高差(如 1m)的水平线并弹出墨线,以控制砌筑高度。墩帽、台帽施工时,应根据前已测设的水平线用水准仪控制其高程(偏差应在 -10mm 以内),再借助中线桩以经纬仪控制两个方向的中线位置(偏差应在 $\pm10\text{mm}$ 以内),墩台间距(即跨度)要用钢尺检查,精度应高于 1/5000。

当墩、台上定出两个方向的中心线并经校对后,即可根据墩、台中心线在墩台上测设出 T 形梁支座减震钢垫板的位置,如图 11-33 所示。测设时,先根据桥墩中心线 $①_1$ $①_4$。定出两排钢垫板中心线 $B'B''$、$A'A''$,再根据路中线 F_1F_2(图 11-31)和 $B'B''$、$A'A''$ 线,定出路中线上的两块钢垫板的中心位置 A_3 和 B_3,然后根据设计图上的相应尺寸用钢尺分别自 A_3 和 B_3 沿 $A'A''$ 和 $B'B''$ 方向量出 T 形梁间距,即可得到 A_1、A_2、A_4、A_5 和 B_1、B_2、B_4、B_5 等垫板中心位置,桥台的减震钢垫板位置可依同法定出。最后用钢尺校对钢垫板的间距,其偏差应在 $\pm2\text{mm}$ 以内。并用水准仪校测钢垫板的高程,其偏差可在 -5mm 以内(钢垫板略低于设计高程,安装 T 形梁时可加垫薄钢板置平)。上述校测完成后,即可封闭浇筑墩台顶面的混凝土。

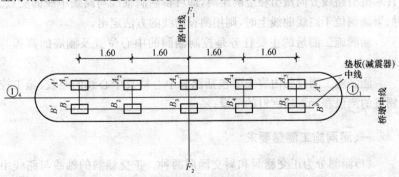

图 11-31　桥墩顶减震板测设

六、上部结构安装测量

架梁是桥梁施工的最后一道工序。桥梁梁部结构较复杂,要求对墩台方向、距离和高程用较高的精度测量,作为加架的依据。墩台施工时是以各个墩台为单元进行的。架梁需要将相邻墩台联系起来,要求中心点间的方向距离和高差符合设计要求。因此上部结构安装前应对墩、台上支座钢垫板的位置重新检测一次,同时在 T 形梁两端弹出中心线;对梁的全长和支座间距也应进行检查,并记录量得的数值,以作为竣工测量资料。

T 形梁就位时,其支腹中心线应对准钢垫板中心线,初步就位后,用水准仪检查梁两端的高程,偏差应在 ±5mm 以内。在上项检验合格后,要及时打好保险垛并焊牢,以防 T 形梁位移。T 形梁和护栏全部安装完成后,即可用水准仪在护栏上测设出桥面中心高程线,作为铺设桥面铺装层起拱的依据。

第四节　涵洞施工放线

涵洞放线是根据涵洞施工设计图表给出的涵洞中心里程,首先应放出涵洞轴线与路线中线的交点,然后根据涵洞轴线与路线中线的交角,再放出涵洞的轴线方向。

当涵洞位于路线直线上时,依据涵洞所在的里程,自附近的公里桩、百米桩沿路线方向量出相应的距离,即可得涵洞轴线与路线中线的交点。如果涵洞位于路线曲线上时,则用测设曲线的方法定出。

涵洞施工测量的主要任务是控制涵洞的中心位置及涵底的高程与坡度。

涵洞施工测设的内容主要包括涵洞中心桩及中心线的测设、施工控制桩的测设和涵洞坡度钉的测设。

一、涵洞施工测量要求

(1)涵洞分为正交涵洞和斜交涵洞两种。正交涵洞的轴线与路线中线或其切线垂直;斜交涵洞的轴线与路线中线或其切线不相垂直而成斜交角 ϕ,ϕ 角与 $90°$ 之差称为斜度 θ,如图 11-32 所示。

(2)当涵洞位于路线直线上时,依据涵洞所在的里程,自附近的公里桩、百米桩沿路线方向量出相应的距离,便得涵洞轴线与路线中线的交点。若涵洞位于路线曲线上时,则用测设曲线的方法定出。

（3）当定出涵洞轴线与路线中线的交点后，将经纬仪置于该交点上拨角即可定出涵洞轴线。涵洞轴线通常用大木桩标定在地面上，每端两个，且应置于施工范围以外。自交点沿轴线分别量出上、下游的涵长得涵洞口位置，用小木桩标出。

（4）涵洞基础及基坑边线由涵洞轴线设定，在基础轮廓线的转折处都要用木桩标记。

（5）为了开挖基础，应定出基坑的开挖边界线。

（6）在距基础边界线 1.0～1.5m 处设立龙门板，然后将基础及基坑的边界线用垂球线将其设在龙门板上，可用小钉标出。

（7）在基坑挖好后，根据龙门板上的标志将基础边线投放到坑底，作为砌筑基础的依据。

（8）基础建成后，安装管节或砌筑涵身等各个细部的放样，仍应以涵洞轴线为基准进行。

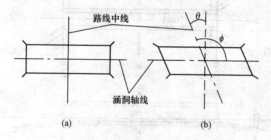

图 11-32 正交涵洞与斜交涵洞
（a）正交涵洞；（b）斜交涵洞

二、涵洞施工测设内容

涵洞施工测设的内容主要包括涵洞中心桩及中心线的测设、施工控制桩的测设和涵洞坡度钉的测设。

快学快用 17 涵洞中心桩基中心线的测设

（1）涵洞中心桩一般根据设计给定的涵洞位置（桩号），以其邻近的里程桩为准测设。

（2）在直线上设置涵洞，是用经纬仪标定路中线方向，根据涵洞与其邻近的里程桩的关系，用钢尺测设相应的距离，即可钉出涵洞中心桩。将经纬仪安置在涵洞中心桩上,以路中线为后视方向。测设90°角,通常斜涵应按设计角度测设,得到涵洞的中线方向。

(3)在曲线上设置的涵洞,其中线应通过圆心。当精度要求较高时,应用经纬仪施测。

快学快用 18 涵洞施工控制桩的测设

如图 11-33(a)所示,涵洞中心桩 K1+020 和中线 C_1C_2 定出后,即可依涵洞长度(如 16m)定涵洞两端点 C_1、C_2(墙外皮中心),为了在基础开挖后控制端墙位置,还应加钉施工控制桩①1②1和②1②2;①1②2、②1②2均垂直于 C_1C_2,其相距可为一整米数,以控制端墙施工。此外,其他各翼墙控制桩则均照图钉出。

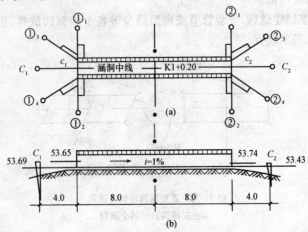

图 11-33　施工控制桩示意图

(a)中心桩;(b)坡度钉

快学快用 19 涵洞坡度钉的测设

如图 11-36(b)所示,基槽开挖后,为控制开挖深度、基础厚度及涵洞的高程与坡度,需要在涵涵洞中线桩 C_1 及 C_2 上测设涵洞坡度钉,使两钉的连线恰与涵洞流水面的设计位置一致,其测设方法如下:

(1)在钉中线桩 C_1、C_2 时,使 $C_1c_1=C_2c_2=$ 整米数(如 4m),在木桩侧面钉出坡度钉。

（2）坡度钉的高程根据涵洞两端设计高程与涵洞坡度推算得到。

（3）两坡度钉的连线即为涵洞流水面的设计坡度及高程。

此外，为控制端墙基础高程及开挖深度，在①₁①₂和②₁②₂等端墙控制桩上，应测设端墙基础高程钉，即离开基础高程为一整分米数，以便于检查及控制挖土深度。

第五节　桥梁变形观测

桥梁工程在施工使用过程中，由于各种内在因素和外界条件的影响，墩、台会产生一定的沉降、倾斜及位移，如桥梁的自重对基础产生压力，引起基础、墩台的均匀沉降或不均匀沉降，从而使墩柱倾斜或产生裂缝；梁体在动荷载的作用下产生挠曲；高塔柱在日照和温度的影响下会产生周期性的扭转或摆动等。为保证桥梁工程质量，需对桥梁工程定期进行变形观测。

一、沉降观测

沉降观测是根据水准点定期测定桥梁墩台上所设观测点的高程，计算沉降量的工作。具体内容是水准点及观测点的布设、观测方法和成果整理。

1. 水准点及观测点的布设

（1）水准点埋设要稳定、可靠，必须埋设在基础上。

（2）最好每岸各埋设三个且布设在一个圆弧上，在观测时仪器安置在圆弧的圆心处。

（3）水准点离观测点距离不要超过100m。

（4）观测点预埋在基础和墩身、台身上，埋设固定可靠，观测点其顶端做成球形。

（5）基础上的观测点可对称地设在四角，墩身、台身上的观测点设在两侧与基础观测点相对应的部位，其高度在普通低水位之上。

快学快用 20 *桥梁沉降观测方法*

在施工期间，待埋设的观测点稳固后，即进行首次观测；以后每增加一次大荷载要进行沉降观测，其观测周期在施工初期应该短些，当变形逐渐稳定以后则可以长些。工程投入使用后还需要观测，观测时间的间隔可按沉降量大小及速度而定，直到沉降稳定为止。

为保证观测成果的精度，沉降观测应采用精密水准测量，所用的仪器为精密水准仪，所用的水准尺为因瓦水准尺。

沉降观测是一项较长期的系统观测工作，为了保证观测成果的正确性要做到五定：水准点固定、水准仪与水准尺固定、水准路线固定、观测人员固定和观测方法固定。

沉降观测应遵守以下规定：

(1)观测应在成像清晰、稳定时进行。

(2)观测视线长度不要超过50m，前后视距离应尽量相等，前、后视观测最好用同一根水准尺。

(3)沉降观测点首次观测的高程值是以后各次观测用以进行比较的依据，必须提高初测精度，应在同期进行两次观测后决定。

(4)前视各点观测完毕以后，应回视后视点，要求两次后视读数之差不得超过1mm。

此外，每次观测结束后，应检查记录和计算是否正确，精度是否合格。

2. 成果处理

根据历次沉降观测各观测点的高程和观测日期填入沉降观测成果表。计算相邻两次观测之间的沉降量和累计沉降量，以便比较。为了直观地表示沉降与时间之间的关系，可绘制成沉降点的沉降量—时间关系曲线图，供分析用。绘制沉降量图时，以时间为横坐标，以沉降量为纵坐标，把观测数据展绘到图上，并将相邻点相连绘制成一条光滑的曲线，这条曲线称为沉降位移过程线，如图11-34所示。

图11-34　沉降曲线图

如果沉降位移量小且趋势日渐稳定，则说明桥梁墩台是正常的；如果沉降位移量大且有日益增长趋势，则应及时采取工程补救措施。

如果每个桥墩的上下游观测点沉降量不同，则说明桥墩发生倾斜，此时必须采取相应措施加以解决。

二、水平位移观测

水平位移主要产生自水流方向,这是由于桥墩长期受水流尤其是洪水的冲击;其他原因如列车的运行,也会产生沿桥轴线方向位移,所以水平位移观测分为纵向(桥轴线方向)位移和横向(垂直于桥轴线方向)位移。

快学快用 21 **桥梁纵向位移观测方法**

对于小跨度的桥梁可用钢尺、钢瓦线尺直接丈量各墩中心的距离,大跨度的桥梁应采用全站仪施测。每次观测所得观测点至测站点的距离与第一次观测距离之差,即为墩台沿桥轴线方向的位移值。

快学快用 22 **桥梁横向位移观测方法**

如图 11-35 所示,A、B 为视准线两端的测站点,在 A 点放置 J_2 型光学经纬仪,在 B 点安置棱镜。观测桥墩所作标志与 AB 所成小角 γ,所需要的测回数视仪器的性能而定。一般要求测角中误差达到 $0.8'' \sim 1.0''$。由角 γ 及仪器到该墩的距离 S 即可求出位移值 x:

$$x = \frac{\gamma''}{\rho''} S$$

在上式中 S 可以用丈量法或其他方法求出,x 的误差主要来自 γ 的误差,由此可知:

$$m_x = S \frac{m''_\gamma}{\rho''}$$

因为 X 的中误差 m_x 与 S 成正比,所以在 A 点观测离 A 点较近各墩上的标志后,将 A 及 B 的经纬仪及觇牌对换,再观测离 B 点较近各墩上的标志。

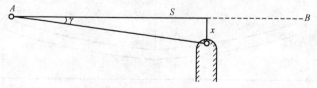

图 11-35　横向位移观测

三、倾斜观测

倾斜观测主要是对高桥墩和斜拉桥的塔柱进行铅垂线方向的倾斜观测,这些构筑物倾斜与基础的不均匀沉降有关。

快学快用 23 　*桥梁倾斜观测方法*

在桥墩倾斜变形观测中应在桥墩立面上设置上下两个观测标志,上下标志应位于同一垂直面内,它们的高差为 h。用经纬仪将上标志中心采用正倒镜法投影到下标志附近,量取它与下标志中心的水平距离 ΔD,则两标志的倾斜度为

$$i = \frac{\Delta D}{h}$$

四、挠度观测

挠度观测是对梁在静荷载和动荷载的作用下产生挠曲和振动的观测。

快学快用 24 　*桥梁挠度观测方法*

如图 11-36 所示,在梁体两端及中间设置 A、B、C 三个沉降观测点进行沉降观测,测得某时间段内这三点的沉降量分别为 h_a、h_b 和 h_c,则此构件的挠度为

$$f = \frac{h_a + h_c - 2h_b}{2D_{AC}}$$

利用多点观测值可以画出梁的挠度曲线。

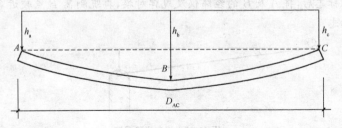

图 11-36　挠度曲线

五、裂缝观测

裂缝观测是对混凝土的桥台、桥墩和梁体上产生裂缝的现状和发展过程的观测。

快学快用 25 桥梁裂缝观测方法

裂缝观测时在裂缝两侧设置观测标志(石膏板标志、白铁片标志、金属棒标志),用直尺、游标卡尺或其他量具定期测量两侧标志间的距离、裂缝长度,并记录测量的日期。

第六节 桥梁竣工测量

桥梁工程的竣工测量,主要是对施工后的一些位置、高程和尺寸数据进行复核检查测量,并提供相应的资料,但必须满足必要的精度要求。

一、基础竣工测量

桥梁竣工测量的主要内容是检测基础中心的实际位置。检测时实测桩基的施工坐标 x_i'、y_i',与设计值 x_i、y_i 比较后算出其偏差值 $D = \sqrt{\Delta x^2 + \Delta y^2}$。基础竣工测量还应将基坑位置、坑底高程、土质情况等如实地反映并附绘基坑略图标注相应的检测数据等。

二、墩台竣工测量

1. 墩台中心间距测量

墩台中心间距可根据墩台中心点测定。如果间距较小,可用钢尺采用精密方法直接测量;当间距较大不便直接测量时,可用全站仪施测。墩台中心间距 D',与设计墩台中心间距 D 比较,由差值 $\Delta = D' - D$,计算墩台中心间距的竣工中误差为

$$m = \pm\sqrt{\frac{[\Delta\Delta]}{n}}$$

式中 m 是衡量墩台施工质量的重要指标之一。

快学快用 26　桥梁墩台标高的检测

检测时布设成附合水准线路,即自桥梁一端的永久水准点开始,逐墩测量,最后符合至另一端的永久水准点上,其高差闭合差限差应为

$$f_{h限} \leqslant \pm 4\sqrt{n}\,\text{mm}\,(n\ \text{为测站数})$$

在进行此项水准测量时,应联测各墩顶水准点和各垫板的标高以及墩顶其他各点的标高。

2. 墩顶细部的丈量

墩顶细部尺寸的丈量,应依据其纵横轴线进行,主要是测量各垫板的位置、尺寸和墩顶的长与宽,这些尺寸对于设计数据的偏差应小于 2cm。

三、跨越构件测量

在现场吊装前、后应进行的竣工测量项目有:

(1)构件的跨度。

(2)构件的直线度。一般要求直线度偏差不得超过跨度的 1/5000。

(3)构件的预留拱度。预留拱度是指钢架铆接好后,钢梁及各弦杆呈一微上凸的平滑线,略显拱形,称为构件预留拱度曲线。其中部高出于两端的最大高差,称为预留拱度。设计预留拱度通常约为跨度的 1/1000。

第十二章　隧道工程测量

隧道是道路穿越山岭或水底工程的建筑物,形体很小。隧道工程施工测量的主要任务是:一方面是保证相向开挖的工作面,按照规定的精度在预定位置贯通;另一方面是保证各项建筑物以规定的精度按照设计位置修建,不得侵入建筑限界。

第一节　地面控制测量

一、地面控制测量的前期准备

1. 收集资料

在布设地面控制网之前,通常收集隧道所在地区的 1:2000、1:5000 大比例尺地形图,隧道所在地段的路线平面图,隧道的纵、横断面图,各竖井、斜井、水平坑道以及隧道的相互关系位置图,隧道施工的技术设计及各个洞口的机械、房屋布置的总平面图等。此外,还应收集该地区原有的测量资料,地面控制资料以及气象、水文、地质和交通运输等方面的资料。

2. 现场踏勘

对所收集到的资料进行阅读、研究之后,为了进一步判定已有资料的正确性和全面、具体地了解实地情况,要对隧道所穿越的地区进行详细踏勘。踏勘路线一般是沿着隧道路线的中线、以一端洞口向着另一端洞口前进,观察和了解隧道两侧的地形、水源、居民点和人行便道的分布情况。应特别留意两端洞口路线的走向、地形和施工设施的布置情况。结合现场,对地面控制布设方案进行具体、深入的研究。另外,勘测设计人员还要对路线上的一些主要桩点如交点、转点、曲线主点等进行交接。

3. 选点布设

如果隧道地区有大比例尺地形图,则在图上选点布网,然后将其测设到实地上。如果没有大比例尺地形图,就只能到现场踏勘进行实地选点,确定布设方案。

隧道地面控制网怎样布设为宜,应根据隧道的长短、隧道经过的地区地形情况、横向贯通误差的大小、所用仪器情况和建网费用等方面进行综合考虑。

(1)隧道平面测量控制网采用的坐标系宜与路线控制测量相同,但当路线测量坐标系的长度投影变形对隧道控制测量的精度产生影响时,应采用独立坐标系,其投影面宜采用隧道纵面设计高程的平均高程面。

(2)隧道平面测量控制网应采用自由网的形式,选定基本平行于隧道轴线的一条长边作为基线边与路线控制点联测,作为控制网的起算数据。联测的方法和精度与隧道控制网的要求相同。

(3)各洞口附近设置两个以上相互通视平面控制点,点位应便于引测进洞。

(4)控制网的选点,应结合隧道平面线形及施工时放线洞口(包括辅助道口)投点的需要布设;结合地形、地物,力求图形简单、坚强;在确保精度的前提下,充分考虑观测条件、测站稳固、交通方便等因素。

二、地面导线测量

导线测量是隧道建立洞外平面控制的常用方法之一。在直线隧道中,为了减少导线测距误差对隧道横向贯通的影响,应尽可能将导线沿着隧道的中线布设。导线点数不宜过多,以减少测角误差对横向贯通的影响。

快学快用　1　洞外导线测量的方法

洞外导线的测量与计算方法与前面提到过的导线测量的内容基本相同,但导线的布设须按隧道建筑要求来确定,具体规定如下:

(1)直线隧道的导线应尽量沿两洞口连线的方向布设成直伸形式,因直伸导线的量距误差主要影响隧道的长度,而对横向贯通误差影响较小。

(2)在曲线隧道测设中,当两端洞口附近为曲线时,则两端应沿切线布设导线点,中部为直线时,则中部沿中线布设导线点;当整个隧道在曲线上时,应尽量沿两端洞口的连线布设导线点。

（3）导线应尽可能通过隧道两端洞口及各辅助坑道的进洞点,并使这些点成为主导线点。

（4）测量中要求每个洞有不少于3个的能彼此联系的平面控制点,以利于检测和补测。

（5）为了提高导线测量的精度和便于检核,必要时可将导线布设成主副导线闭合环。

三、地面水准测量

地面水准测量的等级,须通过现场踏勘,将两洞口水准点间的水准路线大致确定之后,估出（可借助于地形图）水准路线的长度（指单程长度）,利用表12-1确定,并可由此知道应该选用的水准仪的级别及所用水准尺的类型。

表 12-1　　　　　　　　　　地面水准测量的等级确定

等级	两洞口间水准路线长度/km	水准仪型号	标尺类型
二	>36	$S_{0.5}$,S_1	因瓦精密水准尺
三	13~36	S_1	因瓦精密水准尺
		S_3	木质普通水准尺
四	5~13	S_3	木质普通水准尺

快学快用 2 地面水准测量等级确定的方法

地面水准测量等级的确定分为以下几种方法。

（1）首先求出每公里高差中数的中误差:

$$M_\Delta = \pm \frac{18}{\sqrt{R}} \quad (\text{mm})$$

式中　　R——水准路线的长度,以km计。

然后按 M_Δ 值的大小及规范规定值选定水准测量等级。

（2）隧道水准点的高程,应与路线水准点采用统一高程。所以,一般是采用洞口附近一个路线水准点的高程作为起算高程。如遇特殊情况,也可暂时假定一个水准点的高程作为起算高程,待与路线水准点联测后,再将高程系统统一起来。

(3)布设水准点时,每个洞口附近埋设的水准点不应少于两个。两个水准点之间的高差,以安置一次仪器即可联测为宜。并且,水准点的埋设位置应尽可能选在能避开施工干扰、稳定坚实的地方。

四、地面三角测量

隧道三角测量通常用方向观测法测量水平角。观测要严格遵循精密测角的原则。由于隧道三角网三角点间高差较大,观测方向的竖直角也较大,因此对测角影响较大,在测角前一定要对仪器进行严格检验和校正。

快学快用　3　地面三角测量方法

(1)观测时要在测站观测的各目标中选择一个距离适中、成像清晰、竖直角较小的方向作为零方向。这样在各测回的观测中便于找到零方向,以此为参考从而找到其他方向。此外也易满足归零差的要求。对于部分方向超限也便于与零方向联系进行重测。

(2)在观测过程中,可采用每2~3测回将仪器和目标重新对中一次。这样会使方向观测值中包含仪器和目标对中的误差,因而在各测回同一方向值互差中,比不重新对中容易超限。此外,为了提高方向的观测精度可将各测回的同一方向取平均值后,从而能减弱仪器对中误差和目标偏心差的影响。

(3)为了减弱旁折光对方向观测的影响,最好把全部测回数分配在不同的时间段,然后取各时间段观测结果的平均值。

(4)在方向观测作业结束后,应按方向观测值计算三角形角度闭合差,以检查是否满足限差要求。三角形角度闭合差的限差按下式计算:

$$f_\beta = 2m''_r \sqrt{6} = 4.90 m''_r$$

式中　m''_r——三角网所需的方向观测中误差。

三角网实际方向观测中误差应按下式计算:

$$m''_r = \pm \sqrt{\frac{[ww]}{6n}}$$

式中　w——三角网各三角形的角度闭合差,以秒为单位;

　　　n——三角网三角形的个数。

第二节 洞内控制测量

一、洞内导线测量

1. 测量目的

测量的目的是以必要的精度,按照地面控制测量的坐标系统,建立洞内的平面控制系统。根据洞内导线的坐标,测设隧道中线、放样隧道衬砌位置及其他附属设施,定出隧道开挖的方向,保证相向开挖的隧道在规定的精度范围内贯通。

2. 洞内导线的布设形式

洞内导线的布设形式分为单导线、主副导线环和导线网三种。

(1)单导线。单导线一般用于短隧道,如图 12-1 所示,A 点为地面平面控制点,1、2、3、4 为洞内导线点。单导线的角度可采用左、右角观测法,即在一个导线点上,用半数测回观测左角(图中 α 角),半数测回观测右角(图中 β 角)。计算时再将所测角度统一归算为左角或右角,然后取平均值。观测右角时,同样以左角起始方向配置度盘位置。在左角和右角分别取平均值后,应计算该点的圆周角闭合差:

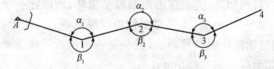

图 12-1 单导线左、右角观测法

$$\Delta = \alpha_{i\mathrm{平}} + \beta_{i\mathrm{平}} - 360°$$

式中 $\alpha_{i\mathrm{平}}$——导线点 i 左角观测值的平均值;

$\beta_{i\mathrm{平}}$——导线点 i 右角观测值的平均值。

(2)主、副导线环。如图 12-2 所示,主导线为 $A—1—2—3—\cdots$;副导线为 $A—1'—2'—3'—\cdots$。主、副导线每隔 2～3 条边组成一个闭合环。主导线既测角,同时又测边,而副导线则只测角,不测边。通过角度闭合差可以评定角度观测的质量以及提高测角的精度,对提高导线端点的横向点位精度有利。但导线点坐标只能沿主导线进行传算。

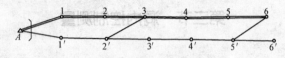

图 12-2　洞内主、副导线环

(3)导线网。导线网一般布设成若干个彼此相连的带状导线环,如图 12-3 所示。网中所有边、角全部观测。导线网除可对角度进行检核外,因为测量了全部边长,所以计算坐标有两条传算路线,对导线点坐标亦能进行检核。

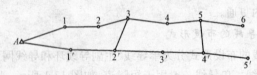

图 12-3　洞内导线网

3.　洞内导线点的埋设

洞内导线点一般采用地下挖坑,然后浇灌混凝土并埋入铁制标心的方法。这与一般导线点的埋设方法基本相同。但是由于洞内狭窄,施工及运输繁忙,且照明差,桩志露出地面极易撞坏,所以标石顶面应埋在坑道底面以下 10～20cm 处,上面盖上铁板或厚木板。为便于找点使用,应在边墙上用红油漆注明点号,并以箭头指示桩位。导线点兼作高程点使用时,标心顶面应高出桩面 5mm。

快学快用　4　洞内导线测角方法

对洞内导线的测角,应给予足够的重视,洞的内外两个测站的测角,应安排在最有利的观测时间进行。通常可选在大气稳定的夜间或阴天。由于洞内导线边短,仪器对中和目标偏心对测角的影响较大,所以,测角时在测回之间,仪器和目标均应重新对中,以减弱此项误差的影响。为了减小照准误差和读数误差,在观测时通常采用瞄准两次,读数两次的方法。洞内测角的照准目标,通常采用垂球线。将垂球线悬挂在三脚架上对点作为观测目标。对洞内的目标必须照明,常用的做法是制作一木框,内置电灯,框的前面贴上透明描图纸,衬在垂球线的后方。洞内每次爆破之后,会产生大量烟尘,影响成像,所以,测角必须等通风排烟、成像清晰后方能进行。对于隧道内有水的情况,要做好排水工作。即在导线点桩志周围用黏土扎成围堰,将堰内积水排除,堰外积水引流排放。

快学快用 5　洞内导线测边方法

洞内导线测边的常用方法是钢尺精密量距。丈量通常应使用检定过的钢尺,检定可采用室内比长或在现场建立比尺场进行比长,使洞内外长度标准统一。通过比长,可得到标准拉力、标准温度下的尺长改正系数。在钢尺量距过程中首先要定线、概量,每个尺段应比钢尺的名义长度略短,以5cm左右为宜,然后在地上打下桩点。由于木桩不易打进地面,常采用20cm的铁线钉。将铁线钉打入地下,在钉帽中心钻一小眼准确表示点位。丈量为悬空丈量,尺的零端挂上弹簧秤,末端连接紧线器。弹簧秤和紧线器分别用绳索套在两端插入地面用作张拉的花杆上,升降两端绳索调整尺的高度,用木工水平尺使尺呈水平,弹簧秤显示标准拉力,尺上分划靠近垂球线,此时尺的两端即可同时读取读数。并同时记录温度。这样完成了一组读数。接着再将尺向前或向后移动几个厘米,读取第二组读数。一般读取三组读数,互差不应超过3mm。根据洞内丈量精度的要求,一般需测数测回。

二、洞内中线测设

隧道内中线的测设有直角坐标法和极坐标法。

1. 直角坐标法

在直线隧道中,由于导线点是沿中线布设,而且在计算坐标时纵向轴线(x轴)与贯通理论中线强制重合。因而凡位于中线上各点的横坐标均为零。导线点偏离中线的垂距(即y值)一般都较小,如图12-4所示。由于y值与中线垂直,则导线点到中线的长线(即垂距边)之坐标方位角为90°(y值为负时)或270°(y值为正时),如图12-5所示。导线边与垂距边y之夹角θ为此两边坐标方位角之差。因y值很小,可用量角器由导线边起量θ角,即得垂直的方向,从导线点沿此垂直方向用钢尺量y值,即得中线点点位。

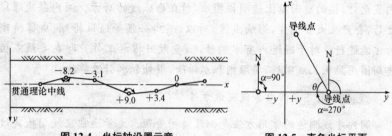

图 12-4　坐标轴设置示意　　　图 12-5　直角坐标平面

2. 极坐标法

曲线隧道或当导线点离隧道中线较远时使用极坐标法。

快学快用　6　极坐标法测设隧道内中线的方法

在隧道直线段内用极坐标法欲由导线点 M 测设中线点 K，如图 12-6 所示，可利用 M、K 两点坐标求出 θ 及 D_{MK}，置仪器于 M 点，以 MA 为起始方向，设出角度 θ，然后沿此方向量出长度 D_{MK}，即得中线点点位。中线上某点坐标为 x_i、y_i 的求解方法为：

(1)根据设计和施工的要求，选定该点至洞口的距离 L，隧道理论中线的方位角 α 是已知的。则中线上该点至洞口的坐标增量 $\Delta x = L\cos\alpha$，$\Delta y = L\sin\alpha$。

(2)将其分别与洞口的坐标值相加，即得欲求中线点的坐标 x_i、y_i。

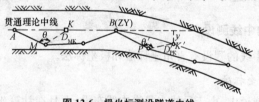

图 12-6　极坐标测设隧道中线

三、洞内水准测量

洞内水准测量的方法与地面水准测量基本相同，但由于隧道施工的具体情况，又具有如下特点：

(1)在隧道贯通之前，洞内水准路线均为支水准路线，故须用往返测进行检核。由于洞内施工场地狭小，运输频繁、施工繁忙，还有水的侵害，经常影响到水准标志的稳定性，所以应经常性地由地面水准点向洞内进行重复的水准测量，根据观测结果以分析水准标志有无变动。

（2）为了满足洞内衬砌施工的需要，水准点的密度一般要达到安置仪器后，可直接后视水准点就能进行施工放样而不需要迁站。洞内导线点亦可用作水准点。

通常情况下，水准点的间距不大于 200m。

（3）隧道贯通后，在贯通面附近设置一个水准点 E，如图 12-7 所示。由进、出口水准点引进的两水准路线均联测至 E 点上。这样 E 点就得到两个高程值 H_{JE} 和 H_{CE}，实际的高程贯通误差为：

图 12-7　隧道贯通水准测量

$$f_h = H_{JE} - H_{CE}$$

第三节　洞外控制测量

一、洞外平面控制测量

洞外平面控制测量的任务是测定各洞口控制点的相对位置，作为引测进洞和测设洞内中线的依据。

（1）精密导线法。在洞外沿隧道线形布设精密光电测距导线来测定各洞口控制点的平面坐标，精密导线一般采用正、副导线组成的若干导线环构成控制网（图 12-8）。

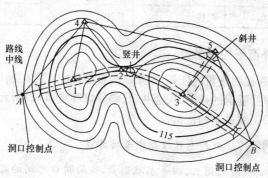

图 12-8　精密导线法

(2)GPS法适合于长隧道及山岭隧道,原因是控制点之间不能通视,没有测量的误差积累。

根据公路及特殊桥梁、隧道等构造物的特点及不同要求,GPS控制网分为一级、二级、三级、四级共四个等级,各级GPS控制网的主要技术指标规定见表12-2。用户可以参照表12-2中隧道两开挖洞口间距离,在表12-3中选择一种合适的级别布设GPS控制网。

表 12-2　　　　　　　　精密导线法参考精度

测量方法	两开挖洞口间距离/km		测角中误差(″)	导线边最小长度/m		导线边长相对中误差	
	直线隧道	曲线隧道		直线隧道	曲线隧道	直线隧道	曲线隧道
导线测量	4~6	2.5~4	2	500	150	1/5000	1/15000
	3~4	1.5~2.5	2.5	400	150	1/3500	1/10000
	2~3	1.0~1.5	4.0	300	150	1/3500	1/10000
	<2	<1.0	10.0	200	150	1/2500	1/10000

表 12-3　　　　　　　　GPS控制网的主要技术指标

级别	每对相邻点平均距离 d/km	固定误差 a/mm		比例误差 b/ppm		最弱相邻点点位中误差 m/mm	
		路线	特殊构造物	路线	特殊构造物	路线	特殊构造物
一级	4.0	≤10	5	≤2	1	50	10
二级	2.0	≤10	5	≤5	1	50	10
三级	1.0	≤10	5	≤10	2	50	10
四级	0.5	≤10		≤20		50	

二、洞外高程控制测量

洞外高程控制测量的任务,是按照测量设计中规定的精度要求,施测隧道洞口(包括隧道的进出口、竖井口、斜井口和坑道口)附近水准点的高程,作为高程引测进洞的依据。

快学快用　7　洞外高程控制测量的方法

高程控制一般采用三、四等水准测量,当两洞口之间的距离大于1km时,应在中间增设临时水准点。

如果隧道不长,高程控制测量等级在四等以下时,也可采用光电测距三角高程测量的方法进行观测。三角高程测量中,光电测距的最大边长不应超过 600m,且每条边均应进行对向观测。高差计算时,应加入地球曲率改正。

第四节　隧道施工测量

隧道施工测量是通过现场测量和计算来确定已知点连线的长度、方向和坡度,并通过适当的施工测量方法将该线段放样出。具体采用何种方法,在某种程度上将视隧道的用途和工程量的大小而定。

隧道施工过程中,首先要在隧道任一端洞口外定出隧道的中线方向,然后再沿隧道(通常是沿隧道顶端)设点,坡度可通过对隧道顶面或隧道地面上的点进行直接水准测量获得,同时沿隧道中线,测量从埋石点到眼线各点的距离。

一、隧道前进方向测设与标定

隧道前进方向的测设与标定一般按以下步骤进行。

(1)如图 12-9 所示,根据洞外控制点的坐标和路线交点 JD 的设计坐标,计算出进洞点 A 处的隧道掘进夹角 β_A,按 β_A 定出 A—JD 方向。

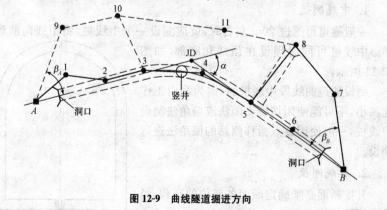

图 12-9　曲线隧道掘进方向

（2）计算出进洞点 B 处的隧道掘进夹角 β_B，按 β_B 定出 B—JD方向。

（3）在掘进方向上埋设并标定出 A_1、A_2、A_3、A_4 桩，在垂直于掘进方向埋设并标定出 A_5、A_6、A_7、A_8 桩（图 12-10）。桩位应埋设为混凝土桩或石桩，点位的选取应注意在施工过程中不被破坏和扰动，还应测量出进洞点 A 至 A_2、A_3、A_6、A_7 点的距离，以便在施工过程中随时检查和恢复洞口点的位置。

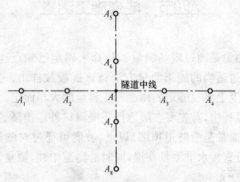

图 12-10　在地面标定掘进方向

二、开挖断面测设

洞口开挖后，随着隧道的向前掘进，要逐步往洞内引测隧道中线和腰线。

1. 中线测设

一般隧道每掘进 20m 左右时，就应测设一个中线桩，将中线向前延伸。中线桩可同时埋设在顶部和底部，如图 12-11 所示。

测设隧道曲线段中线桩时，因为洞内工作面狭小，不可能使用切线支距法或偏角法测设中线桩，一般使用逐点搬移测站的偏角法进行测设。

2. 腰线测设

开挖断面必须确定断面各部位的高程，经常采用腰线法。

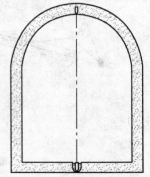

图 12-11　隧道掘进中线桩

快学快用 **8** **腰线法测设开挖断面**

如图 12-12 所示,将水准仪置于开挖面附近,后视已知水准点 P 读数 a,即仪器视线高程:

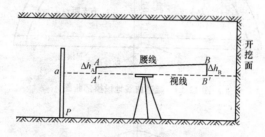

图 12-12　腰线法确定开挖断面高程

$$H_i = H_p + a$$

根据腰线点 A、B 的设计高程,分别计算出 A、B 点与仪器视线间的高差 Δh_A、Δh_B:

$$\Delta h_A = H_A - H_i$$

$$\Delta h_B = H_B - H_i$$

先在边墙上用水准仪放出与视线等高的两点 A'、B',然后分别量测 Δh_A、Δh_B,即可定出点 A、B。A、B 两点间的连线即是腰线。根据腰线就可以定出断面各部位的高程及隧道的坡度。

在隧道的直线地段,隧道中线与路线中线应重合一致,开挖断面的轮廓左右支距亦相等。在曲线地段隧道中线由路线中线向圆心方向内移 d 值,如图 12-13 所示。由于标定在开挖面上的中线是依路线中线标定的,所以在标绘轮廓线时内侧支距应比外侧支距大 $2d$。

拱部断面的轮廓线一般用五寸台法测出。如图 12-13 所示,自拱顶外线高程起,沿路线中线向下每隔 $1/2$m 向左、右两侧量其设计支距,然后将各支距端点连接起来,即为拱部断面的轮廓线。

墙部的放线采用支距法,如图 12-14 所示,曲墙地段自起拱线高程起,沿路线中线向下每隔 $1/2$m 向左、右两侧按设计尺寸量支距。直墙地段间隔可大些,可每隔 1m 量支距定点。

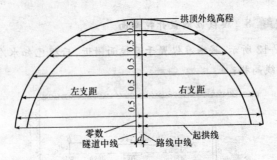

图 12-13 隧道曲线地段拱部断面

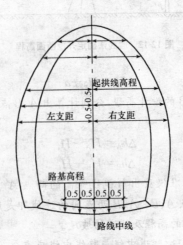

图 12-14 隧道断面

三、衬砌放线

1. 边墙及拱部衬砌放线

边墙衬砌先根据路线中线点和水准点,按施工断面各部位的高程,用仪器放出路基高程、边墙基底高程和边墙顶高程,对已放过起拱线高程的,应对起拱线高程进行检核。

快学快用 9 拱部衬砌放线

拱部衬砌的放线主要是将拱架安置在正确位置上。拱部分段进行衬砌,一般按 5~10m 进行分段,地质不良地段可缩短至 1~2m。拱部放线根据路线中线点及水准点,用经纬仪和水准仪放出拱架顶、起拱线的位置以及十字线,然后将分段两端的两个拱架定位。拱架定位时,应将拱架顶与放出的拱架顶位置对齐,并将拱架两侧拱脚与起拱线的相对位置放置正确。两端拱架定位并固定后,在两端拱架的拱顶及两侧拱脚之间绷上麻线,据以固定其间的拱架。在拱架逐个检查调整后,即可铺设模板衬砌。

快学快用 10　**仰拱和铺底放线**

仰拱砌筑时的放线,先按设计尺寸制好模型板,然后在路基高程位置绷上麻线,最后由麻线向下量支距,定出模型板位置。

隧道铺底时,先在左、右边墙上标出路基高程,由此向下放出设计尺寸,然后在左、右边墙上绷以麻线,据此来控制各处底部是否挖够了尺寸,之后即可铺底。

2. 洞门仰坡放线

洞门仰坡放线分为方角式仰坡放线和圆角式仰坡放线。

(1)方角式仰坡放线。如图 12-15 所示,方角式仰坡放线,主要是确定仰坡与边坡的交线 AB 和 CD。为此,就须确定交线 AB 和 CD 与路线中线方向的水平夹角 φ 和 θ 值以及两交线的坡度 1∶M 和 1∶N。

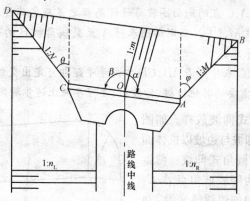

图 12-15　方角式仰坡

图中 A、C 为仰坡在洞顶的坡脚点,AC 为坡脚线,其位置由它的设计里程和洞门与路线中线的交角 α 或 β 确定,A、C 点的高程为已知。仰坡

的设计坡度为 $1:m$，左、右边坡的设计边坡分别为 $1:n_L$、$1:n_R$。故：

$$\varphi = \arctan\frac{n_R\sin\beta}{m-n_R\cos\beta}$$

$$\theta = \arctan\frac{n_L\sin\beta}{m+n_L\cos\beta}$$

$$M = \frac{n_R}{\sin\varphi} = \frac{m}{\sin(\alpha-\varphi)}$$

及

$$N = \frac{n_L}{\sin\theta} = \frac{m}{\sin(\beta-\theta)}$$

以上公式是按斜交洞门推导的，适合于各种情况。如为正交洞门，则 $\alpha=\beta=90°$ 代入即可。

快学快用 11　方角式仰坡放线步骤

(1)在现场根据仰坡坡脚线的设计里程定出坡脚线中线桩 O。

(2)将仪器置于 O，按洞门与路线中线交角 α 或 β 及洞门主墙宽度 AC 定出坡脚点 A 和 C。

(3)将仪器置于 A，后视 B 点或 C 点，拨角 $(\beta+\varphi)$，定出 AB 方向。以同样的方法定出 CD 方向。

(4)测出 A、C 点的地面高程及测绘 AB、CD 方向的断面图。

(5)根据 A、C 点的地面高程与设计高程之差确定其挖深。再由 AB、CD 的坡度 $1:M$、$1:N$ 及断面图求得 A 至交线角桩 B 的平距和 C 至交线角桩 D 的平距。

(6)由 A、C 点分别沿 AB、CD 方向量平距即可定出交线角桩 B、D。

(7)施工需要的其他边桩、仰坡桩，亦可参照上述步骤定出。

(2)圆角式仰坡放样。如图 12-16 所示，仰坡与边坡以锥体面相接者，称为圆角式仰坡。两锥体面的锥顶为仰坡坡角点 A、C，锥底面（朝上）的边线通常为 1/4 椭圆（即图中 JL 曲线和 EG 曲线）。右边椭圆长半径 $a=AE$，短

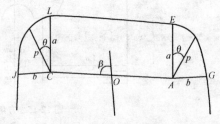

图 12-16　圆角式仰坡

半径 $b=AG$；左边椭圆长半径 $a=CL$，短半径 $b=CJ$。由于左、右两椭圆

的长、短半径相等,所以两椭圆完全相同。在计算放样数据时,仅需计算一套数据,用于左、右椭圆的放样。

设仰坡的设计坡度为 $1:m$,边坡的设计坡度为 $1:n$,洞门与路线中线的交角为 β,锥体高为 h,椭圆的长、短半径可按下式计算:

$$\begin{cases} a=\dfrac{mh}{\sin\beta} \\ b=nh \end{cases}$$

当长半径方向 AE(或 CL)向右(或向左)偏 θ 角时,向径的长度为:

$$\rho=\frac{mnh}{\sqrt{m^2\sin^2\theta+n^2\sin^2\beta\cos^2\theta}}$$

设沿向径 ρ 的坡度为 $1:N$,则:

$$N=\frac{mn}{\sqrt{m^2\sin^2\theta+n^2\sin^2\beta\cos^2\theta}}$$

快学快用 12 圆角式仰坡放样步骤

放样时一般是在 $0°\sim90°$ 之间每隔 $15°$ 放一坡度线,这已足以控制连接部位的锥面。将 $0°$、$15°$、$30°$、$\cdots$、$90°$ 分别代入上式依次计算各向径 ρ 的长度及坡率 N 值,即可据以放样出锥面。

上式是按斜交洞门、两边边坡坡度相同的情况导出。当两边边坡坡度不同时,亦可按两公式计算,但式中的 n 分别以 n_R、n_L 代入。

当洞门为斜交且 $m=n$ 时,就不再连 J、L 和 G、E,而是直接将 J、P 和 G、F 以圆弧相连,如图 12-17 所示。这时圆弧的半径为 nh,任何向径 ρ 的值亦为 nh,各向径的坡度均为 $1:n$。

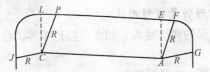

图 12-17 仰坡与边坡坡度相同时的圆角式仰坡

当为正交洞门,且 $m=n$ 时,则 $a=b=nh$,即椭圆成为圆,各向径 ρ 的坡度均为 $1:n$。

圆角式仰坡放样与边坡的放样基本相同,当坡脚点 A、C 定出后,在 A、B 两点分别安置仪器,每隔 $15°$ 拨出向径方向,再按各向径的坡度放出桩点。

第五节　竖井联系测量

在长隧道的施工中,为了增加工作面缩短工期,当隧道顶部覆盖层薄,并且地质情况较好时,可采用竖井施工。首先应根据地面控制测量定出竖井中心位置和纵横中心线即十字线。并于每条线的两端各埋设两个混凝土永久桩,该桩距井筒周边 50m 以外,在开挖过程中,竖井的垂直度靠悬挂重锤的铅垂线来控制,开挖深度用钢尺丈量。

当竖井挖掘到设计深度,并根据初步中线方向分别向两端掘进十多米后,就必须进行井上与井下的联系测量,把地面高程和隧道中线方向传递到井下,指导井下隧道开挖。联系测量的主要任务是确定井下导线中一条边(起始边)的方位角,确定井下导线中一个点(起始点)的平面坐标 X 和 Y,及确定井下起始点的高程等。

一、联系三角形定向

1. 由地面用钢丝悬挂重锤向洞内投点

投点常采用单荷重投影法。投点时应先在钢丝上挂以较轻的荷重,用绞车慢慢将其下入井中,然后在井底换上作业重锤,放入盛有水或机油的桶内,但不能与桶壁接触。桶在放入重锤后必须加盖,以防止滴水冲击。为了调整和固定钢丝在投影时的位置,在井上设有定位板。通过移动定位板,可以改变垂线的位置。

2. 联系三角形的最有利形状

(1)联系三角形的两个锐角 α 和 β 应接近于零。在任何情况下,α 角都不能大于 3°。

(2)两垂线间距 a 应尽可能大。

(3)b 与 a 的比值应以 1.5 为宜。

(4)用联系三角形传递坐标方位角时,应选择经过小角 β 的路线。

3. 联系三角形的平差计算

(1)根据正弦定理计算井上、井下联系三角形的 β、γ 和 β'、γ' 的角值,即

$$\begin{cases} \sin\beta = \dfrac{b}{a}\sin\alpha \\[2mm] \sin\gamma = \dfrac{c}{a}\sin\alpha \end{cases}$$

$$\begin{cases} \sin\beta' = \dfrac{b'}{a'}\sin\alpha' \\[2mm] \sin\gamma' = \dfrac{c'}{a'}\sin\alpha' \end{cases}$$

(2)计算井上、井下两三角形闭合差。

$$f = \alpha + \beta + \gamma - 180°$$
$$f' = \alpha' + \beta' + \gamma' - 180°$$

(3)计算井上、井下三角形边长改正数 v_a、v_b、v_c 和 v'_a、v'_b、v'_c，以及平差值 $a_平$、$b_平$、$c_平$ 和 $a'_平$、$b'_平$、$c'_平$。

$$\begin{cases} v_a = v_b = -\dfrac{f}{3\alpha}a \\[2mm] U_c = +\dfrac{f}{3\alpha}a \end{cases}$$

检核　　　　　　$$v_a + v_b - v_c = -\dfrac{f}{\alpha}a$$

$$\begin{cases} a_平 = a + v_a \\ b_平 = b + v_b \\ c_平 = c + v_c \end{cases}$$

(4)计算井上、井下角度改正数 v'_β、v_γ 和 v'_β、v'_γ 以及平差值 $\beta_平$、$\gamma_平$ 和 $\beta'_平$、$\gamma'_平$。

$$\begin{cases} v_\beta = \dfrac{f}{3}\left(\dfrac{b}{a} - 1\right) \\[2mm] v_\gamma = -\dfrac{f}{3}\left(\dfrac{c}{a} + 1\right) \end{cases}$$

检核　　　　　　$$v_\beta + v_\gamma = -f$$

$$\begin{cases} \beta_平 = \beta + v_\beta \\ r_平 = r + v_\gamma \end{cases}$$

(5)沿 $TA - AO_2 - O_2O_1$ 路线推算两垂线连线方向 O_2O_1 的坐标方位角。

(6)沿 $O_2O_1 - O_1A' - A'T'$ 路线推算洞内 $A'T'$ 的坐标方位角。

(7)计算 A' 点坐标。

快学快用 **13** **联系三角形进行竖井定向的方法**

(1)由地面用钢丝悬挂重锤向洞内投点。投点常采用单荷重投影法。

(2)投点时先在钢丝上挂以较轻的荷重,用绞车徐徐将其下入井中。

(3)在井底换上作业重锤,放入盛有水或机油的桶内,但不能与桶壁接触。

(4)在放入重锤后须加盖,以防止滴水冲击。

(5)为了调整和固定钢丝在投影时的位置,在井上设有定位板。通过移动定位板,可以改变垂线的位置。

二、井上、井下联系测量的方法

在连接测量中,通常采用联系三角形。如图 12-18 所示,A 为地面上的

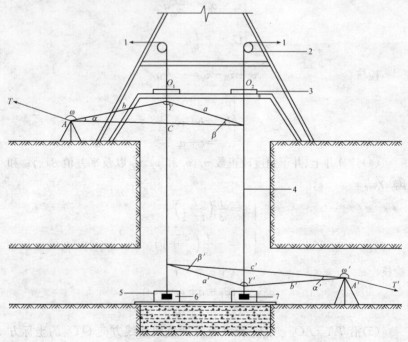

图 12-18 竖井联系测量示意图

1—绞车;2—滑轮;3—定位板;4—钢丝;5—桶;6—稳定液;7—吊锤

近井控制点，O_1、O_2 为两垂线，A' 为洞内近井点，将作为洞内导线的起算点。观测在两垂线稳定的情况下进行，在地面上观测 α 角和连接角 ω，同时丈量三角形的边长 a、b、c；在井下观测 α' 角和连接角 ω'，并丈量三角形边长 a'、b'、c'。

快学快用 14 　瞄直法进行竖向定向测量

瞄直法作竖井定向测量时，如图 12-19 所示，先在井筒中拴下两根重锤线 A 和 B；在井上、井下根据 AB 方向线以目测法分别用木桩标定 C 和 C_1。然后，将经纬仪先后置于 C、C_1 上，平移仪器使视准轴准确通过 A、B，则 A、B、C 和 A、B、C_1 就位于

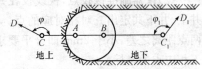

图 12-19　瞄直法定向

同一竖直面内了。这时，用经纬仪上的光学对点器或锤球尖，准确地在木桩上钉出小钉作为 C、C_1 的位置。再测量连接角 φ、φ_1，丈量 CA、AB、BC_1 的长度，按导线方法便可算出洞内 C_1 点的坐标及 C_1D_1 的方位角。此法测、算简单，但精度较低，主要用于短隧道的定向。

三、光学垂准仪与陀螺经纬仪联合进行竖井联系测量

1. 光学垂准仪的投点

(1)在井口上设置盖板，在选定点位处开一个 $30\text{cm} \times 30\text{cm}$ 的孔，然后将仪器置于该处，另搭支架且不能与井盖接触，供观测者站立其上进行观测。观测时将仪器严格整平并对准孔心。井下设置移动觇牌，如图 12-20所示。觇牌用金属板制成，一般为 $50\text{cm} \times 50\text{cm}$ 方形或直径为 50cm 圆形，用红、白或黄、黑油漆漆成对称图形，图形中心有如针粗细的小孔，使用时平置井底地面。通过移动觇牌，使觇牌中心小孔恰好在仪器视准轴上，再由此小孔将点定出。为了消除仪器轴系误差的影响，投点时，照准部平转 $90°$ 为一盘位，共测四个盘位，每一盘位向井下投一点，如不重合，取四点的重心作为一测回的投点位置，如图 12-21 所示。

每个点位须进行四个测回，四个测回投点的重心作为最后采用的投点位置。

图 12-20　觇牌

图 12-21　光学垂准仪投点

（2）仪器瞄准该投点，视线投在井盖上定出井上相应的点位，这样在井上、井下共定出三对相对应的点。最后检查井上两点距离与井下对应两点距离之差，小于 2mm 即合乎要求。测取井上点的坐标，即可作为井下相应点的坐标。

2. 陀螺经纬仪测定洞内定向边的坐标方位角

如图 12-22 所示，陀螺经纬仪由经纬仪、上架式陀螺仪、陀螺电源及三脚架等组成。陀螺经纬仪的构造、使用及观测方法可参阅其说明书。

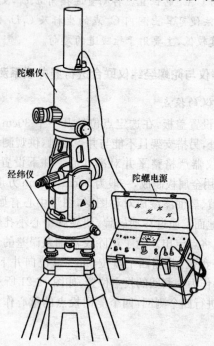

陀螺仪

经纬仪

陀螺电源

图 12-22　陀螺经纬仪

利用陀螺经纬仪可独立测算正北方向的特点,通过竖井并用陀螺经纬仪传递方向及坐标,具有精度高、灵活性大、作业简单、速度快等优点。

快学快用 15 **利用陀螺经纬仪测定洞内定向边的坐标方位角**

(1)在地面上选择控制网中的一条边,以长边为好,且该边坐标方位角的精度高,同时在洞内选择一条定向边,也以长边为好,且在该边两端点可安置仪器进行观测。

(2)将仪器迁至井下定向边的一端点 P 上,测得定向边 PQ 的陀螺方位角 m。

设 A_0 和 A 分别为地面已知边 AB 和井下定向边 PQ 的真方位角;γ_0 和 γ 分别为地面 AB 边和井下 PQ 边的子午线收敛角;α_0 和 α 分别为已知边 AB 和定向边 PQ 的坐标方位角;Δ 为仪器常数。由图 12-23 和图12-24可得:

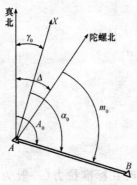
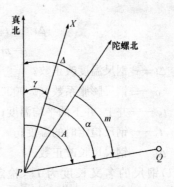

图 12-23 地面测定已知边　　图 12-24 井下测定定向边
　　　陀螺方位角　　　　　　　　　陀螺方位角

$$\alpha = A - r = m + \Delta - \gamma$$

因为
$$\Delta = A_0 - m_0 = \alpha_0 + r_0 - m_0$$

所以
$$\alpha = \alpha_0 + (m - m_0) + \delta_\gamma$$

式中 $\delta_r = (\gamma_0 - \gamma)$ 为地面与井下两测站子午线收敛角之差,其值可按下式计算

$$\delta''_\gamma = \frac{y_A - y_P}{R} \tan\varphi \cdot \rho''$$

式中　R——地球半径；

　　　φ——当地的纬度；

y_A 和 y_P——地上和井下两测站点的横坐标。

四、竖井高程传递测量

通过高程传递，可使洞内取得高程起算数据。经由竖井传递高程，是通过测量竖井深度将井上水准点的高程传递到井下水准点。竖井高程传递测量常用方法有：钢尺导入法、钢丝导入法、光电测距仪导入法。

1. 钢尺导入法

钢尺导入法是传统的竖井传递高程的方法。

如图 12-25 所示，洞内水准点 B 的高程计算如下：

$$H_B = H_A + a - [(m-n) + \Delta l + \Delta t] - b$$

即：

$$\Delta t = \alpha(t_\Psi - t_0)l$$

$$l = m - n$$

式中　Δt——钢尺温度改正数；

　　　α——钢尺膨胀系数，$(0.0000125/℃)$；

　　　t_Ψ——井上、井下的平均温度；

　　　t_0——钢尺检定时的温度；

　　　Δl——钢尺尺长改正数。

(1)钢尺的名义长度为 L_0，检定时在标准拉力（一般为 100N 或 150N）、标准温度下测得的实际长度为 L，所以用该尺测量时须加入改正数：

$$\Delta l_1 = \frac{L - L_0}{L_0} l$$

(2)钢尺在传递高程时，是将钢尺垂直悬挂应用，所以应加入钢尺垂曲改正数：

$$\Delta l_2 = \frac{P^2 l}{24 H^2}$$

式中　P——钢尺的总重；

　　　H——检定时的拉力。

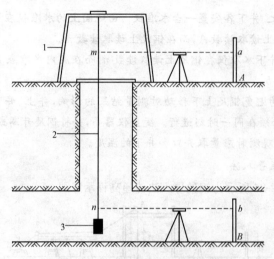

图 12-25　钢尺导入法传递高程示意图

1—支架；2—钢尺；3—重锤

（3）钢尺由于自重而产生的伸长改正数：

$$\Delta l_3 = \frac{r}{E} \frac{l^2}{2}$$

式中　r——钢的密度，一般取 7. 85g/cm^3；

　　　E——钢的弹性模量，一般取 $1. 96 \times 10^5$ MPa。

由此可得，

$$\Delta l = \Delta l_1 + \Delta l_2 + \Delta l_3$$

如果悬挂的重锤质量与检定时的拉力不同，则还须增加由于增重而引起的伸长改正数：

$$\Delta l_4 = \frac{Q-H}{EF} l$$

式中　Q——重锤的质量；

　　　F——钢尺的横截面积。

快学快用 16　钢尺导入法进行竖井高程传递测量的方法

（1）将钢尺悬挂在支架上，尺的零端垂于井下，并在该端挂一重锤，其重量应为检定时的拉力。

（2）井上、井下各安置一台水准仪。由地面上的水准仪在已知水准点 A 的水准尺上读取读数 A，而在钢尺上读取读数 m。

（3）由井下水准仪在钢尺上读取读数 n，而在洞内水准点 B 的水准尺上读取读数 b。

此外，为避免钢尺上下移动对测量结果的影响，井上、井下读取钢尺读数 m、n 必须在同一时刻进行。变更仪器高，并将钢尺升高或降低，重新观测一次。观测时应量取井口和井下的温度。

2. 钢丝导入法

如图 12-26 所示为钢丝导入法传递高程示意图。

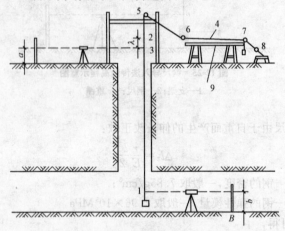

图 12-26　钢丝导入法传递高程示意图
1—吊锤；2—夹子；3—夹子；4—钢丝；5—导轮；
6—前导轮；7—后导轮；8—绞车；9—比长器

在与地面水准仪高程相同的钢丝上夹一夹子，用有刻划的小尺量夹子 2 和 3 间的距离 λ；由此井上水准点 A 与井下水准点 B 的高差 h_{AB} 计算公式如下：

$$h_{AB} = \sum(n_1 - n_2) + b - a \pm \lambda \pm \Delta L$$

式中　$\sum(n_1 - n_2)$——比长器上丈量长度总和，其中 n_1、n_2 分别为每次提升钢丝，夹子在比长器两端所对钢尺的读数；

　　　　　　λ——井上水准仪视线与钢丝夹子间距离，夹子在视线
　　　　　　　　以上取"－"，反之取"＋"；
　　　　　　ΔL——总改正数，由比长器上钢尺的尺长改正及温度改
　　　　　　　　正，和钢丝在井内与比长器上温度差的改正组成。
　　则井下水准点 B 的高程计算公式为：

$$h_{AB} - H_B = H_A$$

快学快用 17 **钢丝导入法进行竖井高程传递测量的方法**

　　(1)将钢丝通过安装在井架上的导轮放到井下，在钢丝的下端悬挂 $15\sim20$kg 的吊锤。

　　(2)钢丝通过安置在地面上的比长器，当下放或从竖井中提升钢丝时，要在比长器上丈量钢丝的长度。比长器是一个将木板安在木架上的长台，其长度稍大于 20m。

　　(3)在比长器上放一根钢尺，钢尺前端用钉子固定在比长器上，而另一端则穿过比长器中间小孔，挂上 15kg 的吊锤。

　　(4)在井底巷道内安置水准仪，在水准点 B 上立水准尺，将水准仪的水平视线用夹子 1 标在钢丝上，同时在水准尺上读取读数 b；用夹子在钢丝处夹在位于比长器端点的钢丝上并在夹子处从钢尺上读得 n_1。

　　(5)利用绞车提升钢丝，当转动绞车时，夹子沿比长器的钢尺移动到尺端，此时暂停转动绞车，在夹子钢丝的新位置上，从钢尺上读取读数 n_2。

　　(6)放松夹子并把它移动到钢尺的前端，固定后又读取读数 n_1。然后继续提升钢丝，待夹子钢丝又至尽端后重复上述的操作。

　　(7)直到原在井底的夹子吊锤提出地面至夹子时，便停止提升。

　　(8)在夹子钢丝位置上，读取钢尺的读数 n_2；从地面上井旁水准仪读取水准点 A 上水准尺读数 a。

3. 光电测距仪导入法

　　用光电测距仪传递高程具有操作简便，精度高的特点，其应按仪器的外部轮廓加工一个支架，支架由托架和脚架组成，测量时将仪器平放在托架上，使仪器竖轴处于水平位置，如图 12-27 所示为光电测距仪传递高程示意图。

井下水准点 B 的高程计算公式如下：

$$H_B = H_A + (a-b) + (a-b) - h$$

式中　h——经气象改正仪器加、乘常数改正后的距离值。

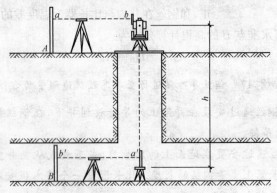

图 12-27　光电测距仪传递高程示意图

快学快用 18　光电测距仪导入法进行竖井高程传递测量的方法

(1)将光电测距仪安置在特制支架上，同时使仪器竖轴水平。

(2)望远镜竖直瞄准井下预置的反射棱镜，测出井深 h。

(3)在井上、井下各安置一台水准仪。

(4)由地面上的水准仪在已知水准点 A 的水准尺上读取读数 a，在测距仪横轴位置(发射中心)立尺读取读数 b。

(5)由井下水准仪在洞内水准点 B 的水准尺上读取读数 b'，将尺立于反射棱镜中心读取读数 a'。

第六节　隧道贯通测量与贯通误差计算

一、隧道贯通误差概述

在隧道施工中，由于地面控制测量、联系测量、地下控制测量以及细部放样的误差，使得两个相向开挖的工作面的施工中线，不能理想地衔接,而产生错开的现象,即所谓的贯通误差。

1. 贯通误差的分类

(1)平面贯通误差。贯通误差在水平面上的正射投影称为平面贯通误差。

(2)横向贯通误差。在垂直于中线方向的投影长度称为横向贯通误差。

(3)纵向贯通误差。贯通误差在路线中线方向上的投影长度称为纵向贯通误差。

(4)高程贯通误差。在铅垂面上的正射投影称为高程贯通误差,简称高程误差。

2. 贯通误差对隧道贯通的影响

(1)纵向误差影响隧道中线的长度和线路的设计坡度。

(2)横向误差的影响线路方向,如果超过一定的范围,就会引起隧道几何形状的改变,甚至造成侵入建筑限界而迫使大段衬砌拆除重建,既给工程造成重大经济损失又延误了工期。因此,必须对横向误差加以限制。

(3)高程误差主要影响线路坡度。

3. 隧道贯通误差的来源

贯通测量的误差来源有以下几点:

(1)沿隧道中心线的长度偏差。

(2)垂直于隧道中心线的左右偏差(水平在内)。

(3)上下的偏差(竖直面内)。

(4)第一种误差是对距离有影响,对隧道性质没有影响;而后两种方向的偏差对隧道质量直接影响,故将后两种方向上的偏差又称为贯通重要方向偏差。贯通的允许偏差是针对主要方向而言的。这种偏差最大允许值一般为 0.5～0.2m。

二、隧道贯通误差的测定

1. 贯通误差测定的要求

(1)采用精密导线测量时,在贯通面附近定一临时点,由进测的两方向分别测量该点的坐标,所得的闭合差分别投影至贯通面及其垂直的方向上,得出实际的横向和纵向贯通误差,再置镜于该临时点求得方位角贯通误差。

(2)采用中线法测量时,应由测量的相向两方向分别向贯通面延伸,并取一临时点,量出两点的横向和纵向距离,求得隧道的实际贯通误差。

(3)水准路线由两端向洞内进测,分别测至贯通面附近的同一水准点或中线点上,所测得的高程差值即为实际的高程贯通误差。

快学快用 19 隧道贯通测量工作步骤

(1)根据贯通测量允许偏差,拟定并选择合理的测量方案和方法并根据选定的测量方案和方法进行施测、计算及贯通误差预计。

(2)根据有关数据计算贯通隧道的标定几何要素,并实地标定贯通隧道的中线和腰线,且要定期检查及调整腰线和中线。

2. 贯通误差的测定方法

隧道贯通后,应进行实际偏差的测定,以检查其是否超限,必要时还要作一些调整。贯通后的实际偏差常用以下方法测定,常用的方法有中线法和坐标法。

快学快用 20 中线法进行贯通误差测定的方法

隧道贯通后把两个不同掘进面各自引测的地下中线延伸至贯通面,并各钉一临时桩。如图 12-28 所示的 A、B 两点,丈量出 A、B 两点之间的距离,即为隧道的实际横向偏差。A、B 两临时桩的里程之差,即为隧道的实际纵向偏差。

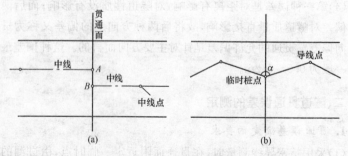

图 12-28　隧道贯通误差测量

快学快用 21 **坐标法进行贯通误差测定的方法**

隧道贯通后，两个不同的掘进面共同设一临时桩点，由两个掘进面方向各自对该临时点进行测角、量边。然后计算临时桩点的坐标，其坐标 x 的差值即为隧道的实际横向偏差，其坐标 y 的差值即为隧道的实际纵向偏差。

贯通后的高程偏差，可按水准测量的方法，测定同一临时点的高程，由高差闭合差求得。

三、隧道贯通误差的调整

贯通偏差调整工作，原则上应在未衬砌隧道段上进行。对于曲线隧道，还应注意尽量不改变曲线半径和缓和曲线长度。为了找出较好的调整曲线，应将相向两个方向设的中线，各自向前延伸适当距离。如果贯通面附近有曲线始（终）点，应延伸至曲线的始（终）点。

1. 直线隧道的调整

调线地段为直线，一般采用折线法进行调整。

如图 12-29 所示，在调线地段两端各选一中线点 A 和 B，连接 AB 而形成折线。如果由此而产生的转折角 β_1 和 β_2 在 $5'$ 之内，即可将此折线视为直线；如果转折角在 $5' \sim 25'$ 时，则按表 12-4 中的内移量将 A、B 两点内移；如果转折角大于 $25'$ 时，则应加设半径为 4000m 的圆曲线。

表 12-4　　　　　　　转折角在 $5' \sim 25'$ 时的内移量

转折角（′）	内移量/mm	转折角（′）	内移量/mm
5	1	20	17
10	4	25	26
15	10		

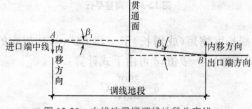

图 12-29　中线法贯通调线地段为直线

2. 曲线隧道贯通误差的调整

当贯通面位于圆曲线上,调整地段也全部在圆曲线上时,可用调整偏角法进行调整。

当贯通点在曲线始、终点附近,调整地段有直线和曲线时,可将曲线始、终点的切线延伸,理论上此切线延长线应与贯通面另一侧的直线重合,但由于贯通误差的存在,实际上,此两直线既不重合,也不平行。通常应先将两者调整平行,然后再调整,使其重合。

如图 12-30 所示,由隧道一端经过 E 点测量至 D(ZH 点),而另一端由 A、B、C 诸点测至 D',D 与 D' 不重合,再自 D' 作切线至 E',DE 与 $D'E'$ 既不平行又不重合。为调整贯通偏差,可先采用调整圆曲线长度的办法使 DE 与 $D'E'$ 平行,即在保持曲线半径不变、缓和曲线长度不变和 C 点位置不受影响的情况下,将圆曲线缩短(或增长)一段 CC',使 DE 与 $D'E'$ 平等。CC' 的近似值按下式计算:

$$CC' = \frac{EE' - DD'}{DE} R$$

式中　　R——圆曲线半径。

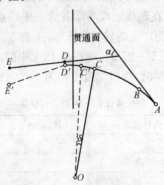

图 12-30　调整平行

因为圆曲线长度缩短(或增长)了一段 CC',与其相应的圆曲线中心角亦应减少(或增加)——δ 值,δ 可由下式计算:

$$\delta = \frac{360°}{2\pi R} CC'$$

经过调整圆曲线长度后,已使 $D'E'$ 与 DE 平行,但不重合(图12-31),

此时可采用调整曲线始(终)点办法进行,即将曲线的始点 A 沿着切线向顶点方向移动到 A' 点,使 $AA' = FF'$,这样 $D'E'$ 就与 DE 重合。然后再由 A' 进行曲线测设,将调整后的曲线标定在实地上。曲线始点 A 移动的距离可按下式计算:

$$AA' = FF' = \frac{DD'}{\sin\alpha}$$

式中　α——曲线总偏角。

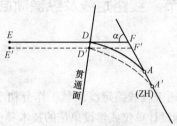

图 12-31　调整重合

第十三章　城市轨道交通工程测量

第一节　线路定线及纵横断面测量

一、一般规定

(1)城市轨道交通工程线路定线测量工作分初步设计定线和施工定线。定线测量应根据设计单位或建设单位的技术要求和有关资料进行。

(2)当城市轨道交通工程的专用控制网未布设完成时,初步设计定线测量可利用线路带状地形图测量的控制点,若其密度不够时可加密。测量精度不应低于图根控制点的精度。施工定线测量必须利用专用控制网的卫星定位控制点、精密导线点进行。

(3)定线测量前,应编制定线测量作业方案,并应对定线测量使用的线路设计资料进行复核。

(4)纵横断面测量宜在初步设计定线完成后按设计要求进行。纵断面应沿线路中线测量,横断面在直线段应与中线垂直;曲线段应沿法线方向布设。

二、初步设计定线测量

(1)定线测量位置和测量精度应按设计要求及有关规定执行。

(2)线路中线应埋设控制桩和加密桩,控制桩为百米桩和曲线要素桩。加密桩间距:直线段应为50m,曲线段应为30m。

(3)定线测量时应将线路控制桩和加密桩等测设于实地,并标识清楚。当中线控制桩位于河、湖或建筑上时,应测设指示桩,其精度应与中线桩相同,并应注明中线控制桩与指标桩的相对关系。

(4)开阔地区中线控制桩放样,可使用卫星定位、全站仪等测量仪器,采用解析法作业。建筑密集地区中线控制桩放样,可利用线路两侧建筑的明显特征点采用图解法定线。

(5)线路中线控制桩放样精度应符合表 13-1 的规定。

表 13-1　　　　　　　　线路中线控制桩放样精度

测量方法	相对于邻近控制点(地物点)的点位中误差/mm
解析法	±50
图解法	±100

(6)对影响设计线路的建筑、柱子和大型管道等,均应测定其特征点的坐标。

(7)定线测量完成后,应进行线路中线测量,并与建筑细部坐标点进行检核。相邻中线控制桩实测距离与设计的距离较差应小于 70mm。相邻中线桩不通视时,宜采用间接测量的方法进行检验。

三、纵横断面测量

(1)纵断面应沿线路中线逐桩测量,并起闭于水准点上;水准路线长度应小于 1000m,其闭合差为 ±30mm。

(2)纵断面、横断面测量可采用水准测量或光电测距三角高程测量,横断面点间距也可用皮尺、测绳等丈量。

(3)纵断面图比例尺:水平方向宜为 1:500～1:2000,竖直方向宜为 1:50～1:200;横断面图比例尺宜为 1:50～1:200。

(4)纵断面测量水准点和转点的读数取至毫米,各间视点的读数取至厘米;横断面测量可直接记录高程或高差,高程或高差的读数取至厘米,距离读数取至分米。

(5)直线段纵断桩距宜为 50m、曲线段纵断桩距宜为 20～30m,或按设计要求确定。

(6)纵断面测量遇下列情况时应加桩:

1)铁路、公路、桥涵、建筑、水域、沟渠等处;

2)高差大于 0.3m 的坡、坎上下等地形突变处;

3)设计中有特殊要求的位置。

(7)设计中所依据的铁路轨顶、桥面、路中、探坑等重要高程点位,应按图根点精度施测。

(8)当已有地形图精度和比例尺满足相应纵、横断面测量技术要求时,可从地形图上择录纵、横断面数据,但设计中有特殊要求的点位应现场实测。

(9)线路穿越河流时,在线路两侧应至少各加测一个河床横断面,断面与线路中线的间距应满足设计要求。

(10)自来水厂、泵站、污水处理厂等临近水域,应根据设计要求进行取水口或出水口的水域断面测量。

(11)纵、横断面测量完成后,应提交下列资料:

1)技术报告;

2)纵、横断面图及数字文件;

3)设计需要的数据格式文件。

快学快用 1　横断面测量精度要求

(1)实测横断面明显地物点的横距误差为图上±1mm;断面长度大于100m时,横距误差不应大于断面长度的1/300;图择横断面横距误差不应大于所用地形图上0.5mm。

(2)同一横断面需转点施测时,应闭合至相邻横断面的中桩点,闭合差:平坦地区为$\pm10\sqrt{n}$cm;山地为$\pm20\sqrt{n}$cm(n为转点数);

(3)实测横断面测点高程误差,明显地物点为±10cm,平坦地区的地形点为±30cm;山地不应大于一个基本等高距。

快学快用 2　横断面测量宽度及测点间距要求

(1)左右线平行时,左线中线左侧、右线中线右侧各30m全部范围内;

(2)左右线不平行时,左右线分别测量各中线两侧30m范围内;

(3)特殊地段断面按设计要求确定。

四、地面施工定线测量

(1)地面施工定线测量前,应根据施工设计资料和定线任务书,编制地面施工定线测量方案。

(2)定线时,线路双线平行地段宜定右线,非平行地段应定双线。

(3)线路中线控制点宜选择百米桩及曲线要素点。线路中线控制点放样时,可利用卫星定位控制点或精密导线点直接放样,条件不允许时应测设加密导线进行放样。

(4)线路中线控制点放样完毕后,应进行线路中线测量。线路中线测量应将线路中线控制点联测成附合导线,使用不低于Ⅱ级全站仪联测,水平角观测左、右角各一测回,边长往返观测各一测回。

(5)线路中线测量应采用严密平差,平差后的最弱点横向中误差为±20mm,全长相对闭合差不应大于1/20000。

(6)线路中线控制点坐标实测值与设计值较差不应大于20mm。超限时应进行归化改正,并对其进行检验测量。

(7)线路中线控制点放样完成后应埋设固定标志并进行标识。

第二节　联 系 测 量

一、一般规定

(1)联系测量应包括:地面近井导线测量和近井水准测量;通过竖井、斜井、平峒、钻孔的定向测量和传递高程测量;地下近井导线测量和近井水准测量等。

(2)定向测量宜采用下列方法:

1)联系三角形法;

2)陀螺经纬仪、铅垂仪(钢丝)组合法;

3)导线直接传递法;

4)投点定向法。

(3)传递高程测量宜采用下列方法:

1)悬挂钢尺法;

2)光电测距三角高程法;

3)水准测量法。

(4)地面近井点可直接利用卫星定位点和精密导线点测设,需进行导线点加密时,地面近井点与精密导线点应构成附合导线或闭合导线。近井导线总长不宜超过350m,导线边数不宜超过5条。

(5)隧道贯通前的联系测量工作不应少于 3 次,宜在隧道掘进到 100m、300m 以及距贯通面 100～200m 时分别进行一次。当地下起始边方位角较差小于 12″时,可取各次测量成果的平均值作为后续测量的起算数据指导隧道贯通。

(6)定向测量的地下定向边不应少于 2 条,传递高程的地下近井高程点不应少于 2 个,作业前应对地下定向边之间和高程点之间的几何关系进行检核。

(7)贯通面一侧的隧道长度大于 1500m 时,应增加联系测量次数或采用高精度联系测量方法等,提高定向测量精度。

二、地面近井点测量

(1)地面近井点包括平面和高程近井点,应埋设在井口附近便于观测和保护的位置,并标识清楚。

(2)平面近井点应按精密导线网测量的技术要求施测,最短边长不应小于 50m,近井点的点位中误差为±10mm。

(3)高程近井点应利用二等水准点直接测定,并应构成附合、闭合水准路线。高程近井点应按二等水准测量技术要求施测。

三、联系三角形及高程测量

(1)联系三角形测量,每次定向应独立进行三次,取三次平均值作为定向成果。

(2)在同一竖井内可悬挂两根钢丝组成联系三角形。有条件时,应悬挂三根钢丝组成双联系三角形。

(3)联系三角形测量宜选用 $\phi 0.3mm$ 钢丝,悬挂 10kg 重锤,重锤应浸没在阻尼液中。

(4)联系三角形边长测量可采用光电测距或经检定的钢尺丈量,每次应独立测量三测回,每测回三次读数,各测回较差应小于 1mm。地上与地下丈量的钢丝间距较差应小于 2mm。钢尺丈量时应施加钢尺鉴定时的拉力,并应进行倾斜、温度、尺长改正。

(5)角度观测应采用不低于Ⅱ级全站仪,用方向观测法观测六测回,测角中误差应在±2.5″之内。

(6)联系三角形定向推算的地下起始边方位角的较差应小于12″,方位角平均值中误差为±8″。

快学快用 3　井上、井下联系三角形布置的要求

(1)竖井中悬挂钢丝间的距离c应尽可能长;

(2)联系三角形锐角γ、γ'宜小于1,呈直伸三角形;

(3)a/c及a'/c宜小于1.5,a、a'为近井点至悬挂钢丝的最短距离。

快学快用 4　高程联系测量

(1)高程联系测量应包括地面近井水准测量、高程传递测量以及地下近井水准测量。

(2)测定近井水准点高程的地面近井水准路线,应附合在地面二等水准点上。

(3)采用在竖井内悬挂钢尺的方法进行高程传递测量时,地上和地下安置的两台水准仪应同时读数,并应在钢尺上悬挂与钢尺鉴定时相同质量的重锤。

(4)传递高程时,每次应独立观测三测回,测回间应变动仪器高,三测回测得地上、地下水准点间的高差较差应小于3mm。

(5)高差应进行温度、尺长改正,当井深超过50m时应进行钢尺自重张力改正。

(6)明挖施工或暗挖施工通过斜井进行高程传递测量时,可采用水准测量方法,也可采用光电测距三角高程测量的方法,其测量精度应符合二等水准测量相关技术要求。

四、陀螺经纬仪、铅垂仪(钢丝)组合定向测量

(1)全站仪精度应选用不低于Ⅱ级的精度,陀螺经纬仪的标称精度应小于20″,铅垂仪(钢丝)投点中误差为±3mm。

(2)地下定向边陀螺方位角测量应采用"地面已知边—地下定向边—地面已知边"的测量程序。地下定向边的陀螺方位角测量每次应测三测回,测回间陀螺方位角较差应小于20″。隧道贯通前同一定向边陀螺方位角测量应独立进行三次,三次定向陀螺方位角较差应小于12″;三次定向陀螺方位角平均值中误差为±8″。

(3)隧道内定向边边长应大于60m,视线距隧道边墙的距离应大于0.5m。

(4)测定仪器常数的地面已知边宜与地下定向边的平面位置相接近。

(5)陀螺经纬仪、铅垂仪(钢丝)组合每次定向应在3天内完成。

(6)陀螺方位角测量可采用逆转点法、中天法等。

(7)铅垂仪投点应满足下列要求:

1)铅垂仪的支承台(架)与观测台应分离,互不影响;

2)铅垂仪的基座或旋转纵轴应与棱镜轴同轴,其偏心误差应小于0.2mm;

3)全站仪独立三测回测定铅垂仪的坐标互差应小于3mm。

快学快用 5　陀螺方位角测量注意事项

(1)绝对零位偏移大于0.5格时,应进行零位校正;观测中的测前、测后零位平均值大于0.05格时,应该进行零位改正。

(2)测前、测后各三测回测定的陀螺经纬仪常数平均值较差不应大于15″。

(3)两条定向边陀螺方位角之差的角度值与全站仪实测角度值较差应小于10″。

五、导线直接传递测量

(1)导线直接传递测量应按精密导线测量有关技术要求进行。

(2)导线直接传递测量应独立测量两次,地下定向边方位角互差应小于12″,平均值中误差为±8″。

(3)导线边长必须对向观测。

快学快用 6　导线直接传递测量注意事项

(1)宜采用具有双轴补偿的全站仪,无双轴补偿时应进行竖轴倾斜改正。

(2)垂直角应小于30°。

(3)仪器和觇牌安置宜采用强制对中或三联脚架法。

(4)测回间应检查仪器和觇牌气泡的偏离情况,必要时重新整平。

六、投点定向测量

（1）可在现有施工竖井搭设的平台或地面钻孔上，架设铅垂仪（钢丝）等向井下投点，进行定向测量。投点定向测量所使用投点仪精度不应低于 1/30000。

（2）投测的两点应相互通视，其间距应大于 60m。

（3）架设铅垂仪进行投点定向测量时，应独立进行两次，每次应在基座旋转 120°的三个位置，对铅垂仪的平面坐标各测一测回。架设钢丝时，应独立测量三次，并应按规范的要求测量钢丝的平面坐标。

（4）投点中误差为±3mm。地下定向边方位角互差应小于 12″，平均值中误差为±8″。

第三节　　地下控制测量

一、一般规定

（1）地下控制测量包括地下平面控制测量和地下高程控制测量。

（2）地下平面和高程控制测量起算点，应利用直接从地面通过联系测量传递到地下的近井点。

（3）地下平面和高程控制点标志，应根据施工方法和隧道结构形状确定，并宜埋设在隧道底板、顶板或两侧边墙上。

（4）贯通面一侧的隧道长度大于 1500m 时，应在适当位置通过钻孔投测坐标点或加测陀螺方位角等方法提高控制导线精度。

（5）地下平面和高程控制点使用前，必须进行检测。

二、平面控制测量

（1）从隧道掘进起始点开始，直线隧道每掘进 200m 或曲线隧道每掘进 100m 时，应布设地下平面控制点，并进行地下平面控制测量。

（2）隧道内控制点间平均边长宜为 150m。曲线隧道控制点间距不应小于 60m。

(3)控制点应避开强光源、热源、淋水等地方,控制点间视线距隧道壁应大于 0.5m。

(4)平面控制测量应采用导线测量等方法,导线测量应使用不低于 I 级全站仪施测,左右角各观测两测回,左右角平均值之和与 360°较差应小于 4″;边长往返观测各两测回,往返平均值较差应小于 4mm。测角中误差为±2.5″,测距中误差为±3mm。

(5)控制点点位横向中误差宜符合下列要求:

$$m_u \leq m_{\phi} \times (0.8 \times d/D)$$

式中　m_u——导线点横向中误差(mm);

　　m_{ϕ}——贯通中误差(mm);

　　d——控制导线长度(m);

　　D——贯通距离(m)。

(6)每次延伸控制导线前,应对已有的控制导线点进行检测,并从稳定的控制点进行延伸测量。

(7)控制导线点在隧道贯通前应至少测量三次,并应与竖井定向同步进行。重合点重复测量坐标值的较差应小于 $30 \times d/D$(mm),其中 d 为控制导线长度,D 为贯通距离,单位均为米。满足要求时,应取逐次平均值作为控制点的最终成果指导隧道掘进。

(8)相邻竖井间或相邻车站间隧道贯通后,地下平面控制点应构成附合导线(网)。

三、高程控制测量

(1)高程控制测量应采用二等水准测量方法,并应起算于地下近井水准点。

(2)高程控制点可利用地下导线点,单独埋设时宜每 200m 埋设一个。

(3)地下高程控制测量的方法和精度,应符合二等水准测量要求。水准线路往返较差、附合或闭合差为 $\pm 8\sqrt{L}$mm。

(4)水准测量应在隧道贯通前进行三次,并应与传递高程测量同步进行。重复测量的高程点间的高程较差应小于 5mm,满足要求时,应取逐次平均值作为控制点的最终成果指导隧道掘进。

(5)相邻竖井间或相邻车站间隧道贯通后,地下高程控制点应构成附合水准路线。

第四节　明挖、暗挖隧道、车站施工测量

一、明挖隧道和车站施工测量

1. 一般规定

(1)明挖隧道、车站施工测量包括基坑围护结构、基坑开挖和结构施工测量等。

(2)施工前测量人员应收集设计和测绘资料,并应根据施工方法和现场测量控制点状况制定施工测量方案。

(3)施工测量前应对接收的测绘资料进行复核,对各类控制点进行检测,并应在施工过程中妥善保护测量标志。

(4)施工放样应依据卫星定位点、精密导线点、线路中线控制点及二等水准点等测量控制点进行。

2. 基坑开挖及围护结构施工测量

基坑围护结构施工测量分为采用地下连续墙围护基坑和采用护坡桩围护基坑。具体的方法如下:

(1)采用地下连续墙围护基坑时,其施工测量技术要求应符合下列规定:

1)连续墙的中心线放样中误差应为±10mm;

2)内外导墙应平行于地下连续墙中线,其放样允许误差应为±5mm;

3)连续墙槽施工中应测量其深度、宽度和铅垂度;

4)连续墙竣工后,应测定其实际中心位置与设计中心线的偏差,偏差值应小于30mm。

(2)采用护坡桩围护基坑时,其施工测量技术要求应符合下列规定:

1)护坡桩地面位置放样,应依据线路中线控制点或导线点进行,放样允许误差纵向不应大于100mm、横向为0~+50mm;

2)桩成孔过程中,应测量孔深、孔径及其铅垂度;

3)采用预制桩施工过程中应监测桩的铅垂度;

4)护坡桩竣工后,应测定各桩位置及与轴线的偏差。其横向允许偏

差值为 0～＋50mm。

快学快用　7　基坑开挖施工测量

(1)采用自然边坡的基坑,其边坡线位置应根据线路中线控制点进行放样,其放样允许误差为±50mm。

(2)基坑开挖过程中,应使用坡度尺或采用其他方法检测边坡坡度,坡脚距隧道结构的距离应满足设计要求。

(3)基坑开挖至底部后,应采用附合导线将线路中线引测到基坑底部。基坑底部线路中线纵向允许误差为±10mm,横向允许误差为±5mm。

(4)高程传入基坑底部可采用水准测量方法或光电测距三角高程测量方法。

光电测距三角高程测量应对向观测,垂直角观测、距离往返测距各两测回,仪器高和觇标高量至毫米。

3. 结构施工测量

(1)结构底板绑扎钢筋前,应依据线路中线,在底板垫层上标定出钢筋摆放位置,放线允许误差应为±10mm。

(2)底板混凝土模板、预埋件和变形缝的位置放样后,必须在混凝土浇筑前进行检核测量。

(3)结构边墙、中墙模板支立前,应按设计要求,依据线路中线放样边墙内侧和中墙两侧线,放样允许偏差为 0～＋5mm。

(4)顶板模板安装过程中,应将线路中线点和顶板宽度测设在模板上,并应测量模板高程,其高程测量允许误差为 0～＋10mm,中线测量允许误差为±10mm,宽度测量允许误差为－10～＋15mm。

(5)采用盖挖逆做法的结构施工测量应按下列方法进行:

1)顶板立模前,应在连续墙或桩墙的顶面,每 5m 测量一个高程点并标定其位置,同时在连续墙或桩墙的侧面标出顶板底面设计高程线,其测量允许误差为 0～＋10mm。

2)中板施工前,应对顶板上的线路中线控制点和高程控制点进行检测,并通过顶板上的预留孔或预留口将这些控制点的坐标和高程传递到中板的基坑面上,作为支立中板模板和钢筋的依据;在浇筑混凝土前应对标定在模板上的线路中线控制点和高程点进行检核,其中线测量允许误差为±10mm,高程允许误差为 0～+10mm。

3)底板的施工测量方法同中板,其中线允许误差应为±10mm,高程允许误差应在-10～0mm 之内。

(6)采用盖挖顺做法的隧道、车站结构施工测量方法和技术要求应符合暗挖隧道、车站结构的施工测量方法和技术要求。

二、暗挖隧道和车站施工测量

1. 一般规定

(1)暗挖隧道施工测量包括施工导线测量、施工高程测量、车站施工测量、区间隧道施工测量和贯通误差测量等。

(2)施工测量前,应熟悉设计图纸,检核设计数据,并对测量资料进行核对。

(3)暗挖隧道掘进初期,施工测量应以联系测量成果为起算依据,进行地下施工导线和施工高程测量,测量前应对联系测量成果进行检核。

(4)随着暗挖隧道的延伸,应以建立的地下平面控制点和地下高程控制点为依据进行地下施工导线和施工高程测量。

(5)暗挖隧道施工测量应以地下平面控制点或施工导线点测设线路中线和隧道中线,以地下高程控制点或施工高程点测设施工高程控制线。

(6)隧道掘进面距贯通面 60m 时,应对线中线、隧道中线和高程控制线进行检核。

(7)隧道贯通后,应随即进行平面和高程贯通误差测量。

2. 施工导线和施工高程测量

(1)施工导线边数不应超过 3 条,总长不应超过 180m。

(2)施工导线点宜设置在线路中线或隧道中线上,也可埋设在其他位置。施工导线测量技术要求应符合表 13-2 规定。

表 13-2　　　　　　　　　施工导线测量技术要求

仪器等级(全站仪)	测角中误差(″)	测距中误差/mm	测回数
Ⅱ	±6	±5	1
Ⅲ	±6	±5	2

(3)地下施工高程测量应采用水准测量方法,水准点宜每 50m 设置

一个。

(4)施工高程测量可采用不低于 DS₃ 级水准仪和区格式木制水准尺，并按城市四等水准测量技术要求进行往返观测，其闭合差为 $\pm 20\sqrt{L}$ mm（L 以千米计）。

3. 车站施工测量

(1)施工竖井、斜井等地面放样，应测设结构四角或十字轴线，放样后应进行检验。临时结构放样中误差为 ± 50mm，永久结构放样中误差为 ± 20mm。

(2)车站采用分层开挖施工时，宜在各层测设地下控制点或基线，各控制点或基线点的测量中误差为 ± 5mm。有条件时各层间应进行贯通测量。

(3)采用导洞法施工，上层边孔拱部隧道和下层边孔隧道两侧各开挖到 100m 时，应进行上下层边孔的贯通测量，其上下层边孔贯通中误差为 ± 30mm。贯通测量后必须进行上、下层线路中线的调整，并标定出隧道下层底板的左、右线线路中线点和其他特征点。

(4)采用双侧壁（桩）及梁柱导洞法施工时，应根据施工导线测设壁（桩）的位置，其测量允许误差为 ± 5mm。

(5)车站钢管柱的位置，应根据车站线路中线点测定，其测设允许误差为 ± 3mm。钢管柱安装过程中应监测其垂直度，安装就位后应进行检核测量。

(6)进行车站结构二衬施工测量时，应先恢复上、下层底板上的线路中线点和水准点，下层底板上恢复的线路中线点和水准点，应与车站两侧区间隧道的线路中线点进行贯通误差测量和线路调整，贯通误差分配时应考虑车站施工现状，下层底板上的线路中线点和水准点调整幅度不宜超过 5mm。

(7)车站站台的结构和装饰施工，应使用已调整后的线路中线点和水准点。站台沿边线模板测设应以线路中线为依据，其间距误差为 0～＋5mm。站台模板高程宜低于设计高程，测设误差为 －5～0mm。

4. 矿山法区间隧道施工测量

(1)线路中线或结构中心线测设应利用地下平面控制点及施工导线点，高程控制线测设应利用地下高程控制点或施工高程点。

（2）线路中线或结构中心线测定宜采用不低于Ⅲ级全站仪,高程控制线宜采用不低于 DS₃ 级的水准仪测定。隧道每掘进 30～50m 应重新标定中线和高程控制线,标定后应进行检查。

（3）曲线隧道施工应视曲线半径的大小、曲线长度及施工方法,选择切线支距法或弦线支距法测设中线点。

（4）利用激光指向仪指导隧道掘进时,应满足下列要求:

1）激光指向仪设置的位置和光束方向,应根据中线和高程控制线设定;

2）仪器设置必须安全牢固,激光指向仪安置距工作面的距离不应小于 30m;

3）隧道掘进中,应经常检查激光指向仪位置的正确性,并对光束进行校正。

（5）采用喷锚构筑法施工时,宜以中线为依据,安装超前导管、管棚、钢拱架和边墙格栅以及控制喷射混凝土支护的厚度,其测量允许误差为±20mm。

（6）采用弦线支距法测设曲线时,与弦线相对应的曲线矢距在下列条件下,应以弦线代替曲线:

1）开挖土方和进行导管、管棚、格栅等混凝土支护施工,矢距不大于 20mm;

2）混凝土结构施工,矢距不大于 10mm。

（7）隧道二衬结构施工测量前应进行贯通测量,相邻车站或竖井间的地下控制导线和水准线路应形成附合线路并进行严密平差。

（8）用台车浇筑隧道边墙二衬结构时,台车两端的中心点与中线偏离允许误差为±5mm。曲线段台车长度与其相应曲线的矢距不大于 5mm时,台车长度可代替曲线长度。台车两端隧道结构断面中心点的高程,应采用直接水准测设,与其相应里程的设计高程较差应小于 5mm。

快学快用　8　隧道二衬结构施工测量要求

（1）以平差后的地下控制点作为二衬施工测量依据,进行中线和高程控制线测量;

（2）在隧道未贯通前必须进行二衬施工时,应采取增加控制点测量次数(联系测量和控制点复测)、钻孔投点以及加测陀螺方位等方法,提高现有控制点的精度,并以其调整中线和高程控制线。同时应预留不小于150m 长度的隧道不得进行二衬施工,作为贯通误差调整段。待预留段贯通后,应以平差后的控制点为依据进行二衬施工测量。

5. 盾构法区间隧道施工测量

(1)盾构机始发井建成后,应利用联系测量成果加密测量控制点,满足中线测设、盾构机组装、反力架和导轨安装等测量需要。

(2)始发井中,线路中线、反力架以及导轨测量控制点的三维坐标测设值与设计值较差应小于 3mm。

(3)盾构机姿态测量时,在盾构机上所设置的测量标志应满足下列要求:

1)盾构机测量标志不应少于 3 个,测量标志应牢固设置在盾构机纵向或横向截面上,标志点间距离应尽量大,前标志点应靠近切口位置,标志可粘贴反射片或安置棱镜;

2)测量标志点的三维坐标系统应和盾构机几何坐标系统一致或建立明确的换算关系。

(4)盾构机就位始发前,必须利用人工测量方法测定盾构机的初始位置和盾构机姿态,盾构机自身导向系统测得的成果应与人工测量结果一致。

(5)盾构机姿态测量应满足下列要求:

1)盾构机姿态测量内容应包括平面偏差、高程偏差、俯仰角、方位角、滚转角及切口里程;

2)应及时利用盾构机配置的导向系统或人工测量法对盾构机姿态进行测量,并应定期采用人工测量的方法对导向系统测定的盾构机姿态数据进行检核校正;

3)盾构机配置的导向系统宜具有实时测量功能,人工辅助测量时,测量频率应根据其导向系统精度确定;盾构机始发 10 环内、到达接收井前50 环内应增加人工测量频率;

4)利用地下平面控制点和高程控制点测定盾构机测量标志点,测量误差应在 ±3mm 以内;

5)盾构机姿态测量计算数据取位精度要求应符合表 13-3 的规定。

(6)每次测量完成后,应及时提供盾构机和衬砌环测量结果,供修正运行轨迹使用。

表 13-3　　盾构机姿态测量计算数据取位精度要求

测量内容	平面偏差	高程偏差	俯仰角	方位角	滚转角	切口里程
取位精度	1mm	1mm	$1'$	$1'$	$1'$	0.01m

快学快用　9　*衬砌环测量要求*

（1）衬砌环测量应在盾尾内完成管片拼装和衬砌环完成壁后注浆两个阶段进行；

（2）在盾尾内管片拼装成环后应测量盾尾间隙；

（3）衬砌环完成壁后注浆后，宜在管片出车架后进行测量，内容宜包括衬砌环中心坐标、底部高程、水平直径、垂直直径和前端面里程。测量误差为±3mm。

6. 贯通误差测量

（1）隧道贯通后应利用贯通面两侧平面和高程控制点进行贯通误差测量。

（2）贯通误差测量应包括隧道的纵向、横向和方位角贯通误差测量以及高程贯通误差测量。

（3）隧道的纵向、横向贯通误差，可根据两侧控制点测定贯通面上同一临时点的坐标闭合差，并应分别投影到线路和线路的法线方向上确定；也可利用两侧中线延伸到贯通面上同一里程处各自临时点的间距确定。方位角贯通误差可利用两侧控制点测定与贯通面相邻的同一导线边的方位角较差确定。

（4）隧道高程贯通误差应由两侧地下高程控制点测定贯通面附近同一水准点的高程较差确定。

第五节　高架结构施工测量

一、一般规定

（1）高架结构施工测量包括高架桥和高架车站的柱（墩）基础、桩

（墩）、柱（墩）上的横梁、横梁上的纵梁等施工测量等。

（2）进行高架线路结构施工测量时,应根据高架线路结构设计图选择地面施工定线的中线控制点或卫星定位控制点、精密导线点和二等水准点等测量控制点作为起算点。测量前应对起算点进行检核。

（3）线路高架结构的测量应进行整体布局。分区、分段进行施工时,相邻区段的控制点和相邻结构应进行联测。

（4）相邻结构贯通后,应进行贯通误差测量。

二、柱、墩基础放样测量

（1）柱、墩基础放样应依据线路中线控制点或精密导线点进行。放样可采用极坐标法等。放样后应进行检验。

（2）同一里程多柱或柱下多桩组合的基础放样应分别进行,放样后应对柱或桩间的几何关系进行检核。

（3）柱、墩基础放样精度应符合下列要求：

1）横向放样中误差为±5mm；

2）柱、墩间距的测量中误差为±5mm；

3）各跨的纵向累积测量中误差为 $\pm 5\sqrt{n}$ mm（n 为跨数）；

4）柱下基础高程测量中误差为±10mm。

（4）基础放样后应测设基础施工控制桩,施工控制桩中的一条连线应垂直于线路方向,每条线的两侧应至少测设 2 个控制桩。

（5）柱、墩基础施工时,应以施工控制桩为依据,测定基坑边沿线、基础结构混凝土模板位置线,其位置中误差为±10mm；基底高程、基础结构混凝土面或灌注桩桩顶的高程测量中误差为±10mm。

（6）基础承台施工时,应对其中心或轴线位置、模板支立位置、顶面高程进行测量控制。基础承台中心或轴线位置测量中误差为±5mm、模板支立位置测量中误差为±7.5mm、顶面高程测量中误差为±5mm。

快学快用 10　高架结构柱、墩施工测量

（1）柱、墩施工时,应对柱、墩的中心位置、模板支立位置及尺寸、垂直度以及顶部高程等进行检测。柱、墩的中心位置测量中误差为±5mm,模板支立位置及尺寸测量中误差为±5mm,垂直度测量误差为 1‰,顶部高程测量中误差为±5mm。

（2）柱、墩施工测量应满足下列要求：

1）中心或轴线位置应利用施工控制桩或精密导线点进行测设；

2）施工模板位置线应以经纬仪或钢卷尺进行标定，并以墨线标记；

3）模板支立铅垂度可使用经纬仪或吊锤进行测量；

4）高程可采用水准测量方法测定，也可使用钢尺丈量测定，并应在设计高度标记高程线。

三、梁施工测量

梁分为横梁和纵梁。

1. 横梁施工测量

（1）横梁施工前，应对柱（墩）顶部的中心位置、高程及相邻柱距进行检核和调整。依据检核后的控制点进行横梁位置的标定。

（2）横梁现浇前应检测模板支立的位置、方位和高程，其轴线测量中误差为±5mm，结构断面尺寸和高程测量中误差为±1.5mm。

（3）预制梁安装前必须检查其几何尺寸和预埋件位置。

2. 纵梁施工测量

（1）纵梁架设前应对支承横梁上线路中线点、桥墩跨距和顶帽上的高程进行检测。

（2）当采用混凝土预制纵梁为轨道梁时，拼装梁的中线和高程与线路设计中线和高程的较差应小于5mm。

（3）采用混凝土现浇纵梁为轨道梁时，应在模板上测设线路中线和高程控制点，其测量误差为±5mm。

第六节　铺轨基标测量

一、一般规定

（1）铺轨基标应根据铺轨综合设计图，利用调整好的线路中线点或贯通平差后的控制点进行测设。

(2)铺轨基标测设应对控制基标和加密基标进行测设。基标测设时，应首先测设控制基标，然后利用控制基标测设加密基标。

(3)铺轨基标宜设置在线路中线上，也可设置在线路中线的一侧。

(4)道岔基标应利用控制基标单独测设，道岔基标分为道岔控制基标和道岔加密基标，道岔基标宜设置在道岔直股和曲股的外侧。

(5)控制基标应设置成等高等距，埋设永久标志；加密基标可设置成等距不等高，埋设临时标志。

(6)铺轨基标应使用不低于Ⅱ级全站仪和 DS$_1$ 级水准仪测设。

二、控制基标测量

(1)控制基标在线路直线段宜每 120m 设置一个，曲线段除在曲线要素点上设置控制基标外，曲线要素点间距较大时还宜每 60m 设置一个。

(2)控制基标设置在线路中线上时，在直线上，可采用截距法；在曲线上，曲线要素点的控制基标可直接埋设，其他控制基标利用中线点采用偏角法进行测设。控制基标设置在线路中线一侧时，可依据线路中线点按极坐标法测设。

(3)控制基标埋设完成后，应对其进行检测，检测内容、方法与各项限差应满足下列要求：

1)检测控制基标间夹角时，其左、右角各测两测回，左右角平均值之和与 360°较差应小于 6″；距离往返观测各两测回，测回较差及往返较差应小于 5mm。

2)直线段控制基标间的夹角与 180°较差应小于 8″，实测距离与设计距离较差应小于 10mm；曲线段控制基标间夹角与设计值较差计算出的线路横向偏差应小于 2mm，弦长测量值与设计值较差应小于 5mm。

3)控制基标高程测量应起算于施工高程控制点，按二等水准测量技术要求施测；控制基标高程实测值与设计值较差应小于 2mm，相邻控制基标间高差与设计值的高差较差应小于 2mm。

4)各项限差满足要求后，应进行永久固定。对未满足要求的，应进行平面位置和高程调整，调整后按上述第 1)～3)进行检查，直至满足要求为止。

快学快用 11　控制基标的埋设步骤

(1)埋设基标位置的结构底板上应凿毛处理。

(2)依据基标设计值与底板间高差关系埋设基标底座。

(3)基标标志调整到设计平面和高程位置,并初步固定。

三、加密基标测量

(1)加密基标在线路直线段应每 6m、曲线段应每 5m 设置一个。

(2)直线段加密基标测设方法和限差要求:

1)依据相邻控制基标采用量距法和水准测量方法,逐一测定加密基标的位置和高程;

2)加密基标平面位置和高程测定的限差应符合下列要求:

①纵向:邻基标间纵向距离误差为±5mm;

②横向:加密基标偏离两控制基标间的方向线距离为±2mm;

③高程:相邻加密基标实测高差与设计高差较差不应大于 1mm,每个加密基标的实测高程与设计高程较差不应大于 2mm。

(3)加密基标经检测满足各项限差要求后,应进行固定。

快学快用 12　曲线段加密基标测设方法和限差要求

(1)依据曲线上的控制基标,采用偏角法和水准测量方法,逐一测设曲线加密基标的位置和高程。

(2)曲线加密基标平面位置和高程测定的限差应符合下列要求:

1)纵向:相邻基标间纵向误差为±5mm;

2)横向:加密基标相对于控制基标的横向偏差应为±2mm;

3)高程:相邻加密基标实测高差与设计高差较差不应大于 1mm,每个加密基标的实测高程与设计高程较差不应大于 2mm。

四、道岔基标测量

(1)道岔基标应依据道岔铺轨设计图,利用控制基标测设道岔控制基标,然后利用道岔控制基标测设道岔加密基标。

(2)道岔控制基标应利用控制基标采用极坐标法测设,测设后应对道岔控制基标间及其与线路中线几何关系进行检测。

（3）道岔控制基标间及其与线路中线几何关系应满足下列要求：

1）道岔控制基标间距离与设计值较差应小于 2mm；

2）道岔控制基标高程与设计值较差应小于 2mm，相邻基标间的高差与设计值较差应小于 1mm；

3）岔心相对于线路中线的里程（距离）与设计值较差应小于 10mm；

4）道岔控制基标与线路中线的距离和设计值较差应小于 2mm；

5）正线与辅助线交角的实测值与设计值较差：单开道岔不应大于 20″，复式交分道岔、交叉渡线道岔不应大于 10″。

（4）道岔控制基标经检测满足各项限差要求后，应埋设永久标志。

第七节　磁悬浮和跨座式轨道交通工程测量

一、磁悬浮轨道交通工程测量

（1）磁悬浮轨道交通工程测量包括首级控制网、高架结构施工、轨道梁精调控制网、轨道梁精密定位等测量。

（2）高程控制测量应满足下列要求：

1）高程控制网分两级布设，首级高程控制网布设在地面上，应按国家一等水准测量技术要求施测；二级高程控制网布设在盖梁和轨道梁上，应按国家二等水准测量技术要求施测。

2）高程控制网应布设成附合路线、闭合路线或结点网。

（3）轨道梁铺设时应建立精调平面控制网。轨道梁精调平面控制网测量应满足下列要求：

1）轨道梁精调平面控制网应起算于首级平面控制网。分段布设时，每一段两端应至少包含两个首级控制点；相邻段轨道梁精调平面控制网应设立重合点。

2）控制网宜采用边角网的形式进行布设，相邻控制点间应通视。

3）控制点应埋设在盖梁和轨道梁上，并与地面上已有的高架结构施工控制点组成精调控制网；盖梁上控制点的点间距宜为 100～150m，地面上的高架结构施工控制点间距宜为 350m。

4)控制点应采用强制对中标志。

5)轨道梁精调平面控制网测角中误差为±0.7″,边长测距中误差为±1.0mm。

6)水平角观测宜采用精度 DJ$_{05}$经纬仪,测角 9 测回;距离测量采用精度不低于 $1mm+1×10^{-6}×D$ 的测距仪,光电测距往返观测各两测回。

7)轨道梁精调平面控制网应经常进行检测并进行稳定性评价,检测方法和精度应与初测一致。

(4)车辆运行前,应利用限界检查专用设备,进行建筑限界和设备限界检查测量。

怀学快用 13　轨道梁精密定位测量要求

(1)轨道梁定位精度:X、Y、Z 的实测值与设计值较差均应小于 1mm。

(2)轨道梁定位测量起算于布设在轨道梁上的精调控制点,使用前应进行稳定性检测,确认稳定后方可进行轨道梁定位测量。

(3)轨道梁精密定位分为基准梁定位和中间梁定位;基准梁和中间梁应交错布置,宜先进行高程定位,然后再进行平面定位。

(4)基准梁定位应采用满足定位精度要求的全站仪与水准仪,精确测定轨道梁的三维空间位置,通过调位千斤顶精确定位;中间梁定位应根据游标卡尺等量测出的与基准梁的相对位置数据,利用调位千斤顶精密定位,测量数据应进行温度改正。

(5)搁置在盖梁上的轨道梁,应在沉降趋于稳定后定位精调。

二、跨座式轨道交通工程测量

(1)跨座式单轨交通工程测量包括平面和高程控制网、隧道结构施工、高架结构施工、轨道梁架设等测量。

(2)轨道梁架设测量应满足下列要求:

1)轨道梁架设前,应对相邻桥墩的跨距、左右线间距和支座位置等进行检查测量。相邻盖梁左(右)线锚箱中心斜距和相邻盖梁左(右)线轨道梁梁端梁缝中心斜距精度:单跨允许偏差为±4mm;多跨允许偏差为 $±4\sqrt{n}$ mm(n 为跨数);盖梁左、右线基座板中心距离及其与线路中心距离的允许偏差为±2mm。

2)轨道梁架设前,同时应对成品轨道梁的梁宽、梁高、梁长、走行面垂直度、端面倾斜度、两端面中心线夹角、顶面线形、侧面线形、指形板与梁表面高差和支座位置等进行检测,轨道梁线形精度要求应满足表 13-4 的规定。

表 13-4　　　　　　　　　　　　　轨道梁线形精度要求

测量项目	允许偏差
梁宽	端部±2mm,中部±4mm
梁高	±10mm
梁长	±10mm
走行面垂直度	±0.5%
端面倾斜度	±0.5%
两端面中心线夹角	±0.5%
顶面线形	整体±L/2500,局部±3mm/4m
侧面线形	整体±L/2500,局部±3mm/4m
指形板与梁表面高差	±2mm
支座位置	±1mm

注:L 表示轨道梁长。

　　3)轨道梁架设测量应使用全站仪和水准仪进行施测,施测后应进行检查测量。轨道线路中心横向允许偏差为±25mm;轨道梁线间距允许偏差为0～+25mm;轨道梁高程允许偏差为-15～+30mm;轨面超高允许偏差为±7mm。

　　4)上述第 1)～3)条中各项测量工作的测量中误差,应为相应允许偏差的 1/2。

　　(3)轨道梁架设完成后,应对轨道梁连接处线形和错台进行测量。轨道梁连接处水平线形曲线用 20m 弦长测量的矢距与设计值的允许偏差为±20mm,直线用 4m 弦长测量的横向允许偏差为±5mm;轨道梁竖向线形用 4m 弦长测量的矢距与设计值允许偏差为±5mm;顶面和侧面错台允许偏差为±2mm。测量中误差应为相应允许偏差的 1/2。

　　(4)道岔安装前,道岔底板及走行轨应满足以下要求:

　　1)岔前点和岔后点平面位置和高程允许偏差均为±3mm;

　　2)同组道岔各安装底板的基准中心与放线基准线的垂直允许偏差应

为±2mm;

3)同一走行轨的各测点间高差允许偏差为±1mm;

4)相邻走行轨间高差允许偏差为±3mm;

5)相邻走行轨间距允许偏差为±5mm。

(5)道岔安装前、后的各项测量中误差,应为相应允许偏差的1/2。

(6)车辆运行前,应利用限界检查专用设备,进行一般建筑限界和特殊限界检查测量。特殊限界包括站台建筑限界、安全栅栏建筑限界、安全门建筑限界、屏蔽门建筑限界、道岔建筑限界、信号机建筑限界、接触线限界、接底板限界及综合管线等其他设施限界。

第八节　设备安装测量

一、一般规定

(1)设备安装测量主要包括接触轨、接触网、隔断门、行车信号标志、线路标志、车站装饰及屏蔽门等安装测量。

(2)编制安装测量方案应依据设备安装设备图,方案编制完成经审核批准后实施。

(3)设备安装测量精度及限差应按相关设备安装技术要求确定。

(4)安装完成后必须进行检查,确保设备不侵入限界。

二、接触轨、接触网安装测量

(1)接触轨、接触网的放样测量,应利用铺轨基标或线路中线点进行。

(2)采用极坐标方法确定接触轨(网)的平面位置,采用水准测量或光电测距三角高程方法测定接触轨(网)支架高程。

(3)安装后应对接触轨、接触网与轨道或线路中线的几何关系进行检查,其安装允许偏差应满足现行国家标准《地下铁道工程施工及验收规范》(GB 50299—1999,2003版)的相关要求。

(4)接触轨安装包括底座和轨条安装,轨条与相邻走行轨道的平面距离测量允许偏差为±6mm,高程测量允许偏差为±6mm。

(5)隧道外接触网安装应包括支柱、硬横跨钢梁、软横跨钢梁和定位装置的安装定位;隧道内接触网安装应包括支撑结构的底座、定位臂、弹性支撑以及接触悬挂等,安装定位测量误差应为安装允许偏差的1/2。

三、行车信号与线路标志安装测量

(1)行车信号安装测量主要包括自动闭塞的信号灯支架和停车线标志的放样测量,其里程位置允许偏差为±100mm,放样测量中误差为±50mm。

(2)线路标志安装测量主要包括线路的千米标、百米标、坡度标、竖曲线标、曲线元素标志、曲线要素标志和道岔警冲标位置的测设。线路标志应测定在隧道右侧距轨面1.2m高处边墙上或标定在钢轨的轨腰上,其里程允许误差为±100mm,轨腰上标志里程允许误差为±5mm,线路标志放样里程测量中误差分别为±50mm、±2.5mm。

(3)安装的信号标志和线路标志,必须确保其外沿不侵入限界。

(4)钢轨轨腰上的线路标志,应在整体道床施工和无缝钢轨锁定完毕后进行标定。

四、车站站台、屏蔽门及隔断门安装测量

车站站台、屏蔽门测量方法如下:

(1)车站站台测量应包括站台沿位置和站台大厅高程测量。测量工作应根据施工设计图和有关施工规范的技术要求进行。

(2)车站站台沿测量应利用车站站台两侧铺轨基标或线路中线点进行测设,其与线路中线距离允许偏差为0~+3mm。

(3)站台大厅高程应根据铺轨基标或施工控制水准点,采用水准测量方法测定,其高程允许偏差为±3mm。

(4)车站屏蔽门安装应根据施工设计图和车站隧道的结构断面进行,并应利用站台两侧的铺轨基标或线路中线点放样屏蔽门在顶、底板的位置,其实测位置与设计较差不应大于10mm。

快学快用 14 *隔断门安装测量*

(1)隔断门安装测量,应根据隔断门施工设计图并利用铺轨基标及贯

通调整后的线路中线控制点对隔断门中心的位置、轴线及高程进行放样。

(2)隔断门门框中心与线路中线的横向偏差为±2mm,门框高程与设计值较差应不大于 3mm,平面放样测量中误差为±1mm、高程放样测量中误差为±1.5mm。

(3)隔断门导轨支撑基础的高程应采用水准测量方法测定,其与设计高程的较高应不大于 2mm,高程放样测量中误差为±1mm。

第九节　竣 工 测 量

一、一般规定

(1)竣工测量主要包括:线路轨道竣工测量;区间、车站和附属建筑结构竣工测量;线路沿线设备竣工测量;地下管线竣工测量。

(2)竣工测量采用的坐标系统、高程系统、图式等应与原施工测量一致。

(3)竣工测量时,应收集已有的测量资料并进行实地检测;对符合要求的测量资料应充分利用,对不符合要求的测量资料应重新测量。测量方法和精度要求应与施工测量相同,并应按实测的资料编绘竣工测量成果。

(4)竣工测量成果资料应满足城市轨道交通工程竣工测量与验收的要求。

(5)竣工测量完成后应提交下列成果:

1)竣工测量成果表;

2)竣工图;

3)竣工测量报告。

二、线路轨道竣工测量

(1)线路轨道竣工测量应包括铺轨基标和轨道铺设竣工测量。

(2)在隧道内应以控制基标为起始数据,在地面应以地面控制点或控制基标为起始数据,进行线路轨道竣工测量。控制基标或地面控制点发生变化时,应重新进行控制测量,并以新的控制测量成果作为起始数据。

(3)线路轨道竣工测量应在线路轨道锁定后,采用轨道尺对轨道与铺轨基标的几何关系和轨距进行测量。直线段应测量右股钢轨至铺轨基标间的距离和高程以及两股钢轨间的轨距和水平,曲线段还应加测轨距加宽量和外轨对内轨的超高量。轨道距铺轨基标或线路中心线的允许偏差为±2mm,轨道高程允许偏差为±1mm,轨距允许偏差为−1〜+2mm,左、右轨的水平允许偏差为±1mm。测量中误差应为允许偏差的1/2。

(4)道岔区的线路轨道竣工测量,应以道岔铺轨基标为依据,分别测量基标与对应道岔轨道的位置、距离、高程以及轨距。

三、区间、车站和附属建筑结构竣工测量

(1)区间、车站和附属建筑结构竣工测量应包括:

1)区间隧道、高架桥、车站结构净空横断面的竣工测量;

2)区间隧道、高架桥、车站结构及附属建筑竣工测量。

(2)对已有的区间隧道、高架桥、车站等结构断面测量成果进行外业抽检测量时,应对铺轨基标为依据,抽检比例应不少于30%。对符合要求的断面测量资料应作为竣工测量成果,对不符合要求的测量资料应重新测量,并按实测的资料编绘断面竣工测量成果。

(3)地下区间隧道和地下车站及附属设施的结构厚度,宜根据地下施工测量成果或设计资料确定。

快学快用 15 **区间隧道、高架桥、车站结构及附属建筑竣工测量内容**

(1)地下区间隧道和地下车站及附属设施的内侧平面位置、高程和结构尺寸,并调查结构厚度。

(2)高架桥、高架车站及其柱(墩)的平面位置、高程、结构尺寸以及主要角点距相邻建筑的距离。

(3)车站出入口、通道和区间风道结构的平面位置、高程和结构尺寸。

四、线路沿线设备竣工测量

(1)线路沿线设备竣工测量应包括接触轨、接触网、风机以及行车信

号与线路标志等主要设备的竣工测量。

（2）风机和风管位置竣工测量，应对其轨线、消声墙以及风管与线路轨道立体相交处主要部位进行测量。

（3）行车信号与线路标志竣工测量，应包括其里程、与轨道的水平距离和高差测量；岔区的警冲标，应测定其到辙岔中心的距离以及与两侧钢轨的垂距。

（4）车站站台两侧边墙广告箱等与轨道之间的水平距离和高差应进行测量，测量中误差应为±10mm。

五、地下管线竣工测量

（1）地下管线竣工测量包括施工拆迁、改移、复原的现有管线和新建管线的竣工测量等。

（2）竣工测量完成后应分类别、分区段提交下列资料：

1）管线测量成果表；

2）管线平面综合图；

3）管线纵断面图；

4）小室大样图；

5）管线竣工测量技术报告。

快学快用 16　地下管线竣工测量

（1）在竣工覆土前，应测定各种管线起点或衔接点、折点、分支点、交叉点、变坡点的管线（或管沟）中心以及每个检查井中心、小室轮廓角点的坐标和高程，实测管径、结构尺寸和管底或管外顶的高程；

（2）对于覆土前来不及测量的点，应设定临时参考点和参考方向，并应测量管线点与临时参考点的相对关系；覆土后应统一测定临时参考点的位置，并应换算出管线的实际坐标和高程。

六、磁悬浮和跨座式轨道交通工程竣工测量

（1）磁悬浮轨道交通工程竣工测量应符合下列要求：

1）轨道梁竣工测量应利用轨道梁精调平面控制网和二级高程控制网并依据相关验收标准进行。测量误差应为允许偏差的1/2。

2)除轨道梁以外的主体结构和附属设施等竣工测量,应执行本章前述的相关技术规定。

(2)跨座式轨道交通工程竣工测量应符合下列要求:

1)轨道梁竣工测量应利用卫星定位网或精密导线网、高程控制网并依据相关验收标准进行。测量误差应为允许偏差的1/2。

2)除轨道梁以外的主体结构和附属设施等竣工测量,应执行本章前述的相关技术规定。

参 考 文 献

[1] 聂让,许金良,邓云潮. 公路施工测量手册[M]. 北京:人民交通出版社,2006.
[2] 蓝善勇,王万嘉,鲁存柱. 工程测量[M]. 北京:中国水利水电出版社,2009.
[3] 伊晓东. 道路工程测量[M]. 大连:大连理工大学出版社,2008.
[4] 王云红. 市政工程测量[M]. 北京:中国建筑工业出版社,2007.
[5] 郝海森. 工程测量[M]. 北京:中国电力出版社,2007.
[6] 周建郑. 建筑工程测量[M]. 北京:中国建筑工业出版社,2006.
[7] 王金玲. 工程测量[M]. 武汉:武汉大学出版社,2004.